U0396453

果蔬采后处理机械设备及生产线设计

张聪 著

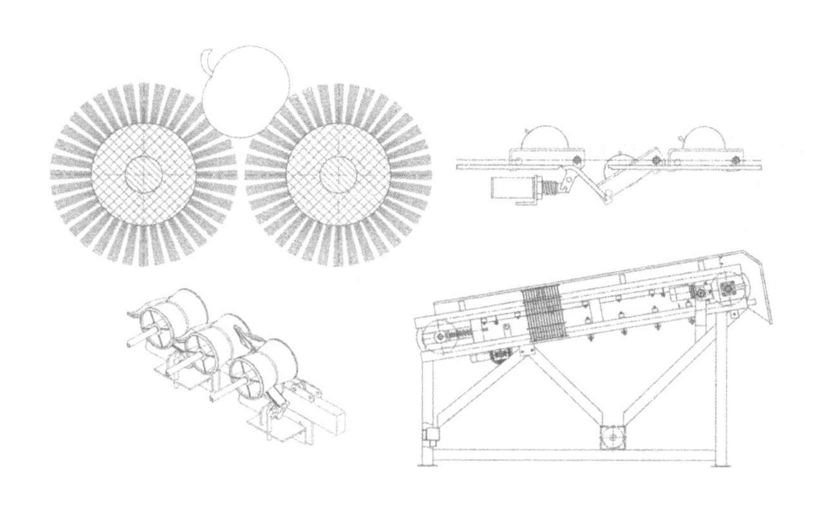

华南理工大学出版社
SOUTH CHINA UNIVERSITY OF TECHNOLOGY PRESS
·广州·

内容提要

本书对果蔬采收后的自动化处理技术进行了全面和深入的研究，论述相关机械设备及其生产线的设计，内容共分八章。第一章概论，第二章果蔬输送设备，第三章果蔬洁净加工与保鲜设备，第四章果蔬沥水除湿设备，第五章果蔬分级设备，第六章果蔬初加工设备，第七章果蔬装箱与搬运设备，第八章果蔬采后处理自动生产线。每一章均为相对独立的整体，归纳同类设备，探讨具体机型，阐明其结构原理、设计要点等。

本书可供从事果蔬加工技术装备、食品与包装机械研究开发的科技人员作为设计参考用书，也可作为大学相关专业师生的教学和指导用书。

图书在版编目(CIP)数据

果蔬采后处理机械设备及生产线设计/张聪著．—广州：华南理工大学出版社，2020.1
ISBN 978－7－5623－5257－0

Ⅰ.①果…　Ⅱ.①张…　Ⅲ.①水果加工－食品加工设备－研究 ②水果加工－生产线－设计－研究　Ⅳ.①TS255.3

中国版本图书馆 CIP 数据核字(2017)第 101673 号

果蔬采后处理机械设备及生产线设计
张　聪　著

出 版 人： 卢家明
出版发行： 华南理工大学出版社
（广州五山华南理工大学 17 号楼，邮编 510640）
http://www.scutpress.com.cn　E-mail:scutc13@scut.edu.cn
营销部电话：020－87113487　87111048（传真）
责任编辑： 张　颖
印 刷 者： 虎彩印艺股份有限公司
开　　本： 787mm×1092mm　1/16　**印张：** 13.25　**字数：** 348 千
版　　次： 2017 年 7 月第 1 版　2020 年 1 月第 2 次印刷
印　　数： 1001～2000 册
定　　价： 38.00 元

前　言

面对超市中外观鲜亮匀称的优质水果、包装精美的洁净蔬菜时，人们或会联想到阳光沐浴下清香四溢的果园、雨露滋润下青葱盎然的菜圃……但难以想象的是，这些农产品从它生长的果园和菜圃被采摘后，在进入超市前，还经历了自动化生产线的多工序处理，其中包括清洗、消毒、保鲜、分级以及去皮、分切、包装等等，而这些工序都需要各类专用的机械设备来实现。

果蔬产品不同于规格固定的工业产品，因其自然生长而造就了外形和色泽相异的外观特性。因此，适用于果蔬处理和加工的机械设备，不但要具备高效性、精密性、准确性，还需要有宽广的适应性，即具有一定的柔性化特征。果蔬加工技术装备的研究是一门综合性的学科，要求技术人员必须具备多方面的知识，如研发过程中必须要明确果蔬品种的特性以确定合理的工艺流程，还需掌握机械结构原理并熟知检测及控制技术等等。

笔者从事果蔬加工技术装备研究开发十多年，成功主持开发的机械设备产品涉及果蔬洁净加工、保鲜处理、分级包装等领域，其自动生产线已推广应用在国内外众多的果蔬加工企业。本书是笔者研究成果的结晶，全书从文字到图表，均为第一手资料。书中所述的机械设备涉及笔者研究中的大量专利技术，每一篇文字均源于笔者的研究报告，每一幅插图均出自笔者的设计图纸。

机械设备的设计，是一项严谨而精细的工作，分析每一个机构、计算每一组数据、绘制每一个零件，每一步都要认真完成。

笔者著此书的目的有三：其一，作为多年研究工作的成果总结；其二，为国内从事相关专业研究的技术人员和学者提供参考，从而起到技术交流的作用；其三，为大学相关专业师生提供设计指导用书。

笔者更期待，本书能激发相关科技人员的创造性，从而研发出更先进更智能的技术和装备，促进国内果蔬加工机械制造产业的发展。

张　聪

2017 年 1 月于广州

目　录

1　概论 …… 1

1.1　果蔬采后处理技术方法 …… 2

1.2　果蔬采后处理机械设备分类 …… 4

1.3　果蔬采后处理生产线的设计要点及方法 …… 5

2　果蔬输送设备 …… 9

2.1　概述 …… 9

2.2　辊筒输送机 …… 9

2.3　网带输送机 …… 12

2.4　链板输送机 …… 16

2.5　皮带输送机 …… 20

2.6　果蔬排列输送机 …… 24

3　果蔬洁净加工与保鲜设备 …… 29

3.1　概述 …… 29

3.2　果蔬清洗技术与设备 …… 29

3.3　果蔬清洗中的除杂技术及系统 …… 44

3.4　果蔬清洗中的消毒技术及系统 …… 45

3.5　果蔬保鲜设备 …… 47

3.6　柑橘类水果清洗保鲜机关键设计参数 …… 50

4　果蔬沥水除湿设备 …… 52

4.1　概述 …… 52

4.2　滚刷沥水与海绵辊吸水装置 …… 52

4.3　振动沥水设备 …… 54

4.4　气幕除湿设备 …… 58

4.5　热风除湿设备 …… 63

5　果蔬分级设备 …… 70

5.1　概述 …… 70

5.2　孔径式分级设备 …… 71

5.3　间隙式分级设备 …… 81

5.4　在线电子称重式分级机 …… 101

5.5　机器视觉识别分选机 …… 111

6　果蔬初加工设备 …… 125

6.1　概述 …… 125

6.2　果蔬热烫设备 …… 125

6.3 果蔬去皮设备 …… 132
6.4 果蔬分切机 …… 149
7 果蔬装箱与搬运设备 …… 154
7.1 概述 …… 154
7.2 水果自动装箱机 …… 154
7.3 箱装果蔬搬运机械手 …… 164
8 果蔬采后处理自动生产线 …… 179
8.1 概述 …… 179
8.2 叶类蔬菜洁净加工生产线 …… 179
8.3 柑橘保鲜分级生产线 …… 184
8.4 荔枝采后处理自动生产线 …… 190
8.5 番茄自动去皮生产线 …… 196
8.6 箱装果蔬机器人搬运码垛生产线 …… 199
参考文献 …… 205

1 概 论

中国是世界上水果和蔬菜生产的第一大国，蔬菜、水果已分别成为中国种植业中仅次于粮食的第二和第三大产品，其产量在世界上占有举足轻重的地位。随着国际市场的开放，国内外农产品的相互流通，果蔬采后处理技术手段越显重要。这是因为，果蔬采后实施的科学的加工处理，是提高产品上市质量、增强市场竞争力的重要环节。

欧美等发达国家的果蔬采后处理及加工量几乎达到100%，特别是对柑橙、苹果等大宗水果，均通过清洗、涂蜡、分级、包装后才进入市场；番茄、马铃薯等蔬果大多数需先进行清洗、去皮处理以方便进一步深加工；蔬菜必须要经过洁净加工、分段切块和包装后才能进入超市销售。其先进技术主要表现在以下几方面：

(1)在蔬菜洁净加工方面，广泛采用包括超声波在内的高效清洗技术和臭氧等消毒手段，并采用先进的自动化气调保鲜包装设备对蔬菜进行定量包装。

(2)在水果保鲜分级处理方面，自动高效的检测分选技术既是核心又是近年来发展最快、现代技术应用最多的环节。水果检测分选设备已普遍采用机器视觉识别技术，或在线检重技术，配合计算机分析系统，属于智能型设备。所配套的生产线，既可以对水果进行清洗和喷涂保鲜液，也可以进行重量、大小、颜色、含糖量和瑕疵等特性的有效检测分选，甚至可以根据水果表皮的颜色类型、色泽深浅以及特定色泽在水果表面的覆盖率来探测其瑕疵、坏斑、日灼斑等。

(3)在蔬果的去皮和鲜切加工方面，先进的压差蒸烫处理和自动搓皮、撕脱技术已得到广泛应用，配合高速精细的分切技术设备，形成自动生产线，可进行蔬果连续大规模去皮、切块或切丁，加工优质蔬果丁块产品。

上述技术代表着当今世界果蔬采后加工技术的先进水平，引领着相关装备制造业的发展方向。

作为果蔬生产大国，我国的采后处理技术与先进国家相比还有一定的差距，还有待进一步加强，否则会制约果蔬产业的健康发展。

随着现代科技的发展，越来越多的新技术应用于果蔬采后处理及加工，包括电子、信息及计算机技术。特别是随着工业机器人在各行业的普及应用，在果蔬采后处理中应用机器人技术的条件也渐趋成熟。这一切将极大地推动着果蔬采后处理及加工机械设备的发展。

1.1 果蔬采后处理技术方法

大规模采摘的果蔬进行采后处理时，根据生产需求，可采取多种不同的技术方法，包括预冷、清洗、保鲜、分级、包装，以及去皮、鲜切和冷链贮运等等。

果蔬品种繁多，其采后处理技术方法可谓形式多样，并且不断有创新技术出现，较常用的方法有以下 9 种：

①预冷技术方法；

②输送技术方法；

③清洗技术方法；

④除湿(干燥)技术方法；

⑤保鲜技术方法；

⑥分选技术方法；

⑦去皮技术方法；

⑧分切技术方法；

⑨包装技术方法。

在实际生产中，需要针对具体的果蔬对象，根据其特性及最终产品目标，综合应用多种技术方法，制定加工工艺流程，配套规范完善的自动设备及其生产线，才能实现科学合理的处理模式。

例如，对于胡萝卜、番薯、莲藕等根茎类蔬果，在采收后需要进行洁净加工处理并包装上市，而且其中有一部分还需要去皮和切块，形成鲜切蔬菜产品。在进行相关的生产线规划时，可制定如图 1－1 所示的工艺流程。

由工艺流程图可见，根茎类蔬果采收后经过多个工序处理，应用多种技术方法，最终形成两种产品，一种是整果包装产品，一种是鲜切蔬果包装产品。

该流程前段处理过程如下：

(1)根茎类蔬果原料通过带式输送机或水流输送槽进入加工车间。

(2)洁净化处理，清洗表皮污泥污迹。一般采用连续喷淋加旋转毛刷的清洗方式，视实际情况可结合水气浴等清洗方式，以加强效果。

(3)清洗后的蔬果进入分拣工序，工人在输送线上进行检查，挑选残次产品并剔除。另外，一些根茎类蔬果需进行修整处理，例如莲藕要分段切除藕节，胡萝卜需除去根须等。

经过清洗和分拣处理后，按生产要求，蔬果分两路输送，分别按如下过程进行处理。

其一，整果包装产品的生产过程：

(1)消毒处理。采用合适的除菌剂或臭氧等物理方式杀灭根茎类蔬果表皮的细菌及微生物，达到防腐保鲜的目的。

(2)除湿处理。通过气幕喷射，或热风隧道干燥的方式，去除蔬果表面水分，以利包

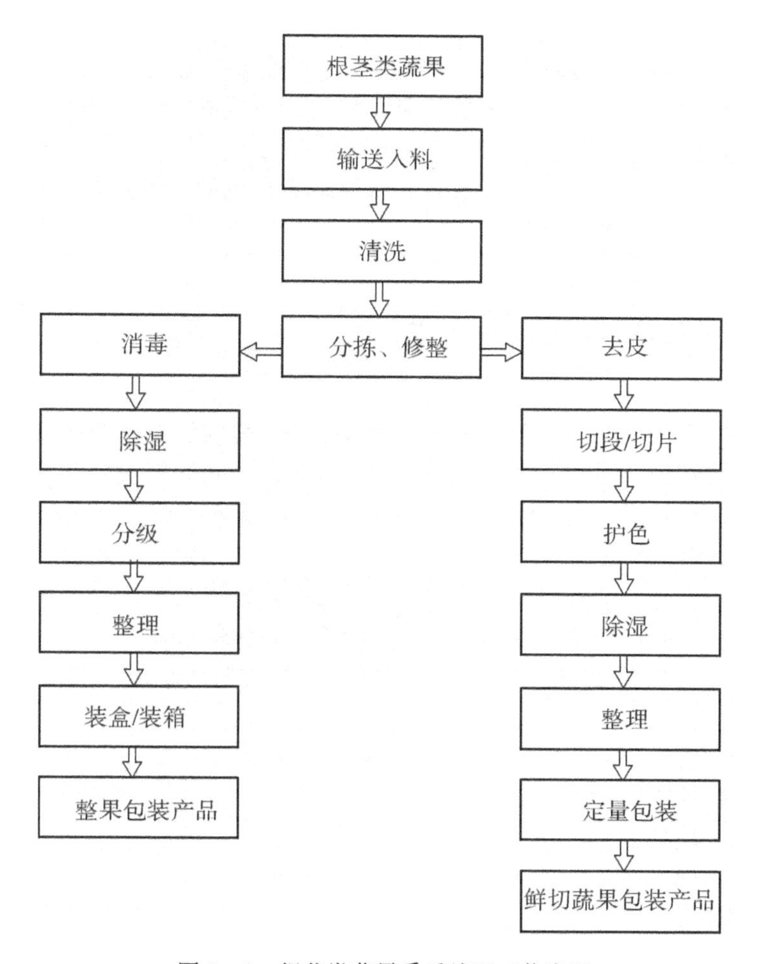

图 1－1 根茎类蔬果采后处理工艺流程

装保存。

(3)分级处理。根茎类蔬果一般按长度分级，按商品要求分成若干级别。

(4)对分级后的蔬果进行包装前的检查、整理。

(5)装盒或装箱。可采用塑料薄膜袋包装后，再进行纸盒包装，或直接采用塑料周转箱包装。

其二，鲜切蔬果包装产品的生产过程：

(1)除去表皮。根茎类蔬果的去皮方式有多种，一般可通过旋转滚刷加喷淋的方式，或滚筒摩擦加喷淋的方式去皮。

(2)按产品要求，把去皮后的蔬果切段或切片等。

(3)为了防止切片蔬果表面氧化褐变，影响产品质量，需要进行护色处理。护色方法可采用热烫或酸溶液处理，常用质量分数为 0.5%～1% 的柠檬酸进行浸泡。

(4)除湿处理。通过热风干燥等方式，把切片蔬果表面的水分去除，以利包装保存。

(5)对除湿后的蔬果片进行包装前的检查、整理。

(6)定量包装。可采用塑料袋装、托盘包装等形式。按实际需求，可对包装进行抽真空或充入保鲜气体处理。

果蔬在工厂进行上述的处理及加工的前后，还需要进行适当的预冷处理。果蔬采收后即刻预冷可迅速消除田间热，避免热量积聚而加速产品腐败，最大限度保持果蔬新鲜度；经过处理及加工后进行预冷以及采用冷链输送，则有利于果蔬储藏并延长货架期。

由上述加工过程可见，根茎类蔬果的采后处理基本应用了前述所列的全部技术方法，才能最终形成符合上市要求的产品。

1.2 果蔬采后处理机械设备分类

在工业化生产中，根据每一种果蔬处理技术方法，可设计出相应的机械设备。由于果蔬种类繁杂，性状各异，因此，同样的处理技术方法，不同的果蔬则有不同的机械设备相适应。即在确定处理技术方法的前提下，针对特定的果蔬，必须设计配套对应的机械设备，才能满足生产需求。

由此可见，对应每一种果蔬处理技术方法，可形成一种类型的机械设备，而每一类型的机械设备可派生出多种形式的专用机械以适应不同品种的果蔬。

对应前述的 9 种技术方法，形成 9 大类常用的果蔬采后处理机械设备，详细分列如下：

1. 果蔬预冷设备

①通风冷却式预冷设备；

②真空冷却式预冷设备；

③冷水冷却式预冷设备。

2. 果蔬输送设备

①辊筒输送机；

②网带输送机；

③链板输送机；

④皮带输送机。

3. 果蔬清洗设备

①滚刷式清洗机：平面横排式滚刷清洗机、弧面纵置式滚刷清洗机；

②水气浴清洗机；

③超声波清洗机；

④综合式清洗机。

4. 果蔬除湿设备

①滚刷（海绵辊）式沥水机；

②振动式沥水机；

③气幕（气刀）除湿机；

④热风除湿设备：隧道式热风除湿机、吊篮式热风除湿机。

5. 果蔬保鲜设备

①喷雾式保鲜机；

②喷淋式保鲜机；

③浸浴式保鲜机。

6. 果蔬分级设备

①孔径式分级设备：滚筒孔径式分级机、皮带孔径式分级机；

②间隙式分级设备：浮辊式分级机、变间距辊式分级机、V形带式分级机、导流板式分级机；

③在线电子称重式分级机；

④机器视觉识别分级机。

7. 果蔬去皮设备

①筒壁摩擦式去皮机；

②旋转滚刷式去皮机；

③热烫式去皮设备；

④自动剥壳机。

8. 果蔬分切设备

①切片机；

②切条机；

③切粒机。

9. 果蔬包装设备

①真空包装机；

②气调保鲜包装机；

③自动装箱机；

④包装产品搬运设备。

针对特定的果蔬，按生产要求设定工艺流程，应用上述相关的机械设备进行合理的组合，则可形成高效的自动化生产线。

1.3 果蔬采后处理生产线的设计要点及方法

对于大多数果蔬产品，由于采收后的处理过程均需要经历多个工序，因此单独使用一两台设备是难以满足生产需求的。具备规模化生产条件的果蔬加工厂，在进行果蔬处理及加工时，基本上均配备自动化生产线。

由此可见，在实际应用中，必须要考虑把实现各工序的机械设备合理地联接起来，构建高效的自动化生产线，以符合工艺要求，才能达至生产目标。

果蔬采后处理生产线的设计，涉及相关机械设备的选型，以及设备之间的相互衔接，协调动作，统一调控，等等，其设计要点主要包括：

(1)确定生产工艺流程。针对特定的果蔬，根据其生产目标制定合理的工艺流程。这是生产线设计的首要工作。工艺流程是否科学合理，将直接影响所配套的生产线的使用效果。

(2)根据工艺流程进行设备配置。对于通用的、定型的、现成的机械设备，可搜集相关的资料，包括制造厂家、型号规格、性能参数等等。对照工艺流程的要求，分析、比较，择优选配。

(3)对定制的、专用的、非标准的、新型的机械设备进行方案设计，初步确定机型、结构及相关技术参数。

(4)生产线总体设计。根据厂房布局绘制生产线安装及平面布置图。

(5)制订详细的设备清单。

(6)开展具体的设计工作，包括单机设计、设备集成设计、设备间输送衔接的设计、管线配置设计、全线控制设计等等。

果蔬采后处理自动生产线的设计流程如图1-2所示。

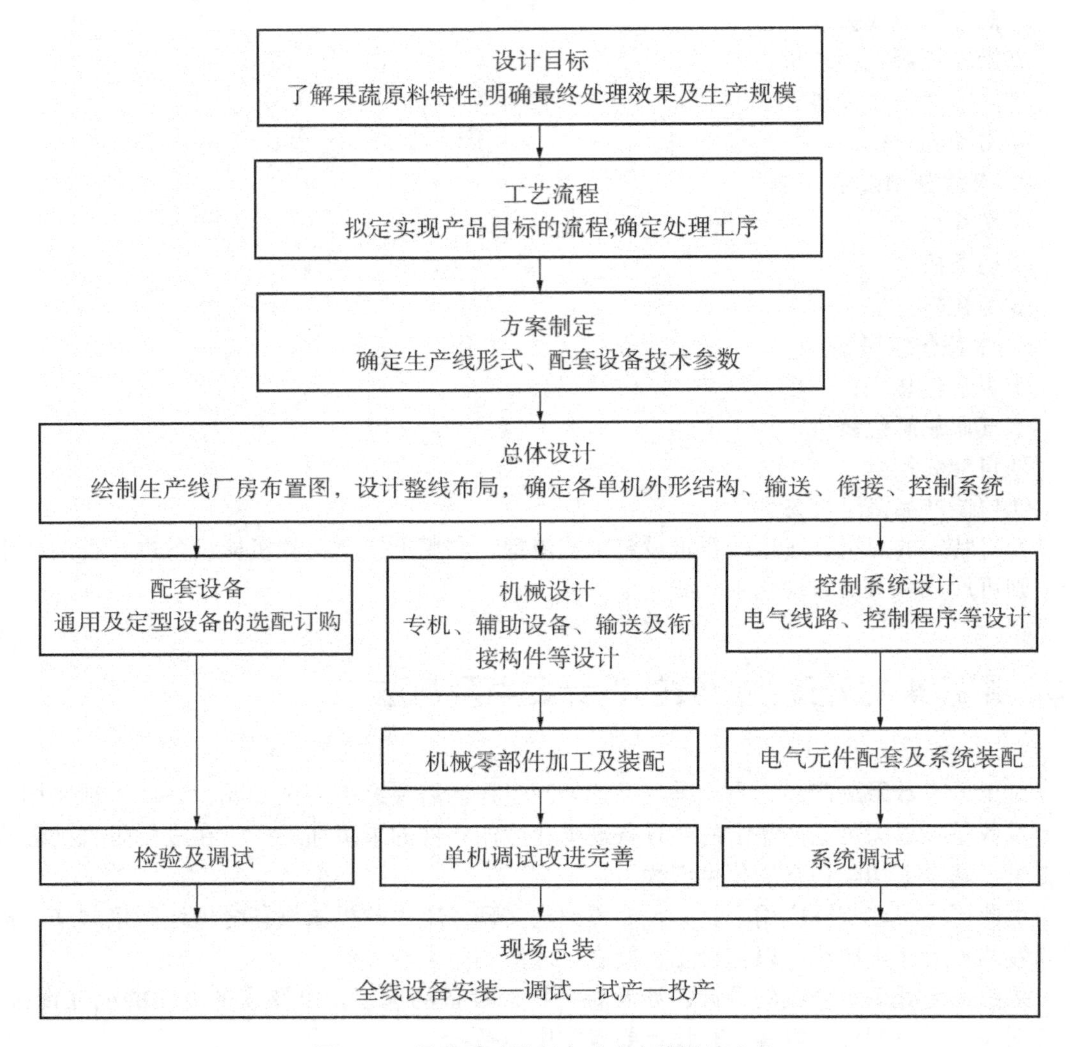

图1-2 果蔬采后处理自动生产线设计流程

以下列举一例适用于苹果、甜橙、李子等水果采后商品化处理的自动生产线的设计。图1-3所示是工艺流程图。

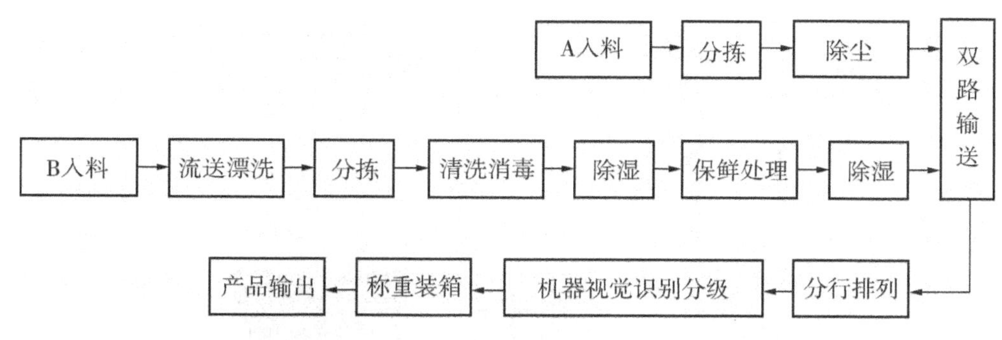

图1－3 苹果、甜橙、李子等水果采后商品化处理工艺流程图

根据工艺流程，水果分两路进入生产线处理，其一，由A路入料的水果，经过分拣和除尘处理，然后直接进行分级和定量装箱；其二，由B路入料的水果，需经过漂洗、分拣、清洗消毒、保鲜以及除湿处理，才能进行分级和定量装箱。前者的处理方式比较简单，主要适用于本地或邻近区域销售而且易储存的水果；后者是比较通用的水果商品化处理方式，适用对象为跨区域以及国际市场销售流通的水果。

由工艺流程图可见，两路处理方式，最后均采用同一分级包装形式。也就是说，无论通过A路或B路入料的水果，虽然前段的处理流程是分别独立进行的，但最终都汇入同一的分级包装流程。

必须要明确一点，采用这个工艺流程，两路处理方式不能同时进行，只能够按生产需求选择使用。当采用A入料方式进行水果处理时，B入料方式需停止运作，反之亦然。

根据工艺流程图，制定设计方案，确定生产线形式及设备类型，绘制生产线平面布置图如图1－4所示。

生产过程如下：

由A路入料的水果经过辊筒式提升分拣机6，由工人剔除残次果后，通过滚刷除尘机7，被旋转毛刷刷除表面污迹，然后落入皮带输送机8，被送去分级包装。

由B路入料的水果进入漂流提升分拣机1的水槽，经漂流并提升上分拣段，由工人剔除残次果后，进入滚刷清洗机2进行刷洗和喷淋消毒处理。接着，经过隧道式热风除湿机3干燥水果表面水分，再进入喷涂打蜡机4进行保鲜处理。其后，经过热风除湿机5再进行一次表面干燥。最后，水果落入皮带输送机8，被送去分级包装。

生产线的分级机采用机器视觉识别分级机10，其具备4通道14个有效级别。分级机的进料部位配备4通道分行排列机9，承接皮带输送机8送来的水果，并使水果形成4条整齐的队列。

分级后的水果从14个出口排出，装入周转箱。周转箱由包装箱输送设备11送入生产线，并自动分流至各个分级出口，排列整齐，依次等待装料。

水果从分级出口落入周转箱，通过自动称重装箱机12定量。满箱后的水果，通过果箱输出机13送出。

其后，箱装水果经过搬运、码垛，进入贮存、运输阶段。

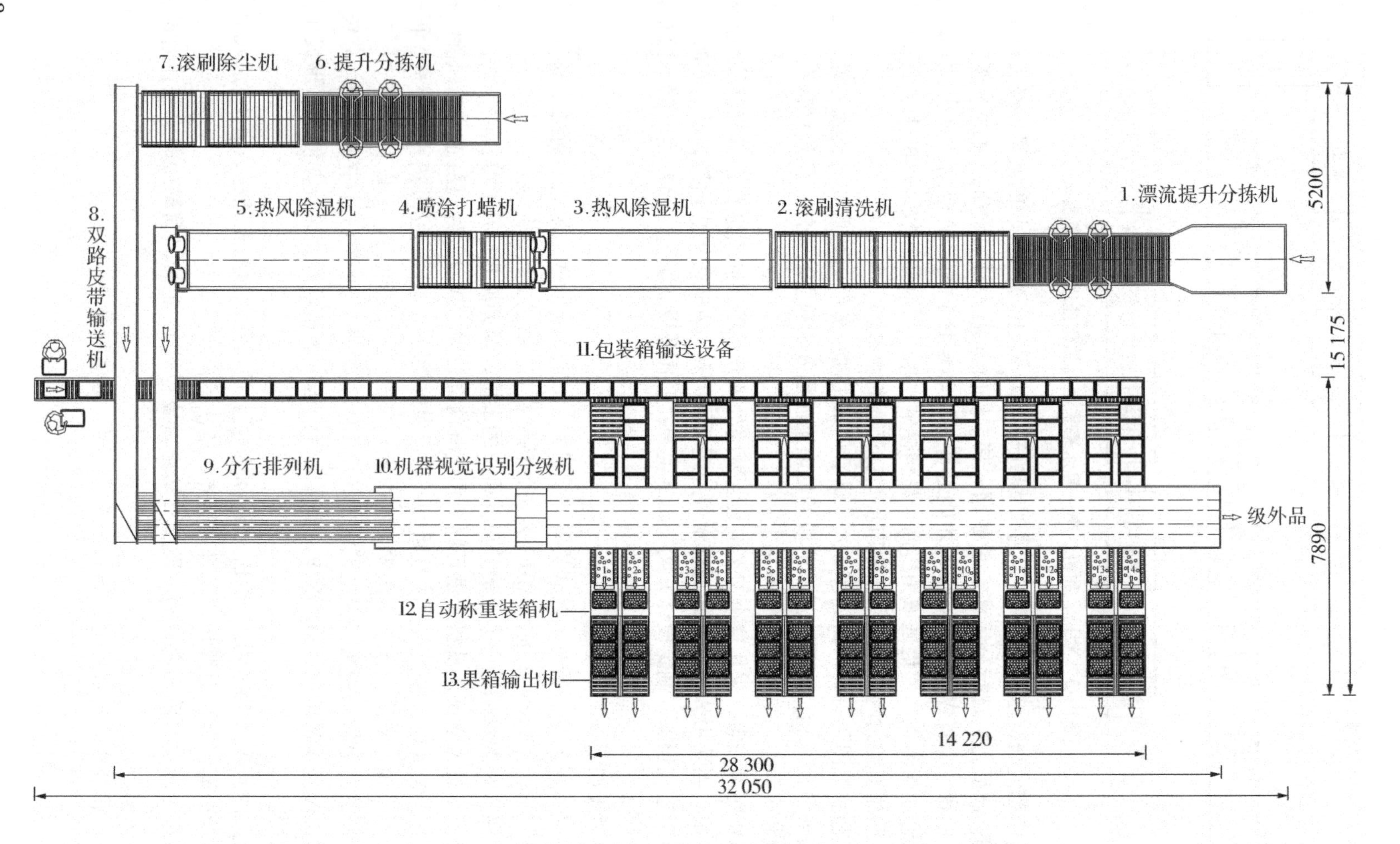

图1-4 苹果、甜橙、李子等水果采后商品化处理生产线平面布置图

2 果蔬输送设备

2.1 概述

果蔬采收后进入生产车间，根据不同的物料特性进行对应的多工序处理。各个工序之间需要输送设备进行有效衔接，才能实现高效连续化的生产。

果蔬从进入生产线开始一直到处理加工结束，可能需要通过清洗、保鲜、分级、包装等设备，在这些设备的加工过程中，输送设备起到重要的衔接作用。因此，在果蔬的机械化处理及加工中，要实现高效和连续化的生产，合理的输送设备不可或缺。

适用于果蔬的输送设备有多种形式，根据输送载体的不同，最常用的主要包括辊筒输送机、不锈钢网带输送机、工程塑料链板带输送机、皮带输送机等。针对各个物料种类和不同的处理方式，需要选用合适的输送机。但无论采用哪一种输送形式，都必须确保输送过程平滑顺畅，避免果蔬的机械损伤，除非果蔬需要进一步进行去皮、切片等加工，否则出现机械伤的果蔬将使其采后处理失去意义。

2.2 辊筒输送机

辊筒输送机广泛用于类球状、棰状果蔬的输送，包括柑橘、荔枝、龙眼、枣类、苹果，以及胡萝卜、马铃薯、番薯等等。其输送载体是双链条带动的多排辊筒，辊筒可采用不锈钢材质或塑料材质。在辊筒输送过程中，相邻辊筒的间隙承载果蔬，通过辊筒自转可使果蔬较易形成一排接一排的输送，比较有规律，可实现基本的定量供料，这是其特点。

2.2.1 辊筒输送机结构

图 2 - 1 所示是一款辊筒输送机的总体结构图，整机主要由进料框 1、输送辊筒 2、机架 3、主动轴部件 4、被动轴部件 5、电机及减速机 6 组成。

输送机架体一般采用不锈钢型钢焊合结构，进料框为槽体结构，输送辊筒的两侧安装有侧挡板，与辊筒面之间形成输送槽。

主动轴部件结构如图 2 - 2 所示，在主动轴 3 中装配有两个输送链轮 2，直接带动辊筒的输送链条。主动轴两侧通过带座轴承 1 固定安装在机器后部出料位置，其主动链轮 5 通过链条与减速机输出链轮连接。

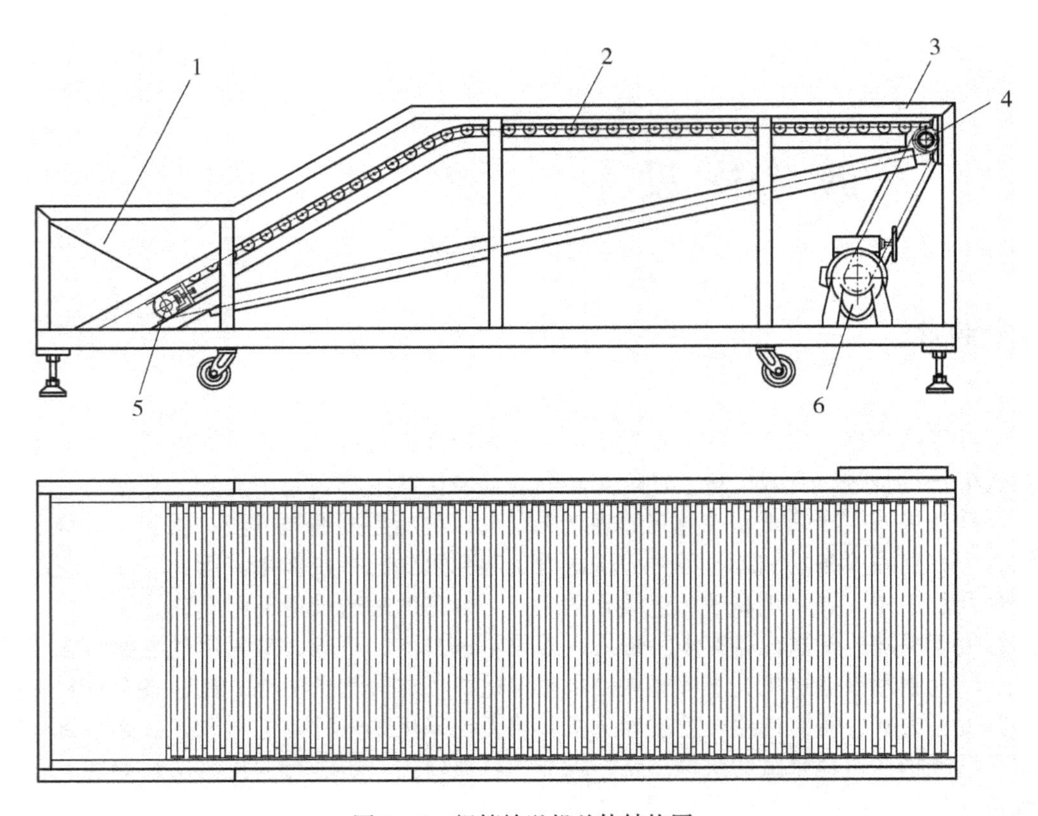

图 2-1　辊筒输送机总体结构图

1—进料框；2—输送辊筒；3—机架；4—主动轴部件；5—被动轴部件；6—电机及减速机

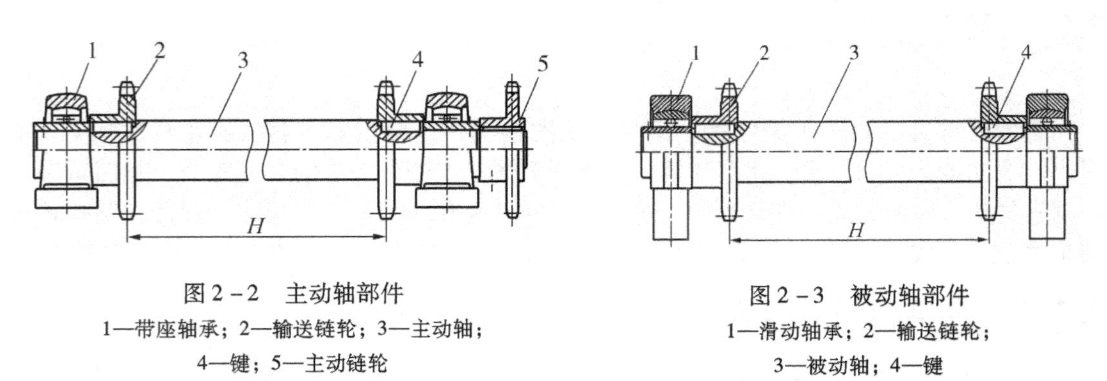

图 2-2　主动轴部件

1—带座轴承；2—输送链轮；3—主动轴；4—键；5—主动链轮

图 2-3　被动轴部件

1—滑动轴承；2—输送链轮；3—被动轴；4—键

被动轴部件如图 2-3 所示，被动轴 3 中装配两个输送链轮 2，链轮中心距为 H，与主动轴上的输送链轮中心距一致。被动轴两侧通过滑动轴承 1 安装在机器入料部位，可通过调节螺杆推动滑动轴承张紧辊筒输送链。

输送辊筒是机器的主要部件，由一系列排列整齐的辊筒组成，是果蔬的输送载体。辊筒的结构及其装配形式如图 2-4 所示，辊筒之间按一定的链节距排列，由两侧输送链条带动平行运行。

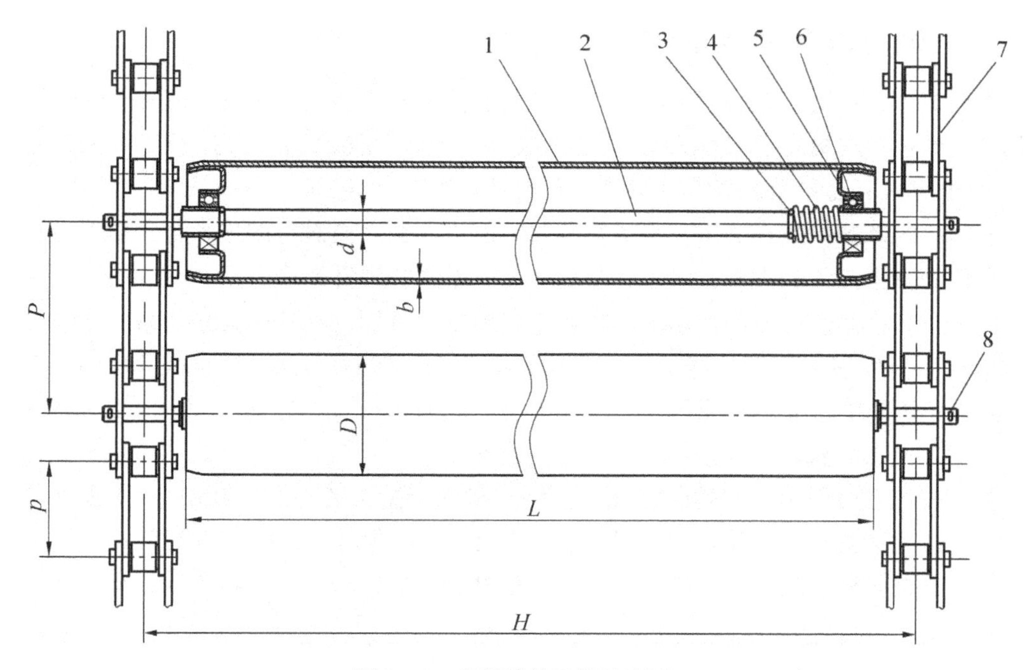

图2－4 辊筒结构及其装配图

1—筒体；2—芯轴；3—挡圈；4—弹簧；5—端盖；
6—轴承；7—输送链条；8—开口销

辊筒主要由筒体1、芯轴2、挡圈3、弹簧4、端盖5和轴承6组成。辊筒的两端轴承通过端盖压装紧配，挡圈3和弹簧4起到筒体轴向定位的作用。辊筒装配后，由于筒体右侧端盖和挡圈之间的弹簧作用，筒体受到右向推力，使其左侧端盖压紧挡圈位置，确保筒体与芯轴相对位置固定。筒体可通过轴承绕芯轴旋转。芯轴2的两端轴头插入滚子链链板中的轴孔，并由开口销8限位。输送链条7一般采用双节距滚子链，按辊筒排列间距在对应链板中加工有轴孔。

用于果蔬输送的辊筒的筒体材质一般采用不锈钢管，根据具体情况也可选用塑料材质，塑料材质普遍为PVC。果蔬输送机中最常采用的不锈钢辊筒外径为$\phi 38.1$、$\phi 50.8$以及$\phi 31.8$，对应的塑料辊筒外径为$\phi 40$、$\phi 50$以及$\phi 32$。表2－1中列出了果蔬输送机中常用的不锈钢辊筒规格及部分设计参数的选择。

表2－1 果蔬输送常用不锈钢辊筒规格及设计参数选择

筒体外径 D/mm	筒体壁厚 b/mm	筒体长度 L/mm	芯轴直径 d/mm	双节距链节距 p/mm	辊筒间距 P/mm
31.8	0.8，1	200～2000	8，10	25.4	50.8
38.1	1，1.2	200～2000	12	31.75	63.5
50.8	1，1.2，1.5	200～2000	12，15	31.75，38.1	63.5，76.2

2.2.2 辊筒输送机运行原理

由图 2-1 可见，该输送机带提升段和水平输送段可作为果蔬入料提升和分拣使用，因此也称作辊筒式提升分拣机。辊筒输送机作为提升机使用时，其提升角度一般不超过30°，角度太大容易导致果蔬向后滚落，影响提升效率。

采摘后的新鲜果蔬一般用箩筐或箱装载，由工人倒入输送机的进料框。提升分拣机可作为果蔬处理生产线的第一台设备，果蔬由此入料并被提升和输送。

设计时，提升段的进料框高度以方便工人倒果为原则，其高度最理想为 600mm，不超过 800mm。高度超过 800mm 时，工人倒果比较吃力。输送机的水平段可设计为人工分拣段，操作工面对面站立拣选果蔬，其操作高度一般为 900mm，超过 1200mm 以上需要配置踏台，以方便工人操作。分拣段的长度按需设计。

辊筒在输送过程中可相对静止也可自转，取决于托轨的作用。如图 2-5 所示，当输送链条沿链轨运行时，辊筒相对芯轴静止；如图 2-6 所示，辊筒两端受到托轨上摩擦带的承托，在被输送链条带动前进时，受到托轨摩擦带的作用，将不断滚动并绕芯轴自转。

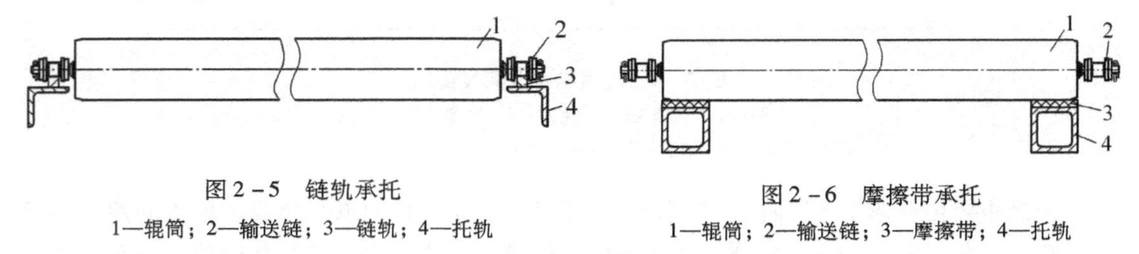

图 2-5 链轨承托

1—辊筒；2—输送链；3—链轨；4—托轨

图 2-6 摩擦带承托

1—辊筒；2—输送链；3—摩擦带；4—托轨

辊筒在输送过程中是否相对静止或自转，应根据输送性质和果蔬性状决定。对于柑橙等球状水果，在料框中被辊筒带动提升时，辊筒自转可使水果在滚动中一排排依次上行，形成有规律地送料；同样，在水平输送段，辊筒自转可带动水果有规律地不断自转，方便操作工观察水果的各个表面，把质劣、残次的水果挑拣剔除。

但是，对于表皮嫩薄的果蔬，辊筒输送时应相对静止，或者尽量避免长时间自转，否则会令果蔬表皮出现瘀伤。另外，当需要在水中提升果蔬时，提升段的辊筒一般采取相对静止的输送方式，避免在水中果蔬与辊筒打滑翻落，降低提升效率。

2.3 网带输送机

不锈钢网带在果蔬的输送和清洗机中较常用。网带输送机的输送载体是双链条带动的不锈钢编织网带，由于网孔密布，开放面积大，具有良好的排水性能，因此特别适用于果类、叶类蔬菜和部分水果的清洗及清洗后的输送沥水。不锈钢网带输送机具有运动平稳、承托力大的特点，网带装配上刮板后，可对果蔬进行有效的提升。

2.3.1 不锈钢网带输送机结构

图2-7所示为不锈钢网带输送机总体结构图。整机主要由主动轴部件1、链条网带2、电机及减速机3、机架4和被动轴部件5组成。图示机器运行方向由左至右。主动轴通过带座轴承固装在出料端，被动轴通过滑动轴承安装在入料端，通过调节螺杆调整滑动轴承，可张紧网带链条到合适状态。电机及减速机通过链传动带动主动轴，主动轴和被动轴上的两对链轮带动网带两侧输送链条，使网带平行向前运行。

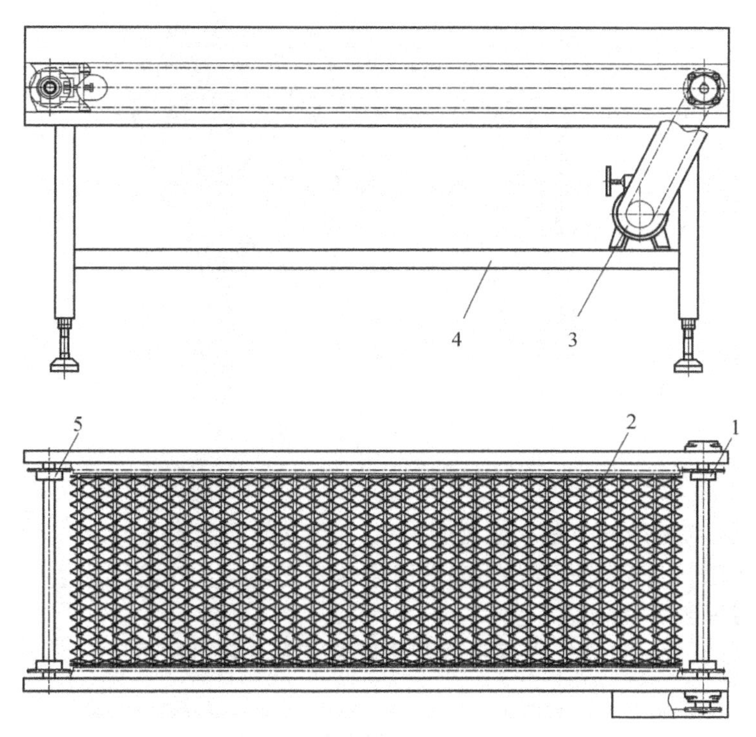

图2-7 不锈钢网带输送机总体结构图

1—主动轴部件；2—链条网带；3—电机及减速机；4—机架；5—被动轴部件

网带链条是输送机的主要部件，网带由不锈钢丝编织而成，编织形式多种多样。用于果蔬输送时，选择网带的原则是：①编织形式简单易清洗；②网面平滑均匀；③网孔大小合适不易卡滞果蔬。

图2-8所示为一种最常用的果蔬输送网带，采用不锈钢丝根据一定的图案形式，按螺距k和节距t编织成网。在丝网上，间隔若干个节距穿过一根支轴，支轴两端轴头穿入链条销孔，并由开口销限位。

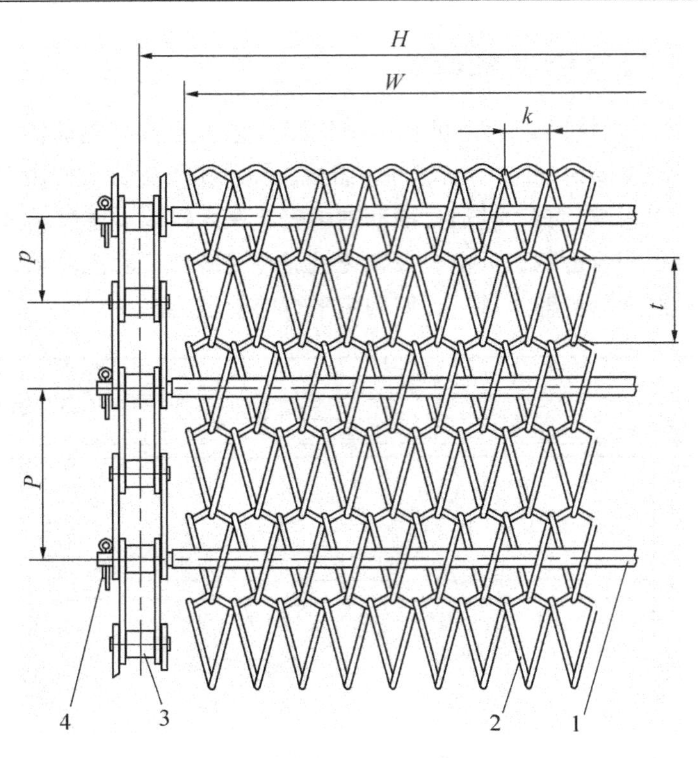

图2－8 网带链条结构

1—支轴；2—钢丝网；3—链条；4—开口销

丝网的节距 t 与链条的节距 p 成比例关系，$t \leqslant p$，而且 $t = p/n$，n 为 1～6 的整数；同样，支轴的间距 P 与链条的节距 p 成倍比关系，$P \geqslant p$，而且 $P = pn$，n 通常为 1～6 的整数，根据网带实际承载能力选取。

表 2－2 列出了常用果蔬输送网带的规格及其相关参数的选择。

表 2－2 果蔬输送常用不锈钢网带规格及设计参数选择

双节距链节距 p/mm	支轴间距 P/mm	支轴直径 D/mm	网丝直径 d/mm	网带节距 t/mm	网带螺距 k/mm
25.4	25.4n	5～8	1～1.6	6.35～25.4	3～19
31.75	31.75n	6～10	1.2～2	6.35～31.75	5～21
38.1	38.1n	8～12	1.5～2	6.35～38.1	8～21
50.8	50.8n	10～12	1.5～3	12.7～50.8	10.5～21
101.6	101.6n	10～14	1.5～4	12.7～50.8	10.5～27

适合果蔬输送的网带材质最常用的是 1Cr18Ni9Ti 不锈钢、SUS304 不锈钢，需要用于高盐及高酸碱场合时则可采用 SUS316L 不锈钢。

网带依靠定距排布的支轴与两侧的输送链条联接，支轴按一定的链条节距排列，间距要合适。支轴间距太大，网带的支撑力较弱，容易下坠，不利承载果蔬；支轴间距太小，排布的支轴数量太多，会造成网带的自身重量太大，不但浪费材料，而且消耗动力。

网带由两侧的链条通过支轴带动运行，前进及回程均需要链轨承托，以有效支撑果蔬重量及网带自身重量，网带链条输送截面图如图2－9所示。网带两侧的滚子链沿链轨运行。挡板的设置应合理，按图示两侧挡板内侧面刚好超过链条位置，确保果蔬处于网带位置输送，运行过程不至于碰到旁边的链条而造成损伤。

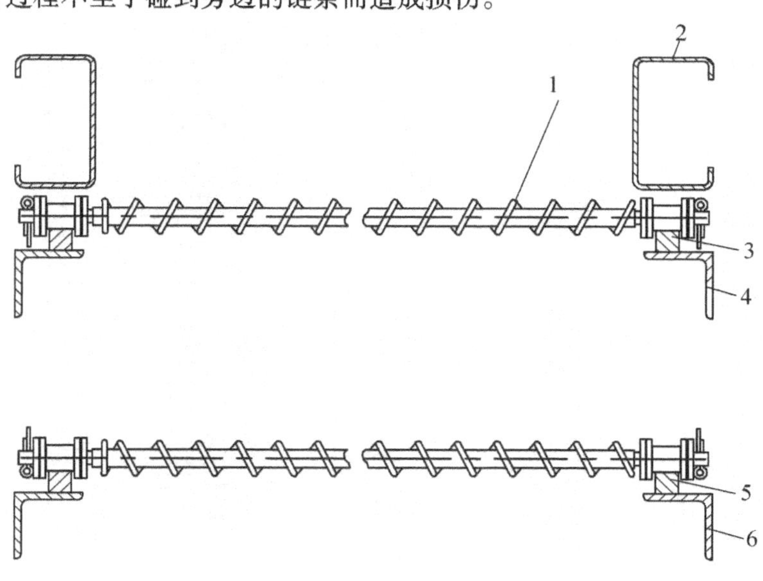

图2－9　网带链条输送截面图

1—网带链条；2—挡板；3—上链轨；4—上托轨；5—下链轨；6—下托轨

2.3.2　不锈钢网带刮板提升机结构

在网带输送机的网带上装配刮板后可作为提升机使用。网带上的刮板装配如图2－10所示。刮板采用不锈钢板制造，通常为L形结构，底部由螺钉螺母装配在网带上。刮板装配时，在网带下部需加装一块垫板，长度、宽度、厚度与刮板底部基本一致，拧紧螺钉螺母后，使刮板与垫板夹紧网带，起到加固的作用。

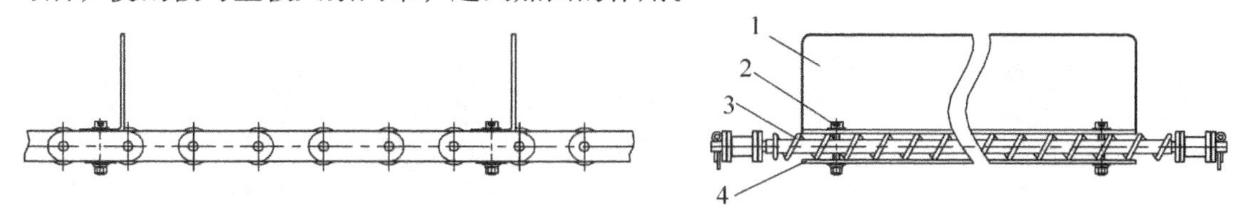

图2－10　网带刮板装配图

1—刮板；2—螺钉螺母；3—网带；4—垫板

刮板的高度取决于输送果蔬的外形尺寸和提升角度两个参数，果蔬的外形尺寸大，刮板的高度应按比例增高；提升角度增加，刮板的高度也应相应增加。一般情况下，最常使用的刮板高度为30～100mm。

刮板的安装位置最理想的是靠近支轴的位置，可使网带刮板刚性好，输送平稳。刮板的安装间距为链节距的倍数，根据输送物料的不同而异，并且与设计要求的输送量有关。在同样的输送速度下，刮板间距小则输送量大，反之则输送量小。

图 2－11 所示是网带刮板提升机的总体结构图。整机主要由主动轴 1、电机及减速机 2、网带 3、刮板 4、机体 5、入料槽 6 和被动轴 7 组成。主动轴由直联式蜗轮蜗杆减速机驱动，通过链轮带动网带刮板运行，提升输送由入料槽进入的物料。被动轴安装在滑动轴承上，通过调节螺杆可有效张紧输送网带。

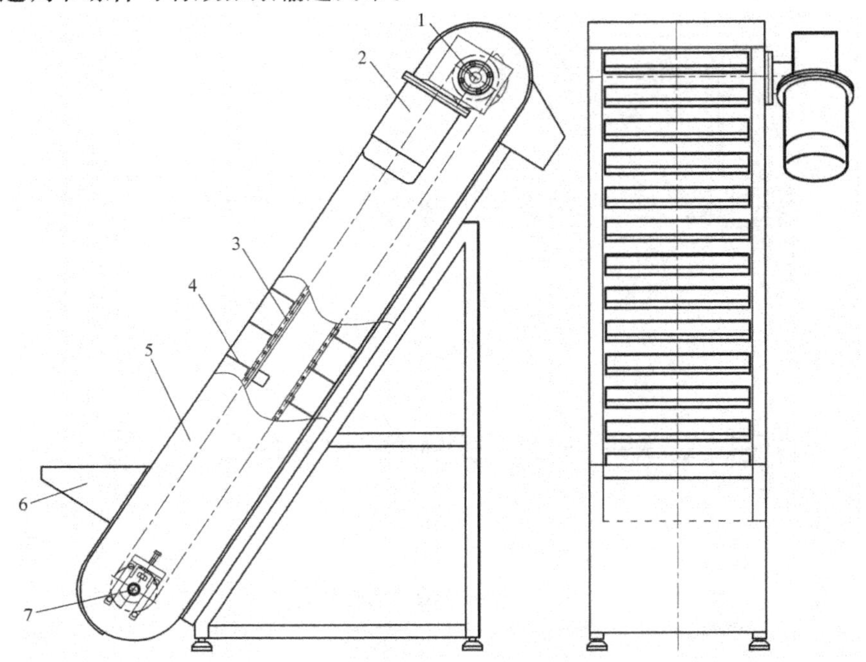

图 2－11　网带刮板提升机总体结构图

1—主动轴；2—电机及减速机；3—网带；4—刮板；5—机体；6—入料槽；7—被动轴

网带刮板提升机可用于提升角度较大的地方，提升角度可达 75°。

当用于果蔬清洗后的提升时，应在网带刮板底部设计装配导水槽，使输送过程中果蔬沥落的水滴汇流至被动轴底部位置，由排水管导出。

2.4　链板输送机

链板式输送机的输送载体是由标准化链板按模块化组合装配而成的平板式输送带。用于果蔬输送的链板以工程塑料材质为主。链板形式多样，配件型号众多，包括链节、链轮、托轮、导轨、护栏及相关附件，均有标准化生产。工程塑料链板不但装配灵活，而且具有轻型、平滑、静音、防护性好等特点，是一种非常理想的果蔬输送载体。

工程塑料网带是链板带的其中一种形式，链板上具有一定的开孔率，虽然其开孔率及透过性不及不锈钢网带，但由于是标准化注塑件，孔隙均匀细密，承托物料的网带表面平滑，没有编织网中钢丝凹凸交错容易卡滞果蔬的缺点，因此广泛用于果蔬的轻柔输送、提升和清洗加工。

2.4.1　塑料链板带形式

适用于果蔬输送的工程塑料链板带形式较多，通过标准模块组合而成，其材质主要为POM和PP。图2－12所示是其中较常用的一种平格型链板带。

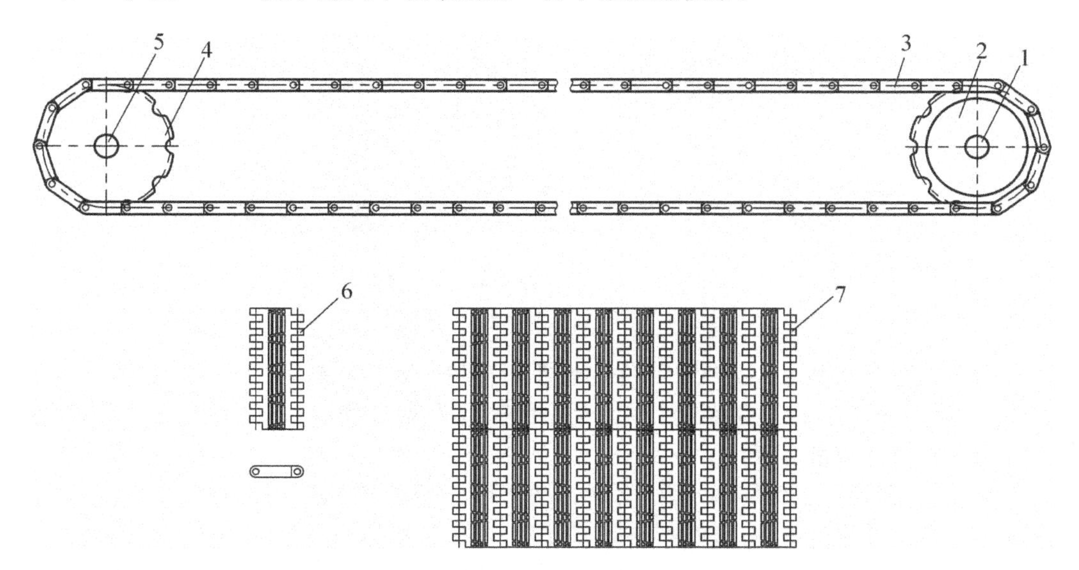

图2－12　工程塑料链板带结构

1—主动轴；2—主动链轮；3—链板带；4—被动链轮；
5—被动轴；6—板带模块；7—模块组合链板带

板带模块6是标准化产品，板宽152.4mm，节距50.8mm，其两侧加工有凹凸齿，模板之间可相互嵌入拼合，延长至整机输送长度；同时，模块如链节一样具有销孔，按长度方向拼合和宽度方向排列后，可采用销轴串联铰接，形成一条连续循环的履带。

用于果蔬输送的链板带大多数要求具有一定的透过性孔隙，既减轻输送带重量，也利于果蔬在输送过程透气、沥水或者筛除砂泥等细微杂质。

链板带的开孔程度以开孔率表示，即孔隙在模块表面面积所占的百分比。图示链板带的开孔率为18%，不同形式的链板带开孔率不一样，最高可达48%。

驱动链板带的链轮同样采用工程塑料制造，主动轮的轮齿节距与链板带对应，被动轮可采用光轮，或者与主动链轮形式一样。链轮标准化生产，常用齿数为8～16齿，一些链板带采用的链轮齿数可多至32齿。链轮的中心孔可采用圆孔带键槽，配合圆轴安装；也可采用方孔，与标准方形钢管配合，用方形钢管充当转轴。

工程塑料链板带可以进行水平输送，若在输送链板带上定节距装配刮板模块，也可以作为提升机使用，而且效果非常理想。

图2－13所示是工程塑料刮板链板带装配图，图示链板带中两节链距安装一块刮板模块，由销轴串联铰接。

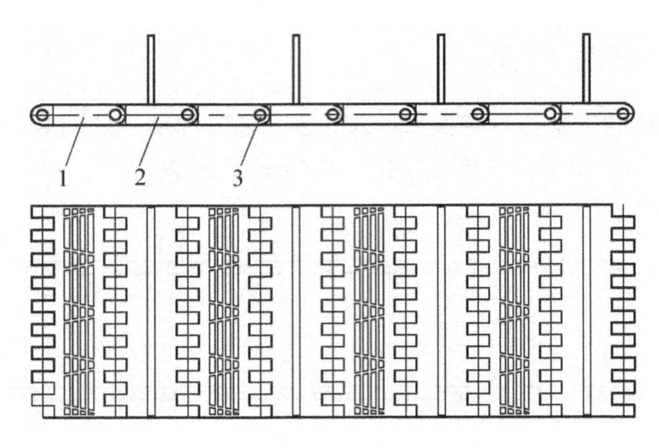

图 2 - 13　工程塑料刮板链板带

1—板带模块；2—刮板模块；3—销轴

刮板模块标准化制造，宽度和节距与链板带模块一致，刮板高度一般有四种规格(32、50、76、102mm)可选。在实际设计中，刮板的高度及安装间距选择需根据输送物料外形参数、输送要求处理量等确定。

由于工程塑料链板带具有轻型、平滑、防护性好等众多优点，因此适用于绝大多数果蔬输送，特别是对于一些表皮嫩薄易损的果蔬，采用工程塑料链板带是最理想的选择。

大多数输送机在输送方向两侧需要设置固定的侧挡板，以防止果蔬偏离输送带，但侧挡板的设置有一个缺点，会导致靠近输送带边缘的果蔬在前进过程中不断摩擦侧挡板，有可能造成表皮损伤。这一现象对于大多数皮厚肉实的果蔬如柑橙等影响不大，也较少出现损伤情况。但是，对于樱桃、草莓、西红柿、梨等娇嫩的果蔬，输送过程绝对不能靠固定的侧挡板进行限位。

工程塑料链板带采用一个裙边附件解决了上述问题。如图 2 - 14 所示，裙边附件是一块小挡板，其下部有两个铰支，中心距等于板带模块的节距。裙边安装在靠近链板带两侧，一个链节安装一个，使链板带两侧形成连续的侧挡边。裙边随链板带运行，可以保持对链板带内的果蔬限位防止偏离，同时，由于果蔬与裙边之间没有相对运动，因此就不存在上述链板带边缘果蔬与挡板发生摩擦而损伤的现象。

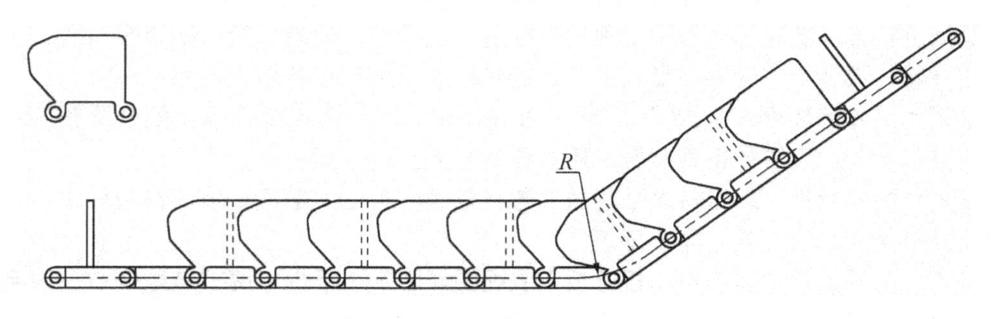

图 2 - 14　带裙边的刮板链板带

由图 2 - 14 可见，工程塑料链板带可反向弯曲输送，其反向弯曲半径最小为 50mm。设计提升机时，最理想的方案是如图在入料处采用一定长度的水平输送段，然后反向弯曲向上提升。这样设计，可以有效减少刮板对果蔬的撞击，使果蔬入料平缓，对果蔬的保护作用明显。链板带反向弯曲输送时，在弯曲位置网面两侧需装配压轮，作为导向作用。

2.4.2 塑料链板带输送机结构

图2－15所示是一段工程塑料链板带输送机的结构简图。图示是带刮板的塑料链板带，在槽体中运行，可作为果蔬输送使用，也可以利用槽体在输送过程中对果蔬进行清洗。

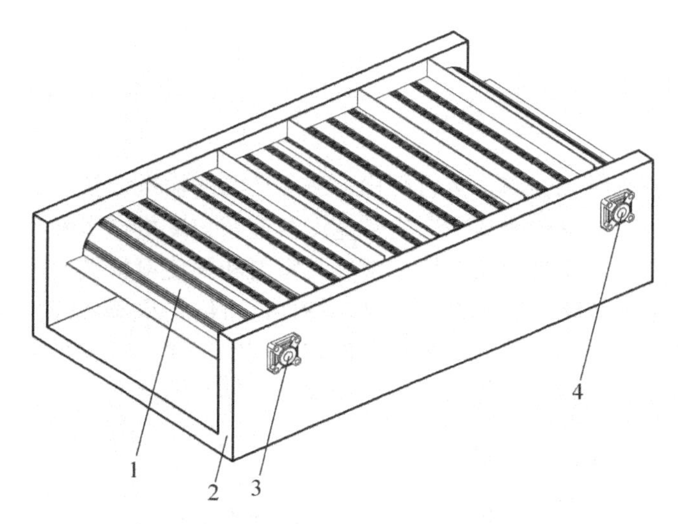

图2－15 塑料网带输送机结构简图

1—刮板链板带；2—槽体；3—被动轴；4—主动轴

塑料链板带输送机的截面结构如图2－16所示，由网带刮板1、链轮2、轴套3、驱动轴4、侧挡板5、上托轨6、轴承7、下托轨8组成。

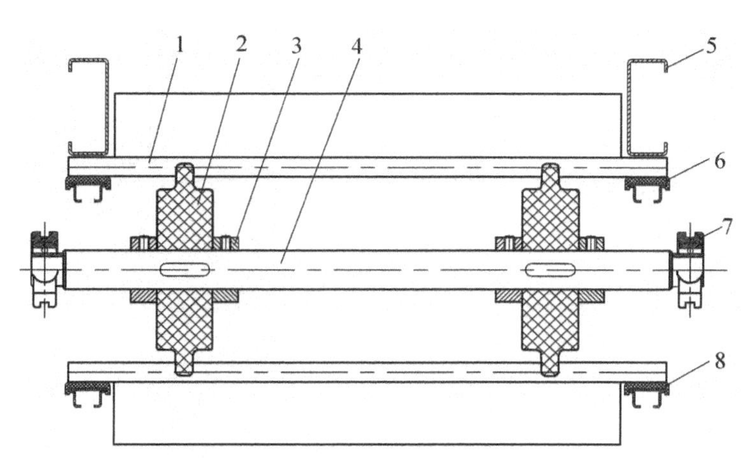

图2 － 16 塑料网带输送机截面结构

1—网带刮板；2—链轮；3—轴套；4—驱动轴；

5—侧挡板；6—上托轨；7—轴承；8—下托轨

链轮装配在轴上，由轴套3定位。链轮根据链板带的宽度可配置若干个，图示只配置了两个，是最少个数。由于链板带是模块化组合，因此当链板带宽度较大时，需要配置多个链轮，在驱动轴上均匀定间距布置，以确保带动链板带的驱动力均匀分布。

链板带的输送过程上下均需要托轨承托，托轨同样有标准化产品选用，由金属骨架和塑料摩擦条组成，塑料摩擦条直接和链板带接触，运动过程中产生滑动摩擦。由于上托轨要承受链板带重量和物料重量，当链板带宽度较大时，为了均匀承托，需要在链板带宽度方向布置若干条托轨，图示只配置了两条，是最少数量。

2.5 皮带输送机

皮带输送机是一种结构简单、运行平稳、适用广泛的输送设备。应用于果蔬输送的皮带主要采用表面平整或光滑的平皮带，皮带宽度及输送长度根据实际生产要求的处理流量和输送距离而确定。输送皮带厚度有标准值，其宽度和长度可根据实际自行设计，并向皮带制造厂商订制。输送皮带具有弹性、柔软的特性，可给予果蔬良好的保护，因此大量应用于果蔬在生产线上的进出料输送或分拣及包装处理的工序。平皮带可装配塑胶刮板，通过粘合剂固合形成刮板皮带，刮板皮带可对果蔬进行提升输送。

2.5.1 平皮带输送机结构

图2－17所示是平皮带输送机总体结构图，主要由主动辊1、平皮带2、托辊3、被动辊4、机架5、电机及减速机6和传动链7等组成。电机及减速机输出链轮通过传动链带动主动辊1的链轮，驱动主动辊并带动平皮带2运行。被动辊4安装在滑动轴承上，通过调节螺杆可有效张紧平皮带。

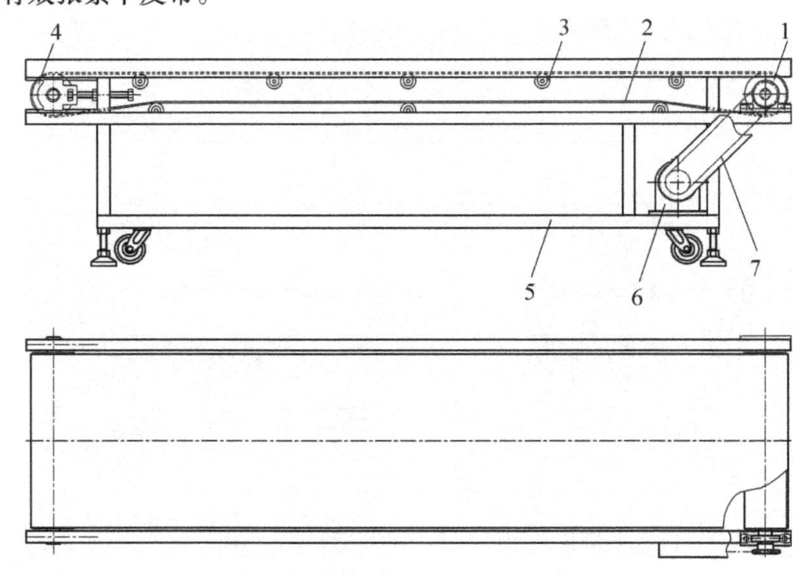

图2－17　平皮带输送机总体结构图

1—主动辊；2—平皮带；3—托辊；4—被动辊；5—机架；6—电机及减速机；7—传动链

平皮带输送机的零部件较少，除了输送带外，最主要部件就是主动辊和被动辊。主动辊两端轴头通过带座轴承固定安装在出料端，被动辊两端轴头通过滑动轴承安装在输送机入料端。一般情况下，主动辊和被动辊的直径相等，辊体表面压花以增加驱动皮带的摩擦力，辊体形状为鼓状结构，即中间高两端低的鼓状筒体，可有效防止带动皮带在运行过程中出现皮带跑偏的现象。皮带驱动辊的具体设计可参考相关机械手册。

平皮带的输送行程段及回程段均需要有效的承托，承托形式有两种，一种是辊筒承托，一种是平板承托。若只采用辊筒承托，皮带运行的摩擦力小，节省动力，但皮带表面承托力不均匀，靠皮带表面张力承托物料，因此只用于较轻负载；若只采用平板承托，皮带表面承托力均匀，可用于重负载，但相应皮带运动的摩擦力较大，动力要求高。因此，最理想的承托形式是综合采用托辊与平板承托，也就是在相邻托辊之间装配承托平板。机器设计时，应使托辊中心处于同一平面直线，而承托平板表面处于同一平面，同时使托辊外圆顶点高出承托平板板面 3 ～ 5 mm，如此则可确保输送皮带既具有均匀承载力，又可减少运行过程的摩擦力从而降低驱动力。

图 2 - 17 所示采用辊筒承托轻负载的形式，在输送行程段和回程段，按一定间距在皮带下部均匀排布承托辊。由于输送行程段需要考虑果蔬物料重量加上皮带自身重量，因此要求布置较多数量的托辊，托辊间距的设定以不导致输送物料过程中皮带下坠为前提条件。至于回程段，由于只需承托皮带自重，因此可适当布置较少的托辊。

2. 5. 2　果蔬输送皮带的特性

适用于果蔬输送的皮带主体材质(即表面材质)一般为 PVC、PU、PE，骨架层有一到两层纬线带刚性的聚酯丝或棉纤维编织物。最常用的输送皮带厚度规格为 2mm、3mm、4. 5mm 等，需根据设计的输送机宽度、长度和输送量而定。

输送皮带可接合刮板和裙边。图 2 - 18 所示是在平皮带表面粘合刮板，形成刮板皮带。刮板间距 L 根据物料外形尺寸和要求的输送产量而确定，刮板高度 h 一般取 30 ～ 100mm，用于提升时，提升角度大，相应要求的刮板高度 h 也要选取大值。

图 2 - 18 中刮板与平皮带粘合时，在皮带两侧留有宽度为 b 的空道，这个设计很重要。在皮带输送物料行程中，两侧挡板可尽量靠近刮板，在皮带空道上方安装，对输送果蔬实现有效限位；刮板皮带回程时，采用托轮承托两侧空道，避免刮板皮带严重下坠影响运行效果；另外，刮板皮带提升机的入料处可设计一段水平输送，使果蔬入料更平缓、轻柔，在这种情况下，刮板皮带在水平运行转向提升运行时，皮带会反向弯曲，必须采用压轮压住刮板皮带的两侧空道，才能顺利导向。

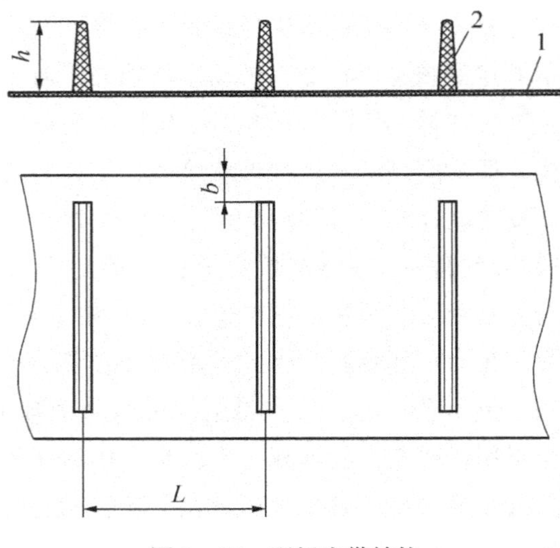

图 2－18　刮板皮带结构

1—平皮带；2—刮板

图 2－19 所示是在平皮带表面粘合刮板和裙边，形成带裙边刮板皮带。这种输送皮带对果蔬的保护性非常好，常用于樱桃、草莓等表面柔嫩的水果。由图可见，皮带两侧分别有一条连续的波纹形的挡边，挡边同样是橡胶材料，与平皮带粘合。果蔬在输送过程中，均处于由平皮带、刮板和裙边组成的柔性的框腔内，与输送载体相对静止，即与周边不存在相对运动，因此就不会出现输送过程中摩擦损伤的现象。

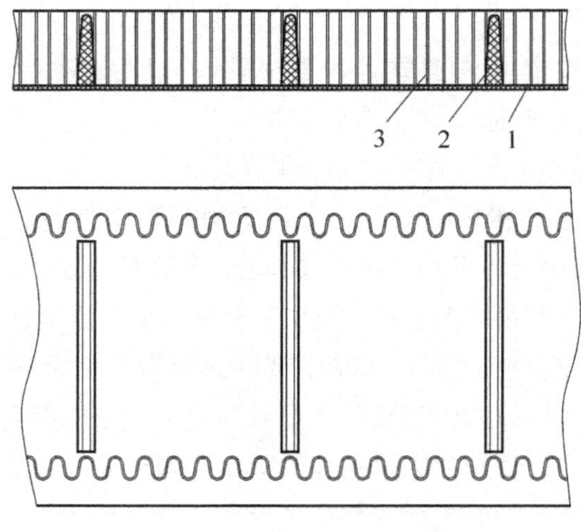

图 2－19　带裙边刮板皮带

1—平皮带；2—刮板；3—裙边

波纹形的橡胶裙边如弹簧一样，可以伸缩。当皮带经过主动辊和被动辊时需要弯曲输送，此时，裙边被拉伸；当皮带由水平输送转向提升输送时，皮带需要反向弯曲，此时，裙边被压缩。无论拉伸或压缩，裙边均能保持作为挡板的正常状态。

由此可见，裙边做成波纹状是一个合理的设计方式。假如把裙边做成平板状，则在运动过程中会出现拉伸开裂和挤压变形，不能正常使用。

2.5.3　刮板皮带输送机结构

图 2－20 所示是一款刮板皮带输送机的总体结构图，输送载体是刮板皮带，由主动辊 5 和被动辊 12 带动。

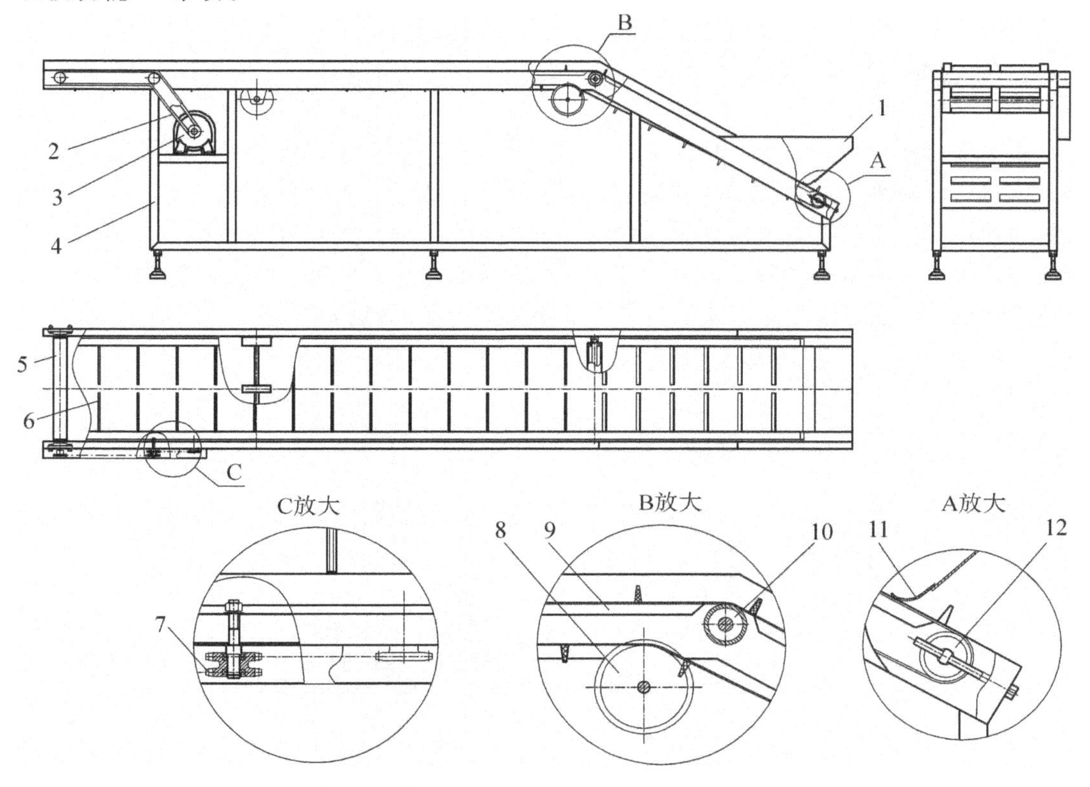

图 2－20　刮板皮带输送机总体结构图

1—入料槽；2—传动链；3—电机及减速机；4—机架；5—主动辊；
6—刮板皮带；7—传动链轮；8—托轮；9—托板；10—托辊；11—胶板；12—被动辊

输送机的前段为提升段，后段为水平输送段，可实现入料提升和人工分拣的功能。输送机的出料端设计为悬空伸出状，主要是为了配合下道处理工序，可直接伸入下一台设备的入料口，使生产设备之间装配严密紧凑。因此，在 C 放大图中，增设了一套双排链轮作为中间传动，连接减速机输出链轮和主动辊驱动链轮。

在 A 放大图中，有一块胶板 11 安装在入料槽的出口，形成一个弹性活门，刮板上行时推开活门顺利带走果蔬，而料槽中的果蔬在刮板到达前不会回流，从而避免了刮板与料槽出口处夹伤果蔬的现象出现。当然，如果如上所述在提升前设计一段水平输送段，果蔬的入料效果会更理想，可彻底杜绝伤果现象。

另外，本机的被动辊 12 采用固定轴装配辊筒式结构，辊筒可通过轴承绕固定轴自转，固定轴两端轴头安装在调节螺杆上，转动螺杆可拉动辊筒从而张紧皮带，这是一种简单实用的设计方式。

在 B 放大图中，刮板皮带提升至高位转向水平处，装配有托辊 10 导向，输送物料全程均有托辊和托板支承皮带。刮板皮带回程时也需要承托，承托部件为托轮 8。托轮的结构是在固定轴上装配滚轮，图示配置有3个滚轮，分别支承于刮板皮带的两侧和中间空道。设计时，应确保滚轮的半径减去固定轴的半径大于刮板的高度，以利于刮板顺利通过。

本设备由于采用柔性刮板皮带输送，因此适用于大部分果蔬，特别是在叶类蔬菜洁净加工中作为输入设备或过渡输送设备等。

2.6 果蔬排列输送机

在果蔬自动化生产线中，根据加工工艺要求，有时候需要对输送中的混乱的果蔬进行梳理、分行、排列，以方便特定的加工处理。例如，在对水果进行在线称重分级，或进行机器视觉识别分级时，由于需要对水果一个一个进行测量，因此必须要对待处理水果进行排列，以形成一个或多个整齐的队列才能送进此类分级机。以下介绍几种适用于类球状水果分行排列的设备，包括辊筒提升排列机、滚轮提升排列机和V形带式排列机。

2.6.1 辊筒提升排列机

2.6.1.1 机器结构

图2－21所示是辊筒提升排列机总体结构图。机器前段为辊筒提升部分，后段为皮带输送部分，两者前后衔接，组合成一体。

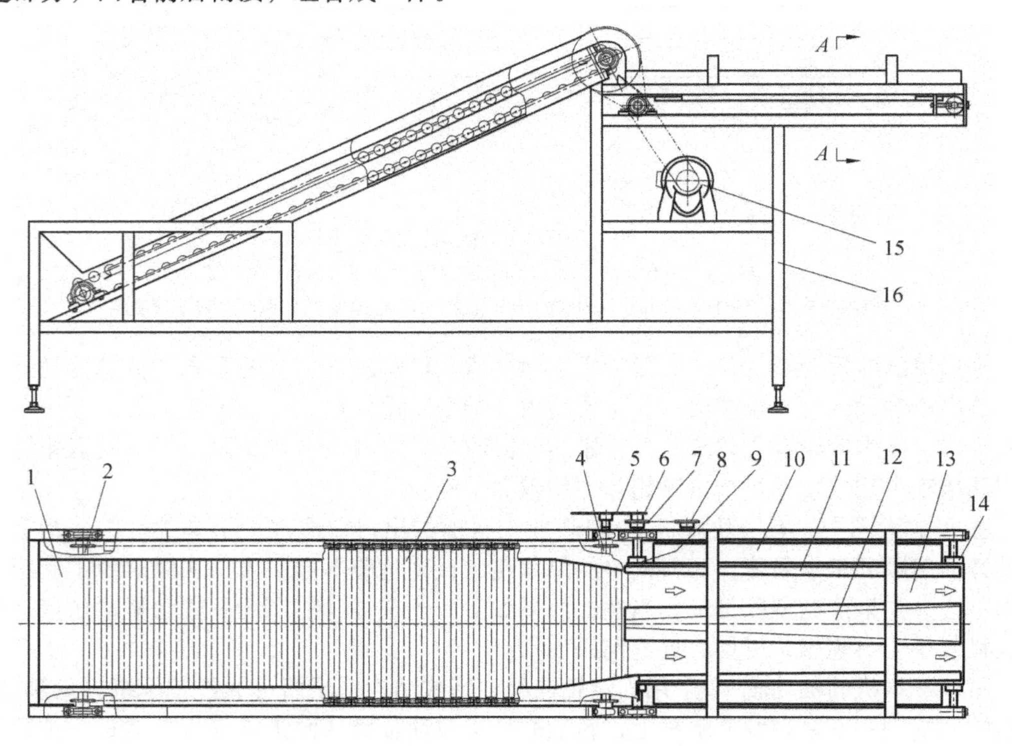

图2－21 辊筒提升排列机总体结构图

1—入料槽；2—被动轴部件；3—输送辊筒；4—主动轴部件；5，6，7，8—链轮；9—主动辊；10—托板；11—侧挡板；12—中隔板；13—平皮带；14—被动辊；15—减速电机；16—机架

辊筒提升部分主要由入料槽 1、被动轴部件 2、输送辊筒 3、主动轴部件 4 等组成。主动轴旋转时，可驱动两侧链条带动输送辊筒 3 平行运行。用于处理柑橙、苹果等水果时，辊筒提升角度一般设计为 25°～30°。

皮带输送部分主要由主动辊 9、托板 10、侧挡板 11、中隔板 12、平皮带 13、被动辊 14 等组成。由图 2－22 可见，两边的侧挡板 11 和中隔板 12 把皮带输送平面分隔，形成两条 V 形通道。

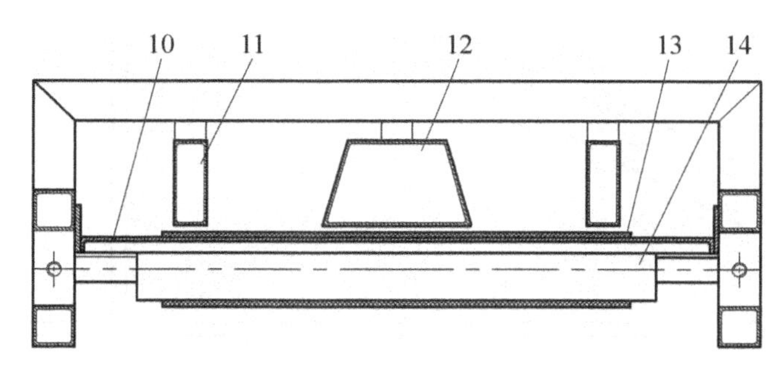

图 2－22 辊筒提升排列机 *A—A* 视图

10—托板；11—侧挡板；12—中隔板；13—平皮带；14—被动辊

V 形通道的入口与辊筒提升部分的出口连接，通道由入口至出口（由左至右）逐渐收缩，即前宽后窄，见图 2－21 俯视图。

机器的动力源为减速电机 15。电机启动后，减速机输出链轮 8 通过链传动带动链轮 7，从而驱动主动辊 9，使皮带运行；与此同时，由于链轮 6 和链轮 7 组装成一体，因此同步旋转，通过链条带动链轮 5，从而驱动主动轴部件 4，带动输送辊筒运行。

2.6.1.2 运行原理

待处理水果由入料槽进入，被输送辊筒提升上行。

辊筒在两侧链条的拖动下运行，同时在其下托轨摩擦带的作用下滚动，使水果自转分排均匀提升。

水果被辊筒提升到高位，经过渡槽落入衔接其后的输送皮带，被双通道 V 形槽导向，形成两行列队，在平皮带的带动下前进。

设计时，其中一个关键点：后部分皮带输送段和前部分提升段必须形成一定的差速，使水果由提升进入分行排列输送过程得到提速，拉开水果个体之间的间距，确保水果均匀列队。

2.6.2 滚轮提升排列机

滚轮提升排列机的传输方式与辊筒提升机类似。其总体结构如图 2－23 所示，设备采用双通道输送排列方式，主要由主动轴部件 1、被动轴部件 2 和输送滚轮 6、减速电机 7 等组成。

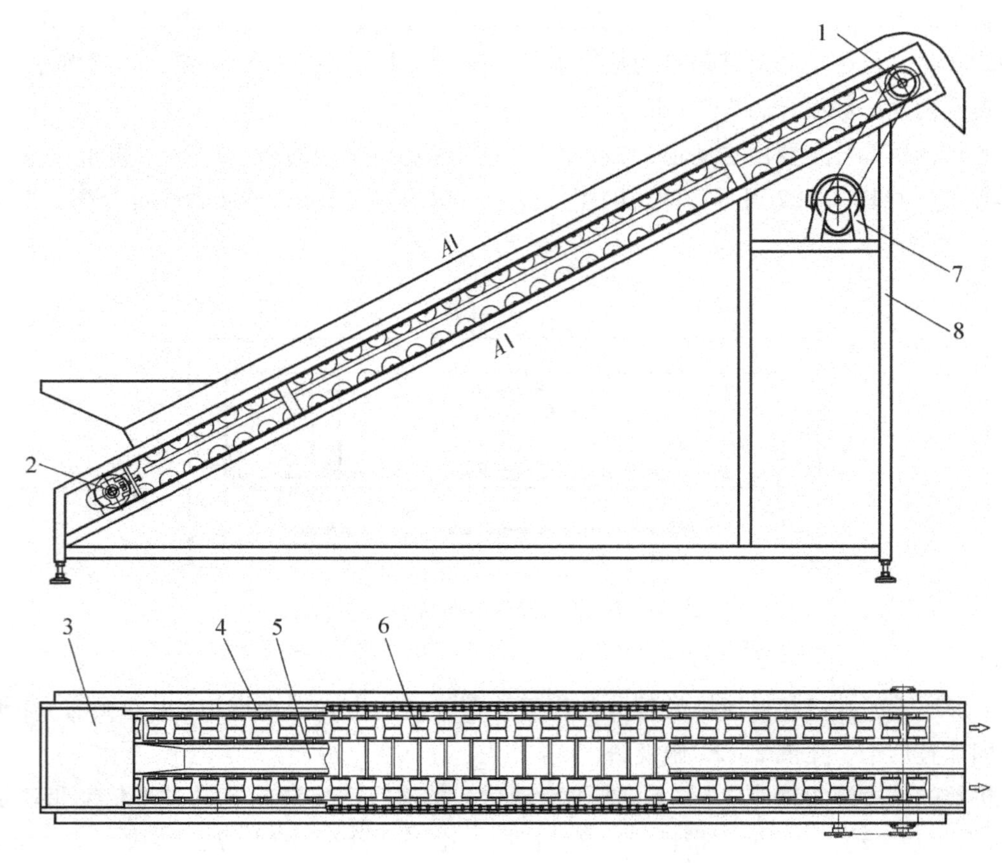

图 2－23　滚轮提升排列机总体结构图

1—主动轴部件；2—被动轴部件；3—入料槽；4—侧挡板；

5—中隔板；6—输送滚轮；7—减速电机；8—机架

由前述可知，辊筒提升机的输送载体是双链条带动的多排辊筒。而滚轮提升机的输送载体是采用双链条带动的多排滚轮。两者结构基本一样，区别在于前者是辊筒，后者是滚轮。单个滚轮为腰鼓形结构，橡胶材质。前后排两个滚轮之间形成一个腰形凹位，刚好能承托一个球形水果。

如图 2－24 所示，滚轮装配在芯轴中，芯轴的两端轴头分别装配在两侧滚子链上。每根芯轴中间位置定距装配有两个滚轮，滚轮可绕芯轴自转。固定安装的左右侧挡板 4 和中隔板 5 形成两条 V 形通道。

运行时，水果由入料槽 3 进入，被输送滚轮带动，在 V 形槽中上行。由于前后排滚轮之间只能承托一个水果，因此即使有重叠的水果，也会在提升过程在重力作用下自然滚落。最终，水果在提升行程中形成两行队列，整齐输送。

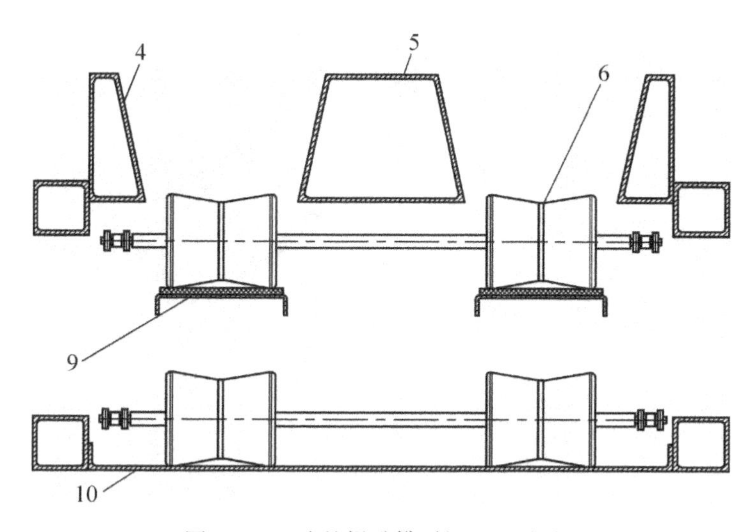

图 2－24　滚轮提升排列机 A—A 视图

4—侧挡板；5—中隔板；6—输送滚轮；9—上托板；10—下托板

2.6.3　V 形带式排列机

图 2－25 所示是 V 形带式排列机结构。此类机型实际上是由两台平皮带输送机组成，在一个 90°的刚性架体 3 上，安装有两条输送皮带，分别有独立的主动辊、被动辊、平皮带以及张紧机构。

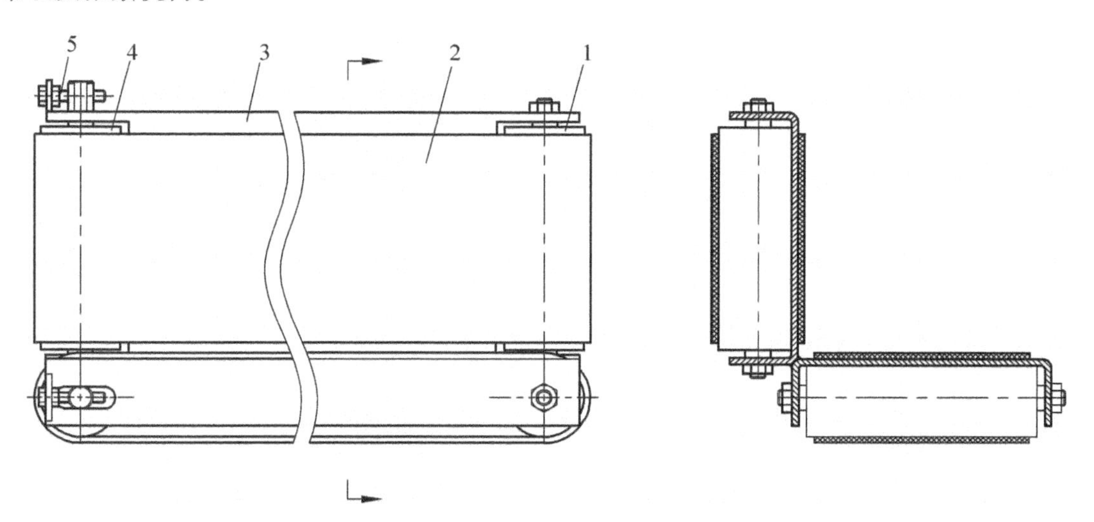

图 2－25　V 形带式排列机结构图

1—主动辊；2—平皮带；3—架体；4—被动辊；5—张紧机构

驱动两条输送带的动力形式有两种：其一，两个主动辊均为电动辊筒，通电启动后直接驱动各自的皮带运行。这种形式适用于短程轻载输送。其二，两个主动辊的轴端装配一对相互啮合的锥齿轮，采用同一台减速电机输入动力，同时带动两个主动辊，使两条皮带同步运行。这种形式较常使用，适用于长距离输送。

实际应用中，V 形带式排列机如图2－26布置，一般与辊筒提升机配套使用，安装连接在辊筒提升机的出口端。

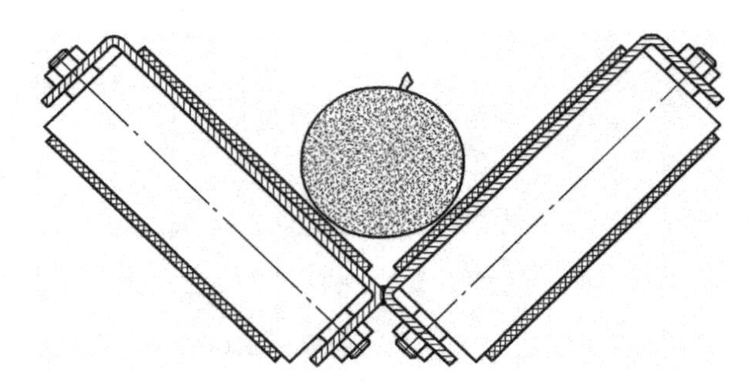

图2－26　V形带式排列机应用状态

水果经过提升机的出口落入 V 形带式排列机后，被两侧斜面的皮带带动前进，在输送过程中，从混乱堆叠的状态自然分散走正，形成整齐的单排队列。

当采用多套 V 形带式排列机并联布置时，可使水果形成多行队列输送。

3 果蔬洁净加工与保鲜设备

3.1 概述

果蔬的洁净加工，目的在于去除其表面尘土污迹及混杂其中的杂物，甚至通过技术手段最大限度地分解残留农药，确保果蔬符合卫生安全要求，洁净上市，从而提高商品档次。

果蔬的清洗效果关键取决于采用的清洗方式，同时与清洗时间和清洗液种类有关。作为商品化处理的果蔬，一般情况下只采用常温清水作为清洗液，当一些果蔬需要配合冷链贮运时，清洗水还要进行冷冻处理以降至合适的温度。针对果蔬表皮顽固污迹，可于清洗水中添加一点表面活性物如去垢剂等，但为了避免造成物料和环境的二次污染，建议尽量少用清洁剂，物理清洗方式是最理想的方式。

果蔬在清洗过程中，其表面大部分农药残留物会被清除，但残留农药的清洗效果取决于农药种类、施加剂量及清洗工艺等综合因素，这需要从种植源头开始控制。若果蔬受到农药强烈污染，则清洗失去意义。

一般情况下，果蔬的消毒与保鲜处理紧随清洗工序之后，或者同步进行，设备基本通用，但处理介质包含了消毒剂和保鲜药液等。设备运行时，要确保消毒剂和保鲜药液均匀喷淋或浸润果蔬表面，有效消毒及形成保护层，达到保鲜效果。

3.2 果蔬清洗技术与设备

果蔬在生长过程中，由于雨水、灌溉等原因，导致果蔬表面及缝隙处黏附聚集着泥土灰尘等污垢，清洗比较困难。一般情况下，采用人工清洗时，首先是把水果蔬菜浸泡在水中一段时间，将黏附的淤泥、沙粒、杂物等泡软溶解，对于叶菜则需要掰开菜叶，再用水流冲洗，达到洗净目的，处理粗糙易造成烂叶断梗的现象发生。

果蔬的机械化清洗，首先要考虑把果蔬表皮损伤的可能性降到最低，否则处理后果蔬难以保存，清洗失去意义。因此，在果蔬特别是叶类蔬菜的清洗过程中，应尽量避免采用机械搅拌、刮刷等强力手段。

由于果蔬品种繁多，特性不同，因此针对不同品种的果蔬，应选用合理的清洗方式，才能达到理想的效果。一般情况下，类球形水果和根茎类、瓜果类蔬菜可采用喷淋及毛刷清洗等方式，表皮嫩薄或叶类蔬菜则宜采用水气浴加喷淋等清洗方式。至于一些更难清洗的污迹，可采用超声波技术，清洗效果更好，但相关的清洗设备要求更高。鉴于每种清洗方式均具有优缺点，生产中应视实际情况采用多种清洗技术混合的综合清洗方式，既可达到良好效果，又可提高生产效率。

3.2.1 滚刷清洗机

采用旋转滚刷配合水力喷淋的清洗方式是一种适用广泛的高效清洗技术，利用毛刷直接刷洗果蔬表面，因此清洗速度快，洁净程度高，对柑橘、柠檬、苹果、荔枝、青枣、胡萝卜、马铃薯等多品种果蔬均适用。

滚刷清洗机的关键部件是毛刷辊，一台清洗机由多支毛刷辊组成。滚刷清洗机可设计不同的结构形式，以物料运动方向为基准，按毛刷辊的排列方式，主要分为平面横排式滚刷清洗机和弧面纵置式滚刷清洗机两种类型。

3.2.1.1 平面横排式滚刷清洗机

图3－1所示是一台平面横排式滚刷清洗机的结构总图。整机主要由毛刷辊7、喷淋装置8、集水槽10、排果辊6以及减速电机3和入料槽9、出料槽5等组成。果蔬由入料槽9输入，被连续旋转的毛刷辊带动，向出料槽方向运行，其间在水力喷淋的作用下，不断接受刷洗，达到洁净果蔬表皮的目的，清洗后的污水流入集水槽并通过端部排水管流走。

图示设备装配了18支毛刷辊，毛刷辊的数量根据所需处理的果蔬品种特性而定，数量过少则清洗过程太短，洁净程度难以保证；数量过多则清洗过程太长，易导致刷伤果蔬表皮。应用在柑橘、苹果等清洗设备配套的毛刷辊以15～30支为宜。

毛刷辊在设备上的排布方式按物料的输送方向等距横排，并且毛刷辊轴线均处于同一平面。

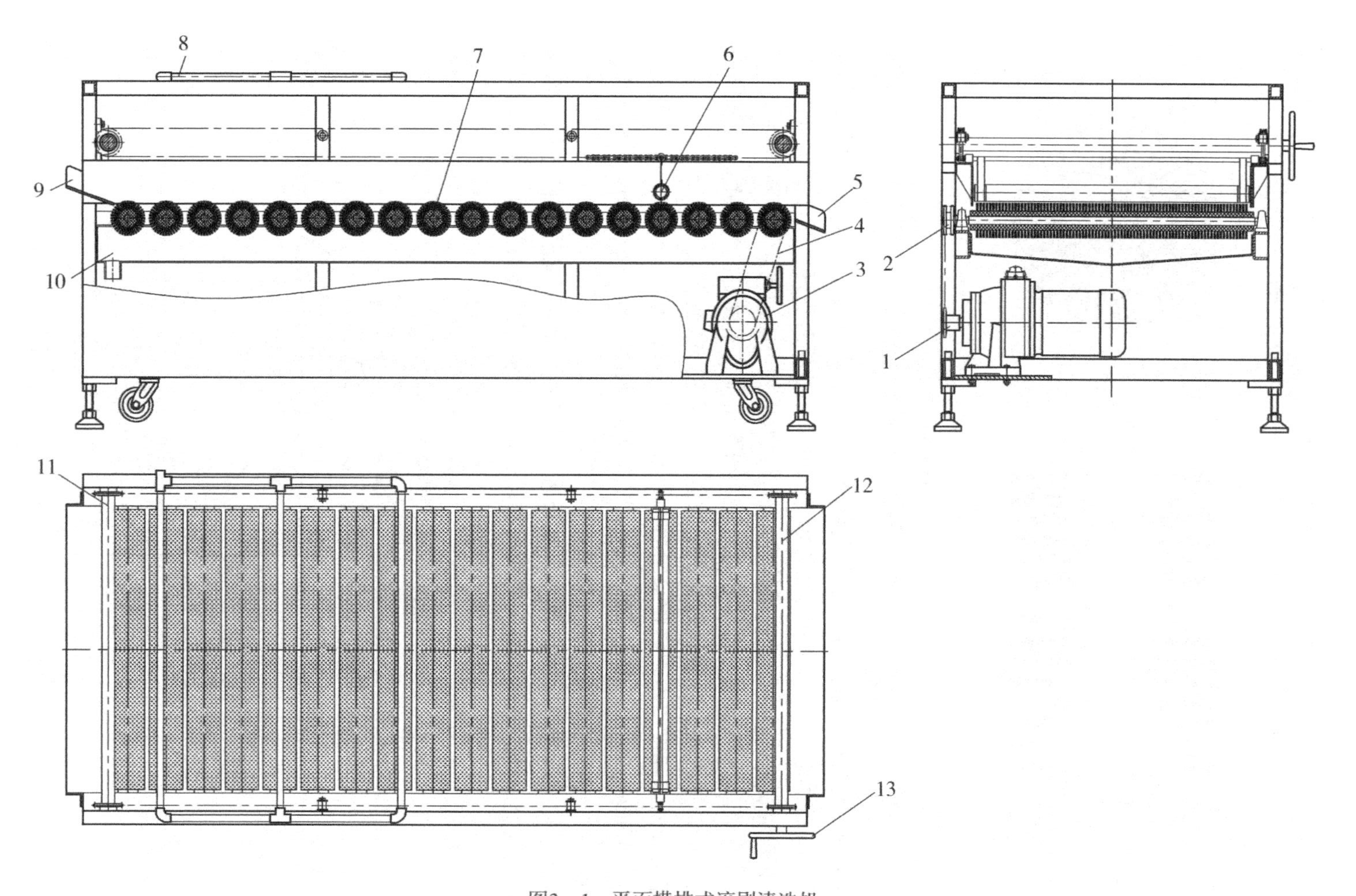

图3-1 平面横排式滚刷清洗机

1—减速机输出链轮；2—双排链轮；3—减速电机；4—驱动链；5—出料槽；6—排果辊；7-毛刷辊；8—喷淋装置；9—入料槽；10—集水槽；11—排果被动轴；12—排果主动轴；13—手轮

毛刷辊的结构如图3－2所示，由芯轴1、塑辊2和刷毛3组成。芯轴和塑辊紧固一体，刷毛以一束为一单元，按塑辊圆周面均匀植入一定深度，以紧密不松脱为原则。

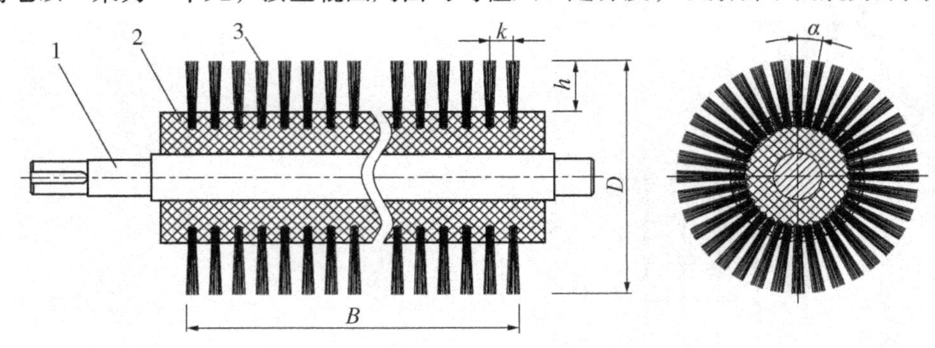

图3－2　毛刷辊结构

1—芯轴；2—塑辊；3—刷毛

毛刷辊中的刷毛材质、丝径和植毛密度会影响果蔬的清洗效果。用于果蔬清洗的刷毛材质主要有尼龙和PP材料，尼龙的柔韧性和防老化的持久性相对更好，因此更常采用。刷毛的丝径太小相对应刷毛太软，清洗效果较差；而直径太大相对应刷毛太硬，易伤果蔬。

毛刷辊植毛密度取决于刷毛排列轴向间距 k 和圆周排列角度 α。考虑毛刷辊外径 D 及清洗对象物料的外形大小，合理设定这两个数值，使刷毛密度适宜。

在果蔬清洗的实际应用中，最常采用的参数为：刷毛丝径为0.2～0.3 mm，毛刷辊外径 D 为120～150mm，毛长（刷毛高出塑辊圆周表面的高度）$h=25\sim35$ mm，刷毛排列轴向间距 $k=8\sim12$ mm，刷毛圆周排列角度 $\alpha=8°\sim10°$。

清洗设备中的毛刷辊等距横向排列，其布置如图3－3所示。毛刷辊的芯轴两端通过轴承安装在机架上，其芯轴一端装配有双排链轮，由螺栓和挡圈轴向紧固。相邻两辊之间

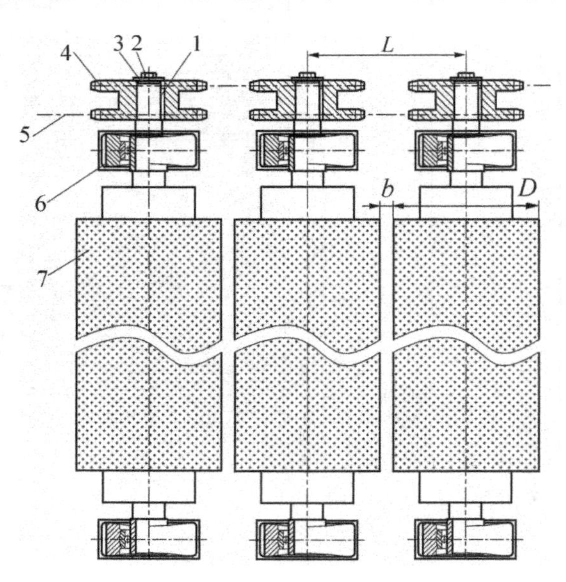

图3－3　毛刷辊布置图

1—键；2—螺栓；3—挡圈；4—双排链轮；5—传动链；6—轴承；7—毛刷辊

的链轮由传动链交错连接。

当减速电机启动后，驱动链带动第一支毛刷辊旋转，毛刷辊上的双排链轮通过传动链依次传动，带动所有毛刷辊同步自转。

毛刷辊之间的间距 $L=D+b$，其中 D 为毛刷辊外径，b 为相邻毛刷辊的间隙，L 值最终应圆整为传动链的链节距倍数。b 值的选取必须适宜，数值太大，即毛刷辊间间隙太大，会影响果蔬刷洗和输送效率；数值太小，则毛刷辊间间隙太小，在水流及其表面张力的作用下，会导致旋转毛刷之间阻力大增，从而增加动力消耗。因此，在实际应用中，b 最理想的取值范围为 5 ～ 8 mm，在这一范围内，毛刷辊旋转顺畅，刷洗效果好，输送效率高。

毛刷清洗需要配合水流喷淋进行，喷淋装置一般采用喷淋排管加装喷头的形式，排管沿物料运行方向布置，喷头定间距装配，其密度视机器结构而定，一般要确保物料运行截面均被水流布满。果蔬在喷淋区接受强力水流冲洗，把表面泥污冲去。喷淋方式较多应用于洁净加工的第一段，用于除去果蔬较粗的坭块，作为初洗工序；或者应用于每一个洁净工序的后段，作为过渡性清洁工序，以衔接后段工序。

果蔬在毛刷辊上的清洗原理如图 3 – 4 所示。如上所述，设备上的成组毛刷辊通过双排链轮，在传动链带动下同步自转。果蔬由入料槽送入，果蔬接触滚刷时，在滚刷的自转带动下开始滚动，在相邻滚刷之间不断自转，依靠自重与刷毛连续摩擦，并在喷淋水作用下清洗表皮污迹。当果蔬不断由入料槽送入时，后排果蔬推动前排果蔬，依次连续向前递进，在送进过程中把整个外表面刷洗干净，完成整个清洗工序。

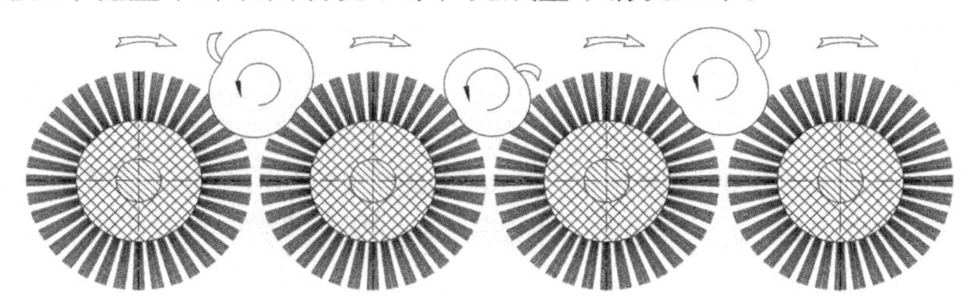

图 3 – 4　滚刷清洗原理图

毛刷辊的转速对清洗效果影响显著。刷辊转速低则果蔬的自转速度也较低，毛刷的刷洗频率较低，刷洗力较弱，清洗效果较差；刷辊转速高则果蔬的自转速度也较高，毛刷的刷洗频率较高，刷洗力较强，清洗效果好。但刷辊的转速过高会导致果蔬表皮易损。因此，在设计中，刷辊转速值应合理选取。经生产试验，毛刷辊转速在 200 ～ 300 r/min 时可达到最理想的清洗效果。

由图 3 – 4 可见，果蔬在毛刷辊的带动下不断自转，接受圆周刷洗，但果蔬的两个非接触毛刷的端面是清洗死角，特别是如柠檬等椭圆形水果，其运动状态主要是绕长轴自转，极少出现绕短轴自转的现象，因此其长轴两端即果蒂和果脐部基本上没有被刷洗到。只有当果蔬依靠不断向前滚动，翻转过刷辊的过程中才有可能清洗到果蒂和果脐部。

为了解决以上问题，实现果蔬表面的完全清洗，从而提高清洗效率，可设计配套螺旋毛刷。如图 3 – 5 所示，在毛刷辊的布置中，圆柱毛刷与螺旋毛刷相间排列，而且螺旋毛刷分左、右螺旋两种，依次排列。当果蔬在图示刷辊装置的旋转清洗过程中，果蔬在自身

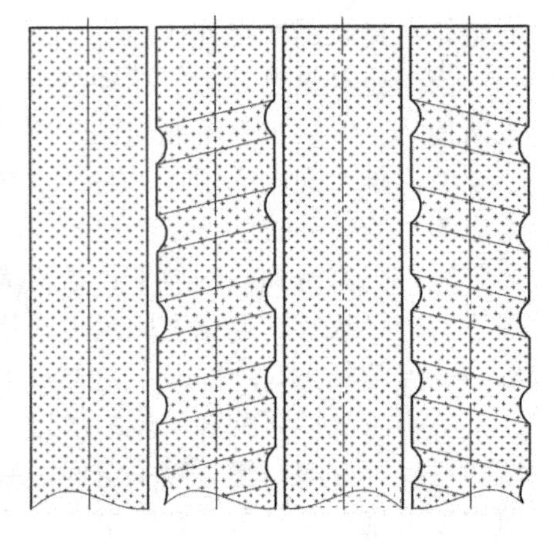
图3－5 螺旋毛刷布置图

连续自转的同时，受螺旋毛刷的作用进行左右往复移动，不断改变运动状态，在自转、横移、翻转等混乱的运动中获得全面的刷洗。

当清洗工作即将结束时，设备入料槽再没有果蔬被输入，在设备毛刷辊间将积滞相应排数的果蔬。在没有后来果蔬的推动作用下，那些果蔬只能随毛刷辊不断自转，而不能向前递进。此时，需要一个排果装置清除机内积料。如图3－1所示，排果装置由排果辊6和排果主动轴12、被动轴11，及装配其上两侧的链条组成。排果辊6通过软皮带悬吊在链条横销轴上，因此可随链条回转移动，平时处于链条高位静止状态，离开毛刷辊一定高度；当逆时针旋转手轮13时，可转动排果主动轴12，带动链条逆时针回转，排果辊随链条回转至低位时，紧贴毛刷辊表面上方，由左至右移动，推动果蔬向出料槽方向运行，排清积滞机内的果蔬。当然，也可以把排果装置设计为电动机构，通过自动控制，由减速电机带动排果主动轴，实现自动排果。设计时，应考虑设置相应的行程开关，控制排果辊的停留位置，确保排果辊在正常清洗工作时处于上位，远离毛刷辊，避免阻挡果蔬的运行。

平面横排式滚刷清洗机主要适用于柑橘、柠檬、苹果、荔枝、青枣等水果，其优点是刷洗过程规律化，不易损伤果蔬，清洗全程保持果蔬分排输送，有利于衔接生产线其他处理工序。

平面横排式滚刷清洗机的处理量受多个因素影响，主要取决于设备输送宽度（一般等于刷辊的植毛有效宽度）、刷辊转速以及果蔬平均质量等参数。

处理量可通过下式计算：

$$Q = k\frac{60\pi Dn}{L} \times \frac{B}{d}m \tag{3-1}$$

式中 Q——处理量，kg/h；

D——毛刷辊直径，mm；

n——毛刷辊转速，r/min；

L——毛刷辊间距，mm；

B——清洗输送宽度，等于刷辊植毛范围轴线的有效长度，mm；

d——单个果蔬平均直径，mm；

m——单个果蔬平均质量，kg；

k——修正系数，一般取0.8。

3.2.1.2 弧面纵置式滚刷清洗机

图3－6所示是一台弧面纵置式滚刷清洗机的结构总图。该机的毛刷辊布置方向与平面横排式滚刷清洗机完全不一样，以物料的输送方向为纵向基准，按圆弧等距纵向装置多支毛刷辊，并且毛刷辊的轴线处于一个弧面。

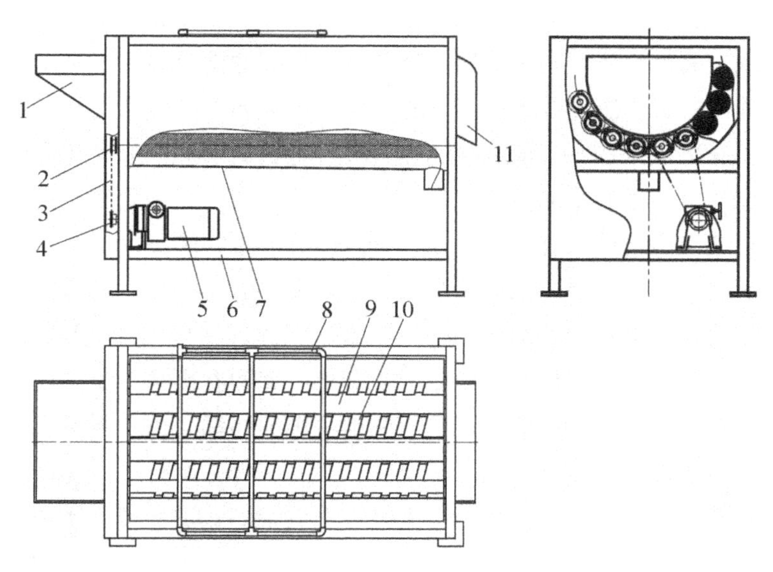

图 3-6　弧面纵置式滚刷清洗机

1—入料槽；2—双排链轮；3—驱动链；4—减速机输出链轮；5—减速电机；6—机架；
7—集水槽；8—喷淋装置；9—圆柱毛刷辊；10—螺旋毛刷辊；11—出料槽

整机主要由毛刷辊 9 和 10、喷淋装置 8、集水槽 7 以及减速电机 5 和入料槽 1、出料槽 11 等组成。机器清洗段长度等于毛刷辊的植毛范围有效轴向长度。

由图 3-6 左视图可见，毛刷辊按圆弧等距排列，以圆弧中心线为界，两侧数量不对称，左侧 4 支，右侧 5 支。毛刷辊两端轴头通过轴承安装在机架的入料端板和出料端板处。毛刷辊的入料端轴头装配有双排链轮，相邻刷辊链轮通过传动链交错连接。减速机的输出链轮 4 通过驱动链 3 同时带动中心线右侧两个双排链轮顺时针旋转，通过各段传动链带动全部双排链轮，驱动所有毛刷辊作顺时针自转运动。

该类设备的毛刷辊数量均为单数，常用数量为 7 支、9 支、11 支，排列时，以圆弧中心线为界，在毛刷辊运动方向的一侧多排布 1 支，因为物料随毛刷辊运动，会集中在毛刷辊运动方向一侧。

果蔬由入料槽输入到清洗槽中，接触毛刷辊后，在连续旋转的毛刷辊作用力下，首先做两个运动：其一是在相邻两刷辊之间做逆时针自转运动；其二是在刷辊同向转动的作用力下不断翻越刷辊，在刷辊表面做逆时针公转运动。但由于毛刷辊是弧面布置，所以当果蔬逆时针公转运行到刷辊高位时，受重力作用翻落弧面低位，然后受刷辊作用又重新沿刷辊表面作自转和公转运动，如此周而复始。

在上述过程中，喷淋装置不断进行水力喷射，果蔬在毛刷中运行并接受刷洗，达到洁净表皮的目的，清洗后的污水汇集于集水槽并经底部排水管流走。

果蔬在进行自转和公转的运动过程中，由于相互之间会连续碰撞，因此会不断改变运动轨迹，使运动出现混乱和不规则的现象。物料运动的混乱和不规则，对于实现高效清洗有好处，可增加物料表面各个方向摩擦和刷洗的机会，从而提高清洗效率。

弧面纵置式滚刷清洗机可实现物料批量清洗和连续清洗，而且以批量清洗应用较多。

用于批量清洗的弧面纵置式滚刷清洗机，设备配置的毛刷辊均为圆柱毛刷，出料槽位置设置闸门。每次批量入料后，按物料特性设定清洗时间，清洗结束后打开闸门放出物料。作为批量清洗机，毛刷辊的布置须有一定的斜度，由入料端到出料端倾斜2°～5°，以便于物料由入料端向出料端运行，并且在打开闸门后能顺利卸出。

用于连续清洗的弧面纵置式滚刷清洗机，设备配置的毛刷辊有两种，分别为圆柱毛刷辊和螺旋毛刷辊，相间排列，如图3－6所示。螺旋毛刷辊的数量少于圆柱毛刷辊的数量，最少配置2支，分别装配在弧面低位中心线左侧第一支和右侧第二支的位置。螺旋毛刷辊起到轴向推动的作用，使果蔬在清洗过程不断地做轴向移动，由入料端向出料端前进，直至清洗结束由出料槽卸出。

由于弧面纵置式滚刷清洗机的清洗长度等于毛刷辊的长度，因此不适宜设计太长，一般有效清洗长度以1500～3000 mm为宜。毛刷辊过长，则其刚性及结构都要求较高，而且装配相对也较困难，不易更换。

该类设备主要适用于胡萝卜、芋头、马铃薯等蔬果，清洗效率高。但由于存在物料相互连续碰撞和不规则的混乱运动，因此也易造成果蔬表皮的擦损，对于表皮嫩薄的果蔬应慎用。

3.2.2　水气浴清洗机

水气浴清洗是一种理想的经济的清洗技术，应用广泛。其原理为：在清洗水槽内泵入压缩气流，水气混合，产生数量庞大的气泡，气泡在上升逸出的过程中，释放压力，形成爆破冲击。浸泡于水中的水果蔬菜在无数的微小气泡爆破冲击下，黏附其上的污泥被振松脱落，从而达到洁净目的。

1. 水气浴清洗机结构

水气浴清洗机的结构形式多样，图3－7所示设备具有双道连续清洗功能，可使果蔬连续实现两次清洗——初步清洗、深度清洗及消毒。

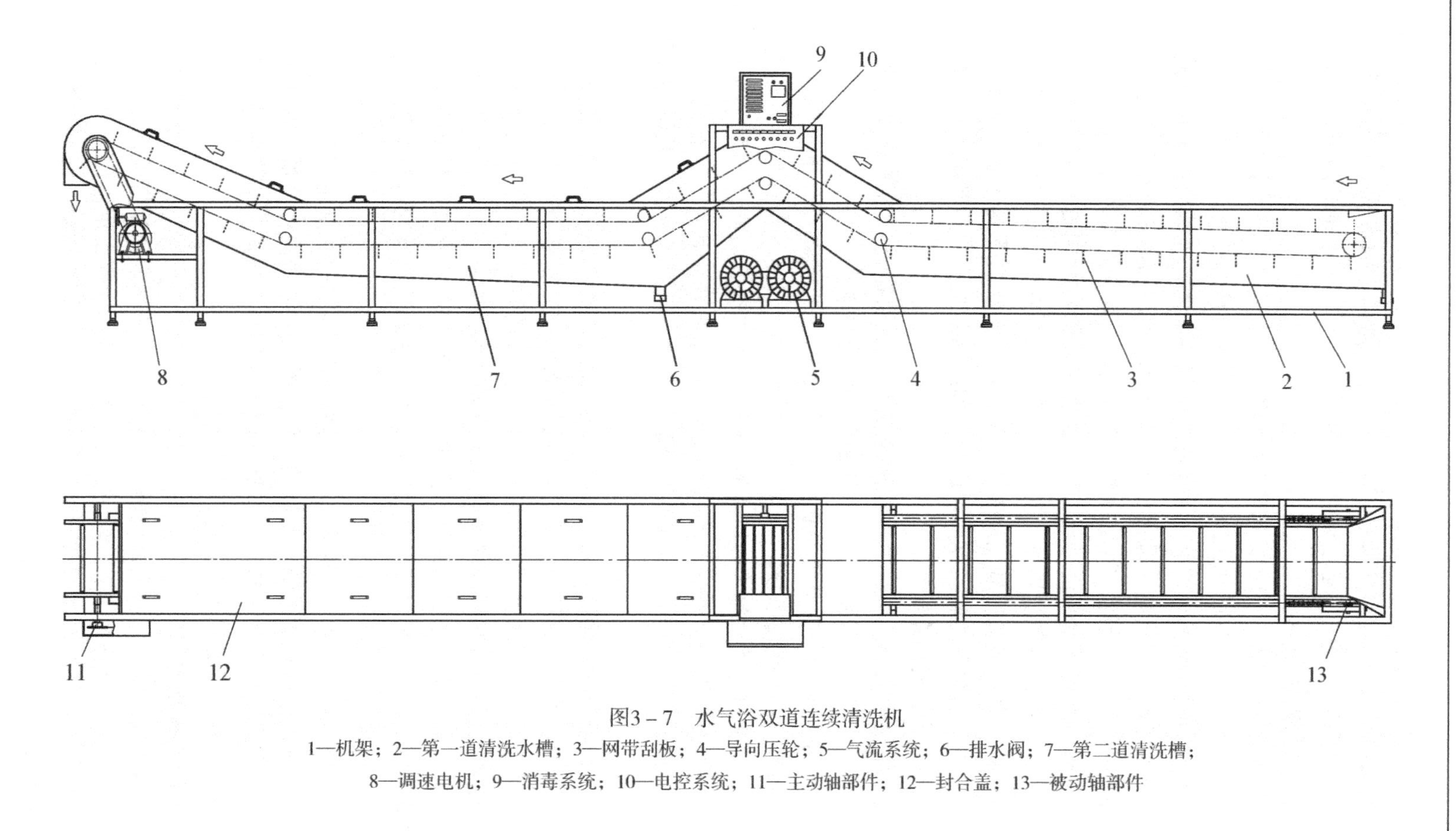

图3－7 水气浴双道连续清洗机

1—机架；2—第一道清洗水槽；3—网带刮板；4—导向压轮；5—气流系统；6—排水阀；7—第二道清洗槽；8—调速电机；9—消毒系统；10—电控系统；11—主动轴部件；12—封合盖；13—被动轴部件

本设备主要由第一道清洗水槽 2、第二道清洗水槽 7、网带刮板 3、气流系统 5、调速电机 8、主动轴部件 11、被动轴部件 13 以及电控系统 10、消毒系统 9 等组成。

本设备配置两道清洗槽，相互独立，中间采用上下坡道连接。两道清洗槽中的水不流通，有独立进水与排水系统 。

清洗设备中的物料输送系统采用不锈钢网带刮板。当然，作为设计选择，也可以采用工程塑料网带刮板。网带刮板的具体结构在第二章中有详细描述。

在本设备中，网带刮板跨越第一道和第二道清洗水槽，连续贯穿全程清洗工序。工作时，调速电机 8 启动，由减速机输出链轮和链传动带动主动轴部件 11，通过主动轴部件 11 和被动轴部件 13 上的链轮，驱动网带刮板 3 按图示箭头方向运行。如图 3－7 所示，网带刮板在第一道清洗水槽水平运行至末位时，在导向压轮的作用下转向，沿上坡道向上提升一段行程，到高点位置跨过导轮，沿下坡道向下运行到第二道清洗水槽内，在导轮作用下转向水平运行，直至第二道清洗水槽的末位，在导轮作用下提升上行至出料位置。其后网带刮板绕过主动轴驱动链轮，作回程运行，如此周而复始，实现连续输送物料。

2. 水气浴清洗机管道系统

在水气浴清洗设备中，网带刮板输送系统起到连续输送物料的作用。要实现有效清洗，设备还需配套相应的水路系统、气路系统及消毒系统等。

图 3－8 所示是本设备的管道布置图。设备管道包括 3 套系统，分别为水力喷淋系统、气流发生及均布系统、消毒系统。

水力喷淋系统通过进水管 9 连接清洁水源。清洗工作开始前，设备中的两道水槽需要注入清洁水，水面高度接近网带上部刮板高度。水源中的清洁水由进水管 9 输入，通过入料喷淋管 1、过渡提升喷淋管 2 注入第一道清洗水槽，通过出料提升喷淋管 8 注入第二道清洗水槽。

在清洗时，喷淋管继续进行水流喷淋。入料处水力喷淋，可迅速冲散进入的果蔬，使果蔬浸润漂浮于水槽中，有利均匀输送。过渡提升处水力喷淋，可清除经第一道清洗的果蔬沾附的大部分污水，采用上下喷管结构，可对经过的物料上下喷淋，清洗更全面。出料提升处的喷淋冲洗是实现果蔬最终完全洁净的有效手段。

气流发生及均布系统主要由漩涡气泵 11、气管 12 及气流均布器 10 和 13 组成。本设备对应两道水槽配套了两套气流发生及均布系统，使两道水槽同时产生气浴状态，实现果蔬两次水气浴清洗。

消毒系统由臭氧发生器 3、臭氧管 4、臭氧化水循环泵 5、混合器 6、过滤器 7 等组成。消毒系统工作时，臭氧化水循环泵 5 启动，使清洗槽中的水由过滤器 7 抽出，然后通过混合器 6 泵入，形成循环流动。臭氧发生器 3 产生臭氧，气体经臭氧管 4 进入混合器 6，在其中与循环水混合形成臭氧化水，进入清洗水槽。

3. 水气浴清洗原理

双道连续清洗机设计了两道清洗槽，果蔬在槽内被网带刮板带动运行，接受水气浴清洗。果蔬完成第一道清洗工作后，经过过渡提升喷淋进入第二道清洗。第二道清洗槽继续进行水气浴清洗，进一步离解蔬菜水果表面污迹，同时可按需配置消毒系统，可实现在清洗过程中消毒和稀释分解残留农药。

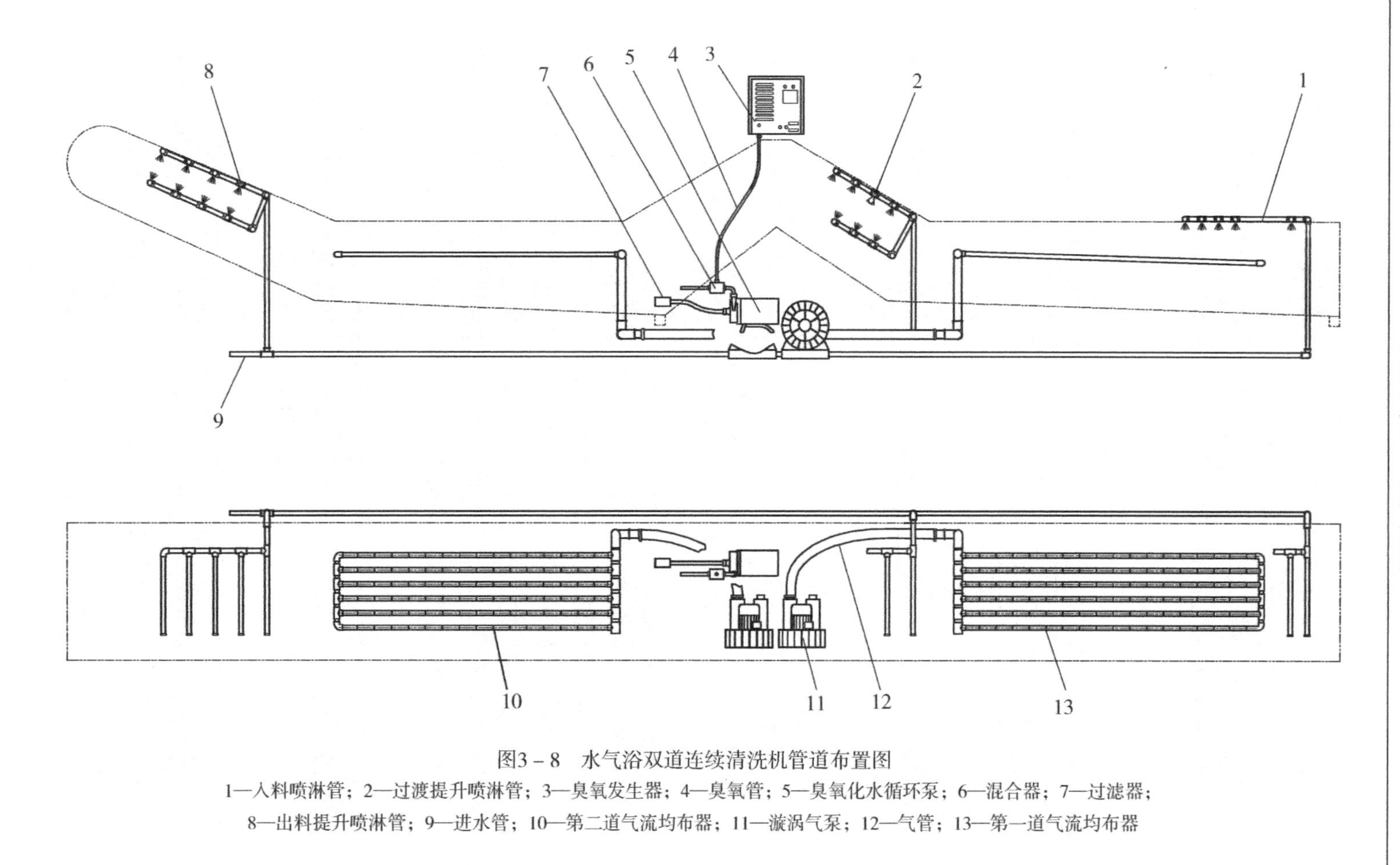

图3－8 水气浴双道连续清洗机管道布置图

1—入料喷淋管；2—过渡提升喷淋管；3—臭氧发生器；4—臭氧管；5—臭氧化水循环泵；6—混合器；7—过滤器；
8—出料提升喷淋管；9—进水管；10—第二道气流均布器；11—漩涡气泵；12—气管；13—第一道气流均布器

图 3 - 9 所示是水气浴清洗原理图，是第二道清洗的局部视图。工作时，漩涡气泵 1 作为气源发生器产生气流，经进气管 2 由气流均布器 3 排出。气流均布器 3 由多排气管组成，气管均布小孔。气体由气流均布器的小孔喷出，水气混合，产生数量庞大的气泡，气泡在上升逸出的过程中，释放压力，形成爆破冲击。浸泡运行于水中的蔬菜在无数的微小气泡爆破冲击下，黏附其上的污泥被振松脱落，从而达到洁净目的。

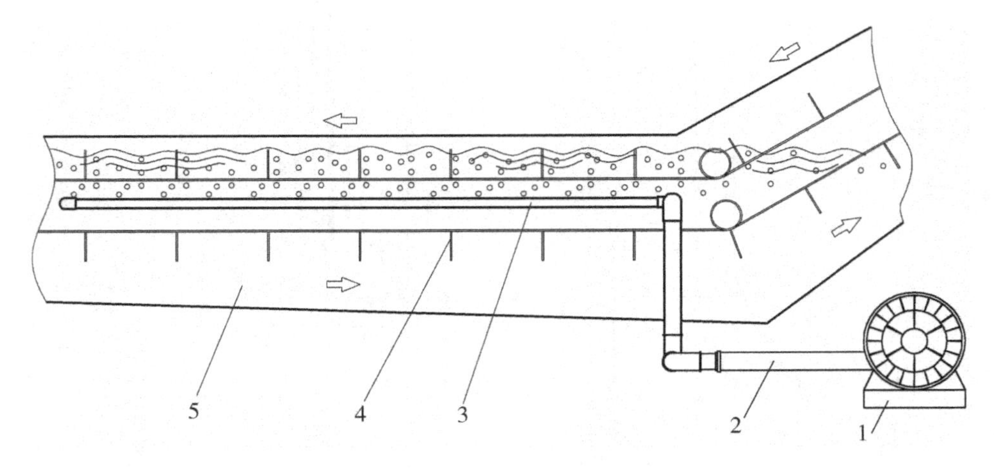

图 3 - 9　水气浴清洗原理图

1—漩涡气泵；2—进气管；3—气流均布器；4—网带刮板；5—清洗水槽

采用水气浴清洗需要注意两个问题：

第一，必须保证有合适的清洗时间，时间不足导致清洗不完全，而时间太长则影响生产效率。如果是连续式的清洗，则要求果蔬在水槽中运行一定的距离，在这过程中，应确保果蔬有足够的时间清除泥污。果蔬在水槽输送过程中，黏附其上的泥污被水浸泡松软，同时不断受到气水混合造成的波浪搅动和爆破气泡的冲击，令其振荡翻滚，使果蔬表面及夹缝中的泥污脱落，从而得到有效的清洗。在整个清洗过程中，由于果蔬只受到了水流、气泡的振荡冲击，所以极少出现揉瘀熟化、茎梗折断的现象，因此，通过水气浴清洗的果蔬表面完整漂亮。

第二，按水槽实际水量合理配置压缩空气的流量和压力，设计理想的清洗系统。泵入水中的压缩空气，气流量应与水槽贮水量成正比关系，才能确保在整个清洗过程中有足够的气泡产生，因此，气源的选择很重要。在实际应用中，一般采用低压大流量的漩涡气泵作为气源。

漩涡气泵的叶轮由数十片叶片组成，类似庞大的气轮机叶轮，当其高速旋转时，叶片间空气受到离心力作用，朝叶轮边缘运动并进入泵体环形空腔，然后再返回叶轮。循环往复，空气被均匀地加速，所产生的循环气流使空气以螺旋线的形式穿出，以极高的能量离开气泵进入清洗系统。采用漩涡气泵供应清洗系统的压缩气源压力一般在 10 ～ 40 kPa 之间，流量根据水槽贮水量选择，一般可选范围为 100 ～ 1000 m^3/h。

采用水气浴清洗的优点是经济可靠，设备结构简单，造价低，适用于大部分果蔬的清洗。但水气浴清洗对于果蔬一些夹缝中的顽固污迹还是力所不及，在这种情况下，可综合其他清洗技术以达到目的。

4. 设备主要设计参数

以图3－7所示的水气浴双道连续清洗机为例，以叶菜为清洗对象，设备的主要设计参数如表3－1所示，可供参考。

表3－1 水气浴双道连续清洗机主要设计参数

序号	技术参数	参考值
1	网带有效输送宽度/mm	600
2	网带输送线速度/($mm \cdot s^{-1}$)	45～220
3	驱动电机功率/kW	1.5
4	旋涡气泵风量/($m^3 \cdot h^{-1}$)	280×2
5	旋涡气泵功率/kW	3.0×2
6	臭氧产量/($g \cdot h^{-1}$)	10～20
7	处理量(菜心)/($kg \cdot h^{-1}$)	500

3.2.3 超声波清洗设备

超声波清洗技术应用于果蔬洁净加工是近年的研究和发展趋势。图3－10所示是应用于超声波清洗设备中的超声波发生装置示意图，图中箭头是蔬菜输送运行方向。装置主要由超声波发生器1和超声波换能器振板3组成，图中超声波发生器有4套，对应振板有4块，分别对称装置在清洗槽两侧。工作时，由超声波发生器产生一定频率的超声波，通过换能器振板把能量传向水中，作用在果蔬表面实现清洗作用。

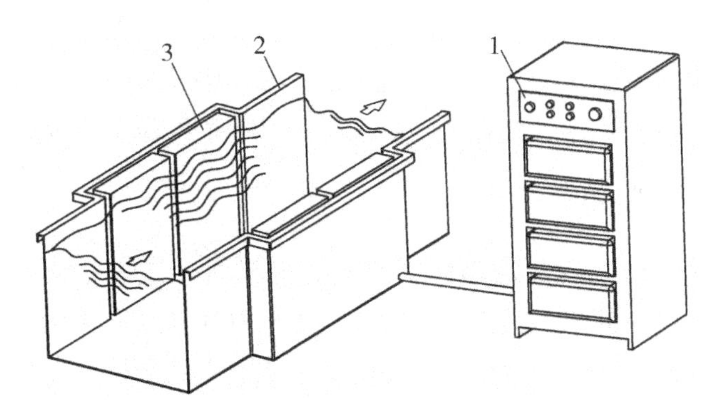

图3－10 超声波清洗装置

1—超声波发生器；2—清洗槽；3—超声波换能器振板

超声波的清洗作用是一个十分复杂的过程，超声波作用包括超声波本身具有的能量作用，空穴破坏时放出的能量作用以及超声波对水的搅拌流动作用等，具体表现在以下几方面：

(1)超声波的能量作用。超声波具有很高的能量，它在水中传播时，使水质点运动造成系统内质点分布不匀，出现疏密不同的区域。在质点分布稀疏区域声波形成负声压，在分布致密区域声波形成正声压，因此负声压、正声压交替连续变化，从而使水质点获得一定动能并获得一定的加速度。高频超声波的能量作用是异常巨大的。当具有能量的水质点与污垢粒子相互作用时，可把能量传递给果蔬表面的污垢并造成它们的解离分散。

(2)空穴破坏时释放的能量作用。由于超声波以正压和负压重复交替变化的方式向前传播，负压时在水中造成微小的真空洞穴，这时溶解在水中的气体会很快进入空穴并形成气泡；而在正压阶段，空穴气泡被绝热压缩，最后被压破，在气泡破裂的瞬间对空穴周围会形成巨大的冲击，使空穴附近的液体或固体受到上千个大气压的高压冲击，放出巨大的能量。这种现象在低频率范围的超声波领域激烈地产生。当空穴突然爆破时，能把果蔬表面的污垢薄膜击破而达到去污的目的。

(3)超声波的传播过程也起到搅拌作用，使水发生运动，令新鲜水不断作用于污垢而加速溶解。所以超声波强大的冲击力如果作用发挥适当的话，可促使顽固附着的污垢解离，而且清洗力不均匀的情况得以避免。

在一定条件下使用超声波清洗才能达到最好的效果。首先，系统设计应能克服空穴产生的不均匀性，使蔬菜不断于水中运动，空穴才能较均匀地作用于其表面；其次，形成矩形波形，可考虑把几种不同波长的超声波合成在一起，所产生的超声驻波，最大声压带范围扩大，可以克服清洗的不均匀性。

由于空穴作用在清洗过程中的重要性，而且是频率越低的超声波空穴作用强度越大。因此应用于蔬菜清洗的超声波频率一般在 15 ～ 25 kHz 范围内选择较佳。只有选择适当的超声波频率，采用适当的使用方法才能取得最好的清洗效果。

超声波清洗设备中的换能器振板的安装方式对清洗效果影响较大，最有效的安装方式是如图 3 - 10 所示的侧附式的振动方式，对称两侧各装若干块振板。生产运行检验中，当换能器振板面积功率密度达 $0.5\mathrm{V \cdot A/cm^2}$ 或以上，容积功率密度大于 $10\mathrm{V \cdot A/L}$ 时，对叶菜及大多数果蔬的清洗均达到理想效果，而且不会对叶菜产生熟化现象。

3.2.4 综合清洗设备

不同的果蔬品种，所采取的洁净加工方式有所不同，工序也各有增减，在实际生产中，为了达到更好的清洗效果和提高清洗效率，更多时候是采取两种、三种，甚至更多的清洗方式进行组合应用。在这种情况下，相应的清洗设备就要按具体处理对象和生产条件做针对性设计。

图 3 - 11 所示是一款水气浴毛刷综合清洗设备。设备由毛刷辊 1、喷淋装置 2、提升辊筒 3、清洗水槽 4 以及进气管 6 和漩涡气泵 7 等组成。

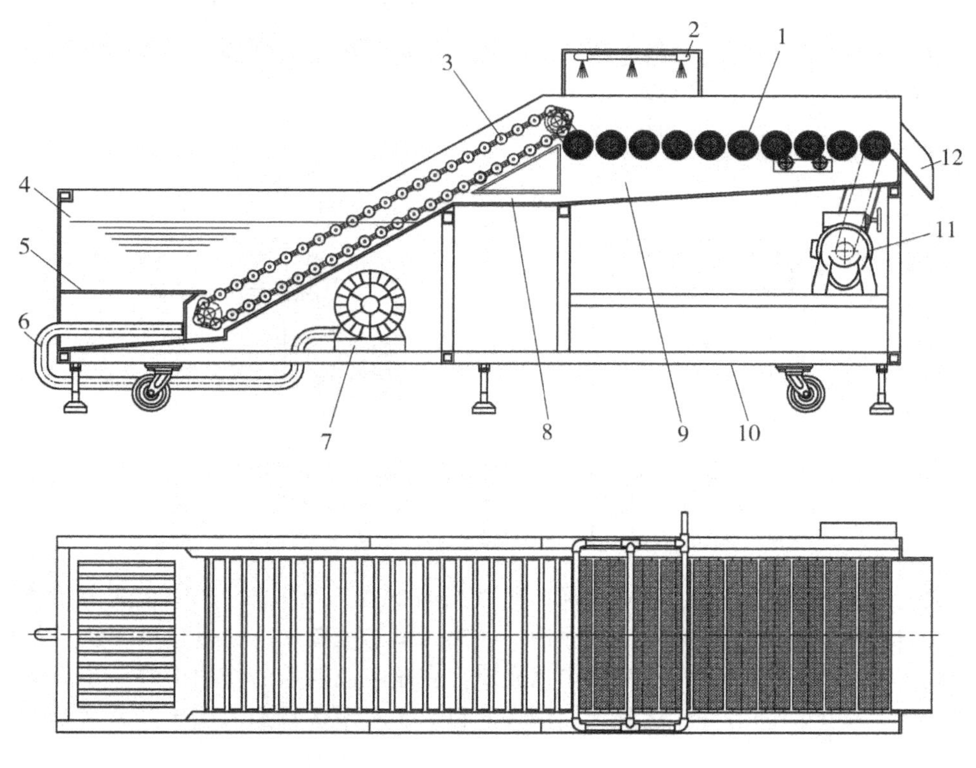

图3－11　水气浴毛刷综合清洗机

1—毛刷辊；2—喷淋装置；3—提升辊筒；4—清洗水槽；5—隔板；6—进气管；
7—漩涡气泵；8—回流管；9—集水槽；10—机架；11—减速电机；12—出料槽

该设备前段采用水气浴清洗，后段采用毛刷清洗，可适用于柑橘、荔枝、龙眼、枣、杏、李、果类蔬菜等的洁净加工。

由图示可见，设备前段配置清洗水槽，由漩涡气泵产生压缩气流进入水槽，形成水气浴状态。隔板5的作用是便于向上透出气流和向下沉积泥沙。果蔬被直接输送入水槽，遇水马上飘散，并受水气流作用而翻滚，在浸泡过程达到污泥脱落和污渍松软的效果。

当果蔬不断被输送进入水槽，推动槽中果蔬向前运动，接近提升辊筒处，果蔬被辊筒连续向上提升，并被传递至毛刷辊清洗段，接受喷淋和滚刷清洗。此时，由于果蔬在前段水槽中经水气浴作用已除去大部分泥沙，剩下的表面污渍也已松软，再经毛刷刷洗，可轻易达到完全洁净的目的。

毛刷清洗段的废水流入集水槽9，经回流管8流入清洗水槽，这样可充分利用并节约清洗水，因为前段属于初洗，对水质要求不高，重点在后段实现彻底洁净。

工作时，喷淋装置连续喷射水流，回流清洗水槽的水不断增加，因此需要把清洗水槽底下的排水阀(图中无标示)打开，既可以排走槽中污水，保持适当的水平面，同时把沉积槽底的污泥排出。阀门打开的程度要适宜，确保排水流量与喷淋装置进水流量一致。

图 3－12 所示是水气浴与超声波综合清洗设备示意图。设备采用网带刮板输送的形式，配置双道独立清洗槽，物料连续输送清洗。整机主要由网带刮板、清洗槽、水气浴发生装置、超声波发生装置等组成。

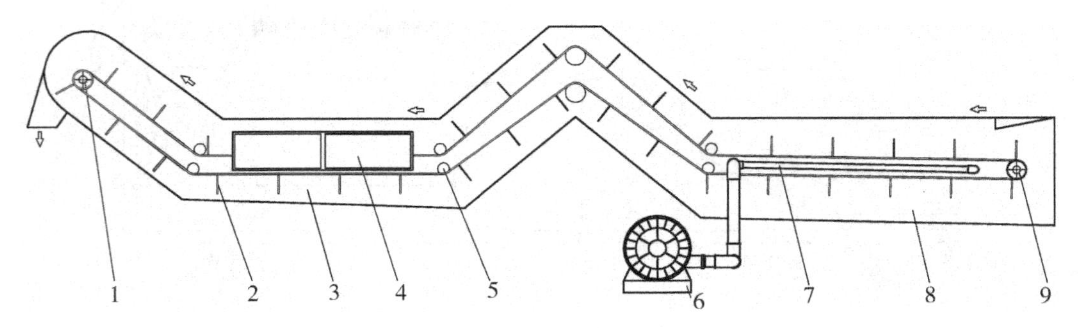

图 3－12　水气浴超声波综合清洗设备示意图

1—主动轴；2—网带刮板；3—第二道清洗槽；4—超声波换能器振板；
5—导向压轮；6—漩涡气泵；7—气流均布器；8—第一道清洗槽；9—被动轴

在第一道清洗槽中，通过漩涡气泵 6 和气流均布器 7，使槽中产生水气浴状态，对果蔬进行初步清洗，除去其表面大部分泥污。在第二道清洗槽中，通过超声波换能器振板 4，把一定频率和功率的超声波作用在槽中水介质，在超声波能量的作用下进一步离解果蔬顽固污渍，对果蔬做深度清洗，达到全面洁净的目的。本设备特别适用于叶类蔬菜的洁净加工，效率高，清洗彻底，而且不会出现叶面揉瘀熟化、茎梗折断的现象。

3.3　果蔬清洗中的除杂技术及系统

果蔬在上述水气浴或超声波清洗处理过程中，污迹杂质被离解脱落，混合于水中。泥沙污泥等比重大的杂质在水流作用下沉降于槽底，透过槽底筛板，通过排污管排出。但是，对于一些毛发、蚊蝇等杂质，由于比重较小，容易漂浮在水表，与果蔬混合并吸附在叶子的表面，特别是叶类蔬菜，要把它们完全分离非常困难，即使水流冲刷也难以完全清除。传统的方法是采用人手挑拣剔除漂浮杂物，工作量大，繁琐而且效果差。

由此可见，果蔬经过水气浴或超声波处理后，只是完成了清洗的一部分工作，只有经过彻底的除杂处理，才能达到完全洁净的目的。

一直以来，果蔬清洗中的除杂技术都是一个难题，特别是针对叶类蔬菜，更缺乏有效的技术方案。因此，本节针对这一难题，介绍一种隔滤筛板除杂技术和装置，可有效把果蔬中的杂物隔滤分离及清除干净，从而达到理想的洁净效果。

果蔬清洗的隔滤筛板装置结构如图 3－13 所示，它主要由输送网带 1、刮板 2、清洗槽 3、溢水槽 4、导流管 5 及其水过滤循环系统等组成。其中输送网带为筛板式结构，其上均匀密集分布筛孔；输送网带与水槽基本同宽，网带循环面与水槽两侧壁之间形成一个相对闭合的空间，右侧壁开口连接溢水槽。

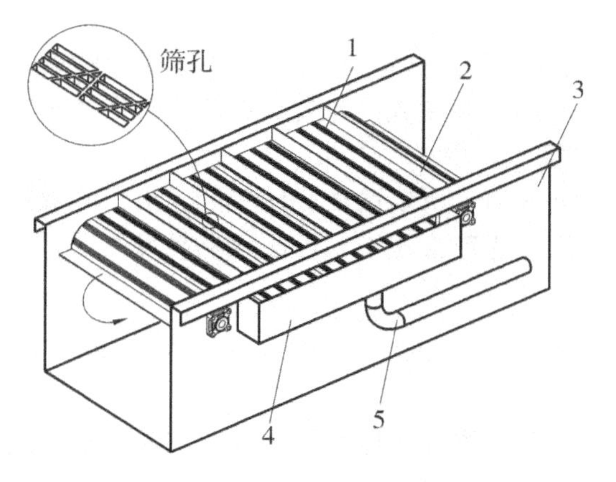

图3-13　隔滤筛板装置
1—网带；2—刮板；3—清洗槽；
4—溢水槽；5—导流管

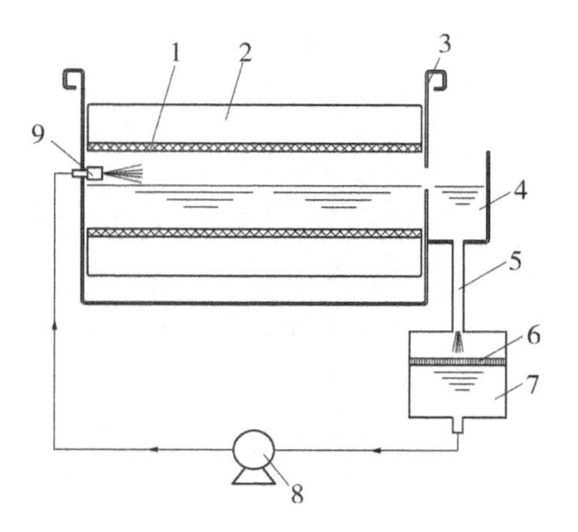

图3-14　隔滤除杂原理图
1—网带；2—刮板；3—清洗槽；
4—溢水槽；5—导流管；6—滤网；
7—过滤箱；8—循环泵；9—喷头

图3-14所示是隔滤除杂工作原理图。工作时，蔬菜在水流作用下接近隔滤筛板装置，被网带刮板拨送压到水面以下运行，在水槽的底部接受水气浴清洗。

果蔬在槽底清洗过程中，其表面污泥沙粒等比重较大的杂质松软脱落，并沉积到水槽底部，通过排污管排走；而黏附于果蔬的毛发、蚊虫等质量较轻的杂质在水气浴作用下离解，并且在浮力作用下穿透下层网带的筛孔，漂浮到上下网带之间的水面上，从而使果蔬与漂浮物阻隔分离开来。

其后，处于上下网带之间水面的漂浮杂质，受到喷头9的高压水喷射，被强制汇集到清洗槽3的右侧壁，并随水流溢出进入溢水槽4。

溢水槽4中的水和杂质通过导流管5流入过滤箱7。过滤箱7内设有滤网6，滤网将过滤箱分隔成上、下两部分，上部通过导流管5与溢水槽4连通，下部通过管路与循环泵8连接，循环泵的出水端通过管路与喷头9连通。以此形成了水槽、溢水槽、过滤箱、循环泵、喷头、水槽的水循环回路，隔滤分离的杂质全部停留在滤网6上，可定时清理。

果蔬清洗的隔滤筛板装置配合水气浴或超声波清洗，可彻底分离清除果蔬的污迹杂质，高效、高速、自动化，而且可实现水循环利用，节约环保。

除杂技术更多是应用于蔬菜特别是叶类蔬菜的洁净加工上，由于该类物料主要采用水气浴等漂洗形式，所以较难除去黏附于叶面的漂浮杂质，因此需要专门考虑隔滤除杂的问题。至于大部分类球形的水果，只要经过喷淋和毛刷清洗，即可达到除却污渍和分离杂质的目的，其除杂技术相对简单。

3.4　果蔬清洗中的消毒技术及系统

在果蔬洁净加工中，有必要对果蔬进行消毒处理，而目前广泛应用的理想方法是臭氧消毒法。臭氧是一种不稳定气体，具有特殊气味，是特别强烈的氧化剂。在水处理中，臭氧瞬时的灭菌作用明显优于氯，因此臭氧早已广泛用于水的消毒，同时可除去水中的臭味、水色以及铁、锰等杂质。由于臭氧的强氧化性，并且在空气和水中会逐渐分解成氧气，无任何残留，所以被广泛地应用于食品保鲜与加工等领域，与食品直接接触也非常安全，因此臭氧已列入可直接和食品接触的添加剂范围。

臭氧比氧易溶于水，但由于只能得到分压低的臭氧，所以浓度都比较低。由于臭氧的不稳定性，因此通常要求随时制取并当场应用。实际生产应用中，可配置臭氧发生器，利用干燥空气或氧气进行高压放电而制成臭氧：

$$3O_2 \xrightarrow{\text{高压放电}} 2O_3 - 148.1\,\text{kJ/mol} \tag{3-2}$$

每平方米放电面积可产生 50 g/h 的臭氧量。

如图 3－15 所示是应用于果蔬洁净加工中的臭氧消毒系统原理图。果蔬在洁净加工过程要实现消毒，首先需要把臭氧溶于水中形成一定浓度的臭氧化水，为此需要通过一个臭氧加注装置使臭氧和水充分混合，一般可采用射流混合器实现这一工序。射流混合器为一个 T 形三通式结构，进水口和出水口处于同一直线，进气口与其垂直。当高压水流高速直线通过射流器时将形成腔内负压，从而形成强大的抽吸力，把臭氧从进气口吸入，臭氧与水流在高速运动中充分混合，形成臭氧化水。

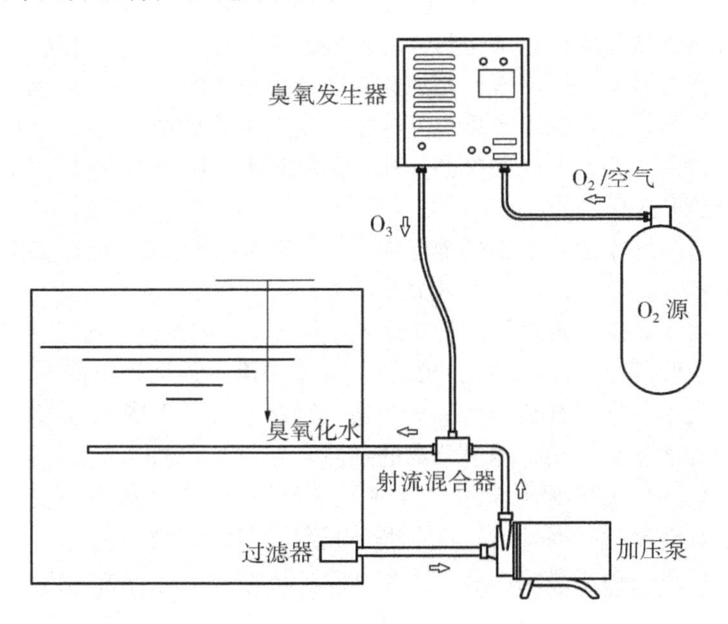

图 3－15　臭氧消毒系统

通过实验，用含量为 1.5mg/L 的臭氧化水处理 2min，可杀灭如指状青霉、意大利青霉、扩展青霉、链核盘霉、匍枝根霉、灰葡萄孢霉等引起采后果蔬腐烂的病原菌的孢子。另外，臭氧可抑制真菌孢子的萌发，但杀灭真菌孢子的臭氧浓度要比使细菌和病毒失活的浓度高得多。

实践证明，果蔬洁净加工中采用臭氧化水处理可有效杀灭或抑制多种病毒细菌，同时可减低果蔬的代谢强度，从而减少腐烂损失，延长果蔬在冷藏条件下的贮存期。

果蔬臭氧消毒过程机理非常复杂，受影响的参数较多，但最重要的参数有两个，分别

为浓度 Q 和时间 t，需要正确控制和配合使用。总结分析各种研究方法和结果可以发现，为了抑制微生物的生长，在采用臭氧进行果蔬消毒时，低浓度和长时间接触处理既是必要的，也是安全的。另外，采用较高臭氧浓度短时间处理某些果蔬，以延长其货架寿命的方法，也是其中一种研究模式。

另外，在清洗过程中，采用臭氧处理可在一定程度上分解农药残留物。但农药残留物的分解和清洗效果取决于农药的种类、施加剂量、蔬菜原料的种类和品种等因素，过程控制更复杂，因此不可能依赖清洗系统达到完全分解消除残留农药的目的，最有效和安全的方法必须由种植源头实施有效的监控，否则，受到农药强烈污染的蔬菜根本失去了清洗的价值。

3.5 果蔬保鲜设备

在果蔬处理的生产工艺当中，采用保鲜剂对果蔬进行保鲜处理，延长果蔬的贮存期，改良果蔬的外观品质，一直是果蔬处理的重要一环。果蔬的保鲜处理一般置于清洗工序之后，或在初步清洗之后与后道漂洗工序同步处理。无论如何，在进行保鲜处理前，应确保果蔬表面基本干净，减少污渍细菌等杂质，以提高保鲜效果。

应用于果蔬的保鲜剂种类繁多，有固态的和液态的，针对果蔬品种的不同而选用恰当保鲜剂。在自动化保鲜设备中，一般需要把保鲜剂调配成一定浓度的药液，采用喷雾、喷淋、浸浴等方式对果蔬进行保鲜处理。

1. 喷雾、喷淋保鲜技术与设备

通过喷雾或喷淋的形式使保鲜剂均匀覆盖果蔬表面，形成保护膜，达到保鲜目的。这是一种较常用的方法。

喷雾和喷淋的主要区别是在保鲜处理时施加药液的流量不同，前者流量微小，后者流量较大。采用哪种方式，视乎保鲜药液的特性，对于一些浓度较高、黏度较大的保鲜剂，相对价值较高，宜采用喷雾方式，确保效果而且节约用量；而喷淋方式主要针对浓度较低、黏度较小的保鲜剂，其相对价值也较低，可通过大流量淋湿果蔬表面，提高处理速度。

喷淋保鲜处理可在辊筒输送机、网带输送机和滚刷输送机上进行。只要在果蔬输送行程配置保鲜药液喷淋管道即可实现。相应喷淋管道需配置加压泵连接保鲜剂贮罐，由节流阀控制流量，药液的流量应确保经过喷淋区的果蔬能迅速全面湿透为宜。一般还需加上回收过滤循环系统，使药液能循环使用。

喷雾保鲜一般在滚刷机上与旋转毛刷配合进行，也就是通常所说的打蜡保鲜。由于喷雾流量较小，黏附果蔬表面的药液只有一薄层，而且难以保证均匀喷雾。因此喷雾后，需要旋转滚刷对果蔬表面进行刷扫、抛光，确保实现全面均匀的药液涂膜。

实现喷雾打蜡功能的保鲜设备主体为滚刷输送设备，也即滚刷打蜡保鲜设备，其总体结构如前述的平面横排式滚刷清洗机一样。其毛刷辊的结构与清洗毛刷辊一样，但刷毛材质有所区别，为达到最理想的打蜡和抛光效果，可采用马毛、猪鬃毛等材料，因其打蜡抛光更细致。当然，选用尼龙材质的刷毛，也可以满足一般的打蜡抛光的要求。

与滚刷打蜡保鲜设备配套的刷辊一般为 10 ~ 15 支，保鲜喷雾区处于前段，该区范围配置 4 支滚刷就足够了。在喷雾区上方配备自动喷雾装置，进出口设置软胶门帘，形成一个半封闭喷雾室。果蔬进入此室后在旋转毛刷的带动下，在滚动中被喷上一层保鲜液。果蔬离开喷雾室后表面的保鲜液并不均匀，因此还需经过后段滚刷的不断刷涂抛光，使果蔬表面形成一层厚薄均匀的蜡膜，确保达到最佳保鲜效果。

用这种方法来对果蔬进行处理，保鲜药液喷雾装置非常重要，其设计形式有多样，可采用空气压缩装置、高精度喷头、电磁阀控制等系统。图 3 – 16 所示是一种带喷头自洁功能的保鲜药液喷雾装置，由保鲜液贮罐、清水贮罐、微型高压隔膜泵、电磁阀、喷头及管道组成。管道一端连通保鲜液贮罐和清水贮罐，另一端连通 3 个喷头。对应保鲜液贮罐和清水贮罐，各配置一套电磁阀和计数器。

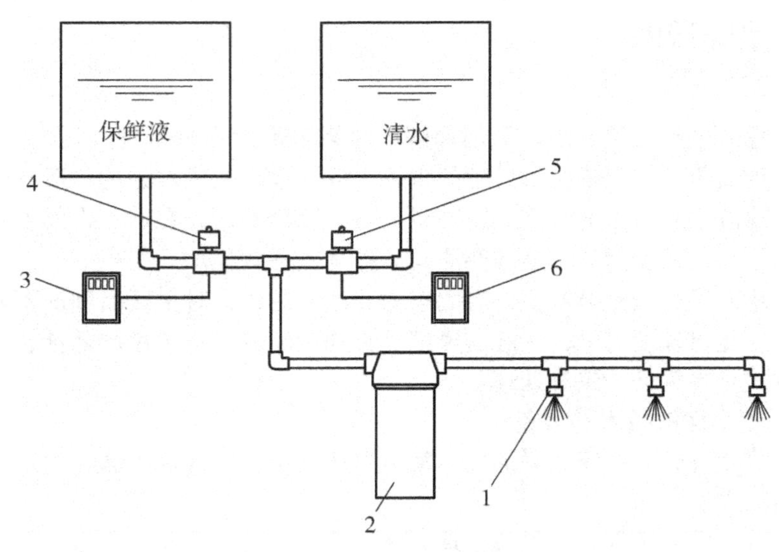

图 3 – 16　保鲜药液喷雾装置

1—喷头；2—微型高压隔膜泵；3—计数器；4，5—电磁阀；6—计数器

通过计数器 3 控制电磁阀 4 的通断及通电时间，可准确控制药液的喷雾时间及流通量；而通过计数器 6 控制电磁阀 5 的通断及通电时间，可自动接通清水进行喷头定时清洗。

工作时，微型高压隔膜泵 2 启动运转。首先电磁阀 5 断电，清水管路断开。在微型高压隔膜泵运转的同时，计数器 3 通电，并开始计数，达到预设的时间后，电磁阀 4 通电打开，药液经管道由微型高压隔膜泵连续泵送至喷管，通过喷头 1 呈雾状喷出，喷涂于水果表面。在达到预设喷雾时间后，电磁阀 4 断电关闭，暂时中断保鲜液管道。此时，由于保鲜液喷雾已湿透其下的毛刷辊，因此经过的果蔬仍然可以通过毛刷继续涂膜打蜡抛光。电磁阀 4 在预设时间下周而复始进行通电、断电动作，控制喷雾时间和停顿时间，从而达到控制保鲜药液使用量的目的。

当保鲜处理结束工作时，电磁阀 4 断电关闭，中断保鲜液连接。此时，微型高压隔膜泵继续运转，计数器 6 通电，控制电磁阀 5 开启，连通清水贮罐，把清水泵送至喷管，经过喷头 1 持续喷雾，达到清理喷头残余药液的目的。喷头清洗达到预设时间后，电磁阀 5

断电关闭，泵亦停止运转，结束整个工作过程。

本装置可通过程控实现保鲜液与清洁水的自动撤换，对喷头进行定时清理，避免喷头堵塞。既能延长喷头寿命，又能减少保鲜液消耗量，达到节约和环保的目的。

通过喷雾和滚刷打蜡进行保鲜处理的模式，保鲜效果显著，广泛应用于柑橘、柠檬、苹果等水果。其药液消耗量少，每吨水果仅需 1 ～ 2 kg 药液即可，因此喷雾装置需要配套微型泵或计量泵以及精密喷头进行处理，才能确保药液使用均匀而不浪费。

水果进行喷涂及打蜡抛光后，需要迅速风干表面水分，使药液凝固成一层薄薄的保护蜡膜，这层保护膜可阻止水果水分的蒸发，抑制呼吸，有效延长水果保存时间。

2. 浸浴保鲜技术与设备

浸浴保鲜处理中，保鲜剂按一定比例调配成浸泡液，注入药槽中，然后直接把果蔬置于保鲜液中浸润，经后道工序风干除湿后，外表附着药膜从而达到保鲜的目的。

这种保鲜处理方法应用非常普遍，在没有机械化设备的时候，传统的方法就是采用人工把箩筐装载的果蔬浸入药池，湿透果蔬，然后再整框提起，晾干水滴，实现保鲜处理。

机械化的浸浴保鲜设备可实现果蔬的连续浸泡药液和自动输送，处理量大，效率高。该类设备主要由药液槽和输送系统组成，结构形式多样，需根据处理物料和工艺要求具体设计。

图 3 – 17 所示是一种辊筒提升式浸药保鲜机，主要由药液槽 1、提升辊筒 3 及减速电机 5 等组成。机器前部为具有一定容积的药液槽，保鲜药液按一定配比注入，药槽保持一定的液面。果蔬被输送进入药液槽，浸泡漂浮其中。当果蔬不断输入，推动槽中物料向前，接近辊筒处，被提升离开液面，输送过程水滴沥落回流槽体，直至出口处卸出。

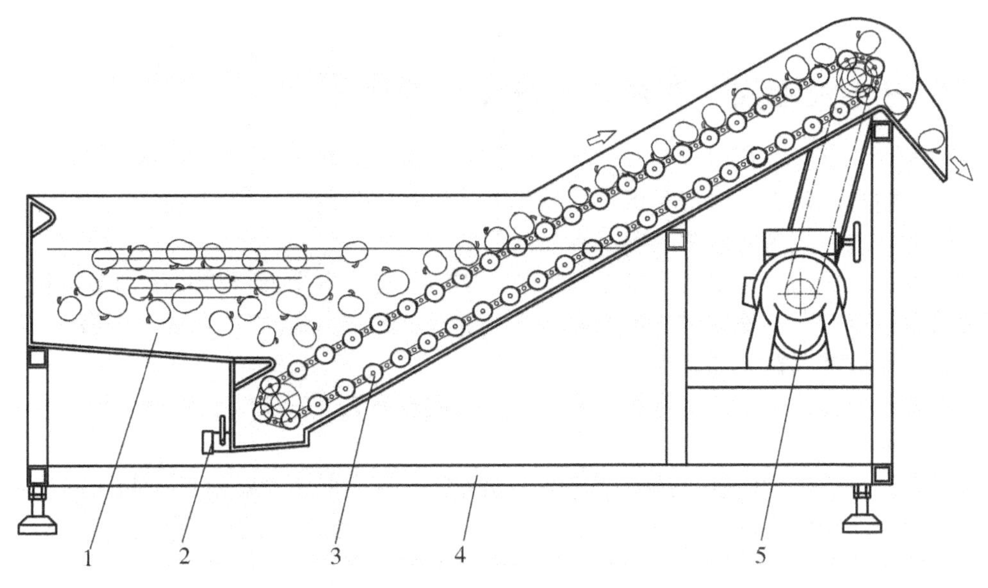

图 3 – 17　辊筒提升式浸药保鲜机

1—药液槽；2—阀门；3—提升辊筒；4—机架；5—减速电机

图 3 – 18 所示是一种网带刮板式浸药保鲜机，主要由药液槽和输送网带刮板组成，基本结构与前述的水气浴清洗机相似。药液槽中注满一定容量的保鲜药液，果蔬在刮板网带

的带动下向前运行，同时浸泡药液。通过调节减速电机，可调整网带刮板的运行速度，从而调节果蔬浸药时间。由图示可见，输送网带刮板在入料处位置较低，向前输送形成倾斜向上的状态，这样的设计主要是确保入料处刮板浸入液体中，以缓冲果蔬跌落时与刮板的碰撞力，避免果蔬损伤。

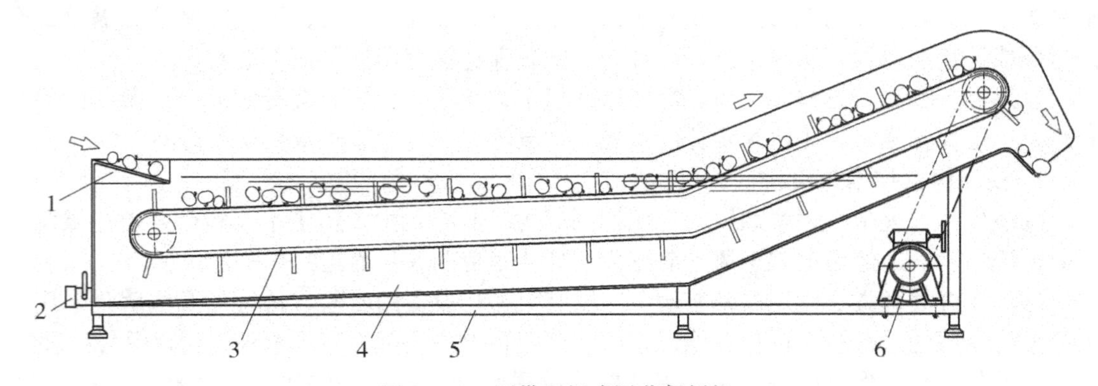

图 3－18　网带刮板式浸药保鲜机

1—入料槽；2—阀门；3—网带刮板；4—药液槽；5—机架；6—减速电机

上述两种浸药保鲜机均可实现果蔬连续浸泡，让表皮充分吸收保鲜液，温和而无损，浸药时间可根据工艺要求设计调控。

辊筒提升式浸药保鲜机主要适用于比重较小易漂浮的果蔬，如带叶的橘子，可采用该类设备达到保鲜果实和叶子的目的；而网带刮板式浸药保鲜机主要适用于比重较大或半浮沉的果蔬，如荔枝、龙眼等。

3.6　柑橘类水果清洗保鲜机关键设计参数

针对柑橘类水果进行清洗和保鲜的设备可采用一体化设计，即把清洗与保鲜处理集中在一台机上完成，使工艺流程紧凑、高效与节能。

该机型由众多的自转滚筒毛刷排列组成，实质上是一台平面横排式滚刷输送机。柑橘在滚刷的自转带动下不断滚动，后排推前排，依次连续向前递进，在送进过程完成清洗、沥水、喷涂保鲜液和抛光的工序。

滚刷分三类，分别为清洗滚刷、沥水滚刷、抛光滚刷。三类滚刷用途各异，其刷毛特性各有不同要求。

整机设计分三个功能区：第一个为清洗功能区，其中的清洗滚刷配合喷淋对柑橘进行刷洗；第二个功能区为沥水区，其中的沥水滚刷配合风机对清洗后的柑橘进行快速除湿，以利于后道喷涂保鲜液；第三个功能区为喷涂保鲜区，配备自动喷雾装置，对进入的柑橘喷涂保鲜液，同时，经过多支滚刷的连续刷涂抛光，使柑橘表面形成一层厚薄均匀的蜡膜，从而达到最佳保鲜效果。

以下列举一台柑橙清洗保鲜机，采用上述的毛刷清洗方式，配置保鲜药液喷雾装置，其关键设计参数如表 3－2 所示（供参考）。

表 3－2　柑橙清洗保鲜机关键设计参数

序号	技术参数	参考值
1	毛刷直径/mm	120
2	毛刷数量/支	55
3	毛刷转速/($r \cdot min^{-1}$)	200
4	驱动电机功率/kW	0.75
5	沥水风机功率/kW	0.37×5
6	工作水压/MPa	≥0.2
7	喷雾耗蜡量/($kg \cdot t^{-1}$)	1.5
8	处理量(橙)/($kg \cdot h^{-1}$)	5000

4 果蔬沥水除湿设备

4.1 概述

果蔬经过清洗和保鲜处理后，表皮潮湿，必须经过沥水及除湿处理，才能进入下一工序。沥水及除湿是果蔬处理过渡性的关键工序，不可或缺，它是进行后道精选分级及包装等工序的前提条件。除湿不理想的果蔬在包装后极易出现腐烂现象，难以保存。

果蔬清洗后进入保鲜工序前，需要沥水除湿；果蔬保鲜处理后进入分级或包装工序前，也需要恰当地除湿。当果蔬清洗后，表皮附着大量的水分，在没有经过有效沥水除湿前，不适宜进行药液保鲜处理，否则果蔬自带水分会稀释保鲜药液，并使保鲜液难以黏附表皮，导致保鲜效果大打折扣。当果蔬进行浸药或喷雾打蜡等保鲜处理后，表面药液还处于流体性的潮湿状态，只有马上进行除湿处理，尽量减少水分，才能使保鲜药液有效黏附表皮，形成一层固化的保鲜膜，达到最理想的保鲜状态。

果蔬商品化处理中的沥水除湿，只是尽量减少果蔬表面的水分以利于后道工序的工艺要求，一般无需百分百干燥其表面。有时表皮保留些许湿度还有利于果蔬的保鲜贮运，因此，相关的除湿设备与传统的干燥设备功能有所不同。

较常用的沥水除湿技术包括滚刷沥水、海绵辊吸水、振动沥水、气幕除湿、热风除湿等。进行果蔬沥水和除湿的设备形式结构多种多样，需针对果蔬品种和工艺要求设计和选用。例如，热风除湿方式可应用于柑橙、柠檬等水果，但不适宜表皮嫩薄的果蔬如橘子、荔枝、番茄等的除湿，否则会严重损害其品质。

4.2 滚刷沥水与海绵辊吸水装置

第 3 章详细介绍了滚刷清洗设备，其中的平面横排式滚刷清洗机一般都装配有滚刷沥水或海绵辊吸水装置。

平面横排式滚刷清洗机由多支自转毛刷辊排列组成，装配沥水装置时，滚刷总数量一般为 20 ～ 30 支。设备分为清洗区、沥水或吸湿区。清洗区即设备前半段，一般使用 10 ～ 15 支毛刷辊配合喷淋对果蔬进行刷洗；沥水或吸湿区即设备后半段，常采用 5 ～ 10 支毛刷辊或海绵辊对果蔬进行沥水吸湿处理。

滚刷清洗设备通过配置滚刷沥水或海绵辊吸水装置，在果蔬进行喷淋刷洗后马上进行沥水处理，可确保果蔬离开设备前沥除表面大部分水滴，不至于带着大量的水分进入后道工序而影响以后的处理效率和效果。

经过滚刷沥水或海绵辊吸水的果蔬，表面还是处于潮湿状态，可以说只是初步实现沥水处理，如果要进一步除湿，需要配置其他更加强力的除湿设备。

4.2.1　滚刷沥水装置

滚刷沥水装置如图 4－1 所示，一般配置 4 支以上的沥水滚刷 1，紧随设备清洗区后部安装。

沥水滚刷的结构与清洗滚刷的结构一样，直径相同，植毛也采用同样材质。在每支沥水滚刷 1 的右下方，分别安装一块刮水板 2。刮水板材质可采用 PVC、PU 等塑料板，为长条形板式结构，长度方向与毛刷植毛区轴向长度一致。刮水板倾斜 45°由螺钉紧固在支承座 3 上，一边插入沥水滚刷的刷毛内，插入的板边缘加工圆角。

工作时，沥水滚刷自转，转速与清洗滚刷相等。果蔬经过清洗区接受刷洗后，滚动进入沥水区，在这一区域没有喷淋水，带水的果蔬依靠自重与刷毛连续摩擦，被毛刷连续扫去表面水分。当沥水滚刷自转到右下方时，刷毛上的水分被刮水板刮下，沿刮水板顺流而下，落入集水槽。

刮水板的作用不可或缺，因为滚刷清扫果蔬表面的过程，水分会进入植毛内，使刷毛饱含水分，必须及时排除。否则饱含水分的刷毛会使果蔬变得更湿，无法实现果蔬有效沥水。

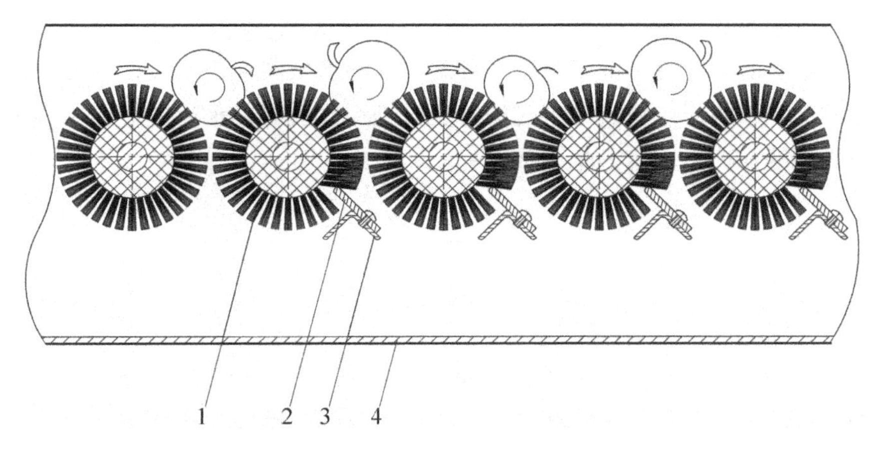

图 4－1　滚刷沥水装置

1—沥水滚刷；2—刮水板；3—支承座；4—集水槽

4.2.2　海绵辊吸水装置

图 4－2 所示是海绵辊吸水装置，一般配置 4 支以上的海绵辊。在设备清洗区后面，经过 4～6 支毛刷辊过渡，就可以安装海绵辊吸水装置了。

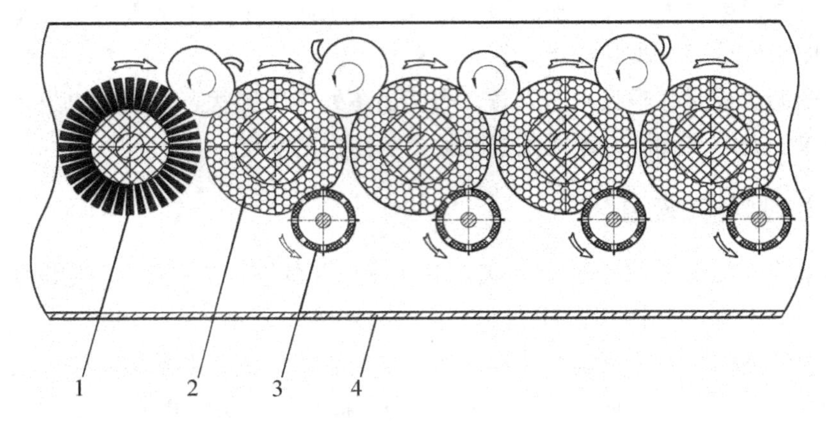

图4 －2　海绵辊吸水装置

1—毛刷辊；2—海绵辊；3—压水辊；4—集水槽

海绵辊直径与毛刷辊直径相同，中心塑辊外套海绵层，海绵层与塑辊接合面粘合，海绵厚度与毛刷辊刷毛高度相等。

在每支海绵辊的右下方，分别安装一支压水辊。压水辊为辊轴式结构，中间芯轴，两端带轴承，外套辊筒，辊筒可绕芯轴旋转。辊筒材质可采用 PVC 塑料管或不锈钢管，其外表面圆周均匀分布圆孔。安装压水辊时，芯轴两端固定，压水辊与海绵辊的中心距应小于两者半径之和，使压水辊的辊筒处于挤压海绵辊的状态。

工作时，海绵辊由传动链轮带动自转，转速与毛刷辊相等。压水辊在海绵辊的摩擦力作用下按图示方向自转。果蔬通过清洗区刷洗后，经过 4 ～6 支毛刷辊过渡，滚动进入海绵辊吸水区，带水的果蔬在海绵辊上旋转翻滚，被海绵层连续擦拭表面水分。当吸收水分的海绵辊自转到右下方时，受到压水辊的挤压，把积水挤出，水流通过压水辊表面的圆孔流入辊筒内部并顺流而下，落入集水槽。

4.3　振动沥水设备

振动沥水设备的主体为直线振动输送机，其输送载体为振动输送槽，槽内装配筛板。果蔬物料进入振动槽，受振动力作用在筛板表面做直线运动。在向前输送过程中，黏附果蔬表面的水滴被振动脱落，经筛板流走，从而实现有效沥水。

应用于果蔬处理的振动沥水设备，按驱动方式划分主要有两种形式，一种是由普通电机驱动、偏心轴机构传动的振动沥水机；另一种是由振动电机直接驱动的振动沥水机。

无论采用哪一种驱动方式，都应该使输送槽按一定频率和振幅做纵向往复振动，才能确保其内的果蔬在激振力作用下向前直线移动，从而达到输送和沥水的目的。

4.3.1　偏心轴机构传动的振动沥水机

1. 总体结构

由普通电机驱动，通过偏心轴机构传动的振动沥水机结构如图 4 -3 所示。

整机的主要部件包括输送槽 8、支臂 7、机架 6、电机及皮带传动机构，以及由传动轴 10、连杆 12、支轴 13 等组成的偏心轴机构。

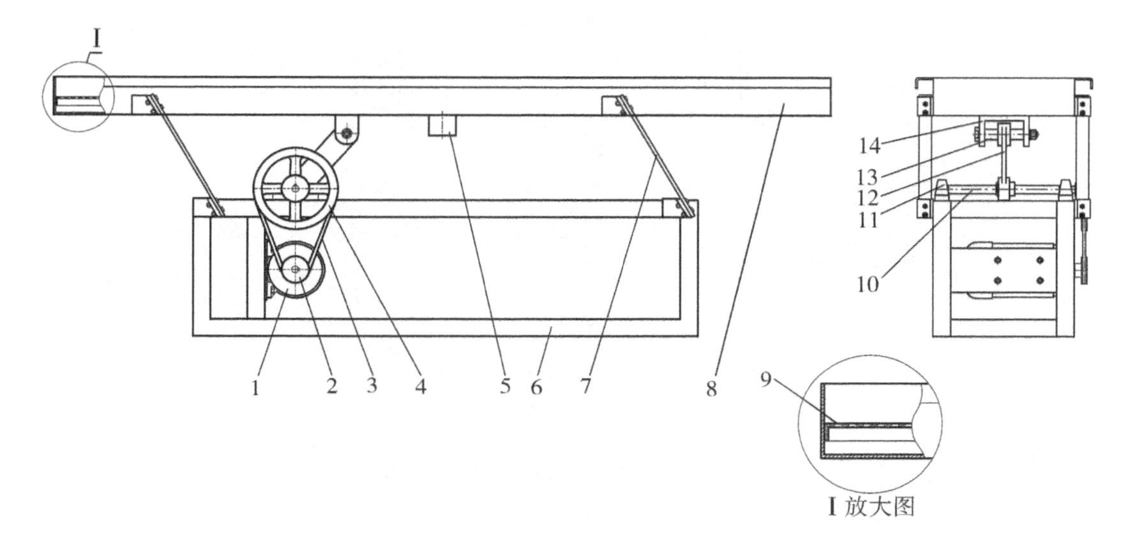

图 4 -3　偏心轴机构传动的振动沥水机

1—电机；2—小皮带轮；3—三角皮带；4—大皮带轮；5—排水口；6—机架；7—支臂；
8—输送槽；9—筛板；10—传动轴；11—轴承；12—连杆；13—支轴；14—支架

输送槽 8 为不锈钢板矩形槽体结构，左边是入口、右边是出口。输送槽内分两层，由筛板 9 隔开，如 I 放大图所示。筛板可采用平板上均匀冲孔的形式，也可采用不锈钢圆钢按一定间距排列成平面栅格的形式，圆钢长度方向应与输送槽长度方向一致，并与物料的运动方向相符。

筛板把输送槽分为上下两层，上层承载物料输送，下层作为集水槽，收集物料输送过程沥下的水滴，并由排水口 5 排走。

物料进入输送槽后，在筛板上表面运行，由左至右移动。筛板表面一定要保持光滑，减少与果蔬的摩擦力，尽量避免损伤果蔬表皮。

支臂 7 分布在输送槽两侧，左右对称安装两支。支臂为条形平板式结构，要求具有良好的韧性和弹性等机械性能，可采用 10 ～ 15mm 厚度的环氧树脂胶合板加工。

支臂上端通过螺钉与输送槽联接座紧固，下端通过螺钉与机架联接座紧固。支臂安装时，倾斜 60°～ 75°，与输送槽和机架形成平行四边形结构。支臂的作用是均衡支撑输送槽，并形成弹力振摆。

偏心轴机构如图 4 -4 所示，主要由连杆 1、传动轴 3、偏心套 4、支轴 7 等组成。偏心套4由螺钉5紧固在传动轴3的中间位置，与传动轴轴心的偏心距为 e。连杆1下部通过轴承6装配在偏心套上，其上部通过轴承8装配在支轴7上。支轴7安装在支架10上，由螺母紧固。支架10与输送槽联接为一体。

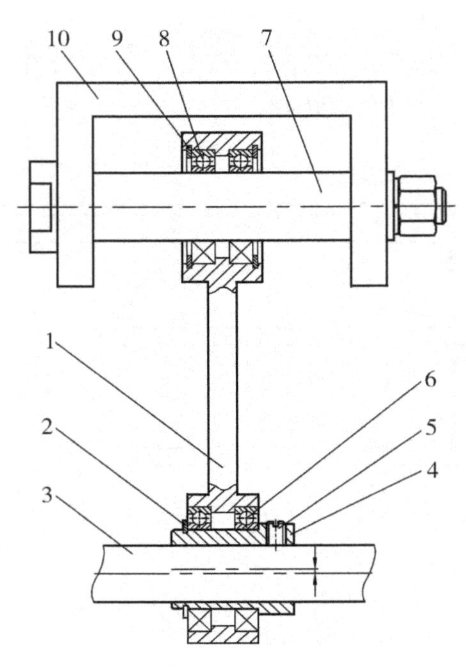

图4－4 偏心轴机构

1—连杆；2，9—挡圈；3—传动轴；4—偏心套；5—螺钉；
6，8—轴承；7—支轴；10—支架

在图4－4中，传动轴3转动时，偏心套4同步旋转，通过轴承6使连杆1下部以偏心距 e 绕传动轴3的轴心回转。经过连杆的力传递作用，频繁推拉支轴7，从而驱动支架联同输送槽做往复摆动。

2. 振动沥水原理

如图4－3所示，沥水机工作时，电机启动，通过皮带轮传动，驱动偏心轴传动机构，带动输送槽做纵向往复振动，振动频率与传动轴转速相同，振幅与偏心距 e 相关。

由于支臂倾斜装配，在支撑输送槽的同时，起到振摆的作用，使输送槽的振动形成一个自左向右斜线向上的轨迹。当果蔬物料进入输送槽内，受到输送槽振动力的作用，不断进行向前抛出的微小运动，表面观察就像连续直线移动。在这一过程，果蔬表面的水分被振落，流过筛板，进入集水槽。

最终实现在果蔬向前振动输送的同时，达到沥水除湿的目的。

4.3.2 振动电机驱动的振动沥水机

1. 总体结构

果蔬振动沥水设备的另一种形式是采用振动电机驱动的振动沥水机，其结构相对简单，无需传动机构和偏心轴机构，仅依靠振动电机作为动力源，直接驱动输送槽做往复振动。机器结构如图4－5所示。

机器主要由弹性支座1、振动电机2、输送槽4和机架5组成。

输送槽4由前后左右4个弹性支座支撑，并安装在机架5上。弹性支座可选择金属圆柱螺旋弹簧或橡胶圆柱弹簧。橡胶弹簧材料为天然橡胶，是一种高弹性体，弹性模量小，受载后有较大的弹性变形，借以吸收冲击和振动。它能同时承受多向载荷，但耐高温性和耐油性比钢弹簧差。

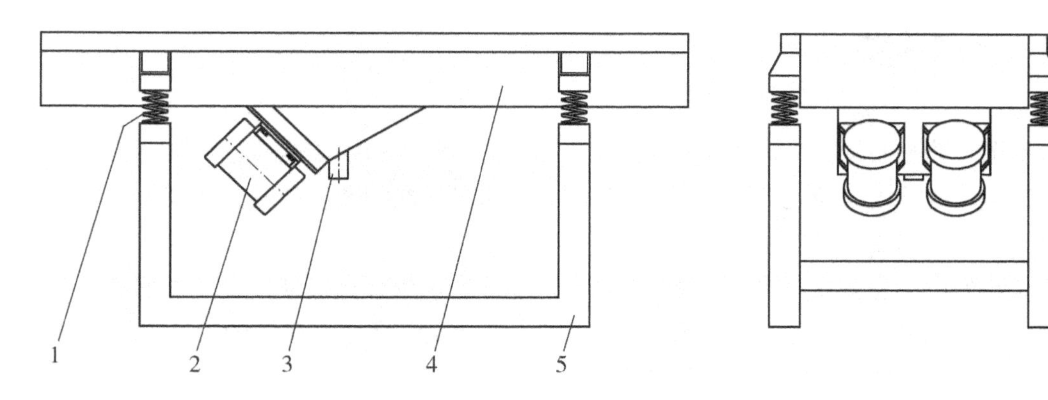

图4－5 振动电机驱动的振动沥水机

1—弹性支座；2—振动电机；3—出水口；4—输送槽；5—机架

输送槽底部安装有两台振动电机，用螺钉紧固在槽底安装板上。振动电机以输送槽中线对称倾斜装配，倾斜角度与水平成60°～75°为宜。

2. 振动电机驱动的振动沥水原理

振动电机是动力源与振动源结合为一体的激振源，全封闭结构。振动电机的转子轴两端各安装有一组可调偏心块，利用偏心块高速旋转产生的离心力得到激振力。只须调整偏心块的夹角，就可无级调整激振力。另外，可根据振动电机的安装方式改变激振力的方向。

单台振动电机安装在设备上所产生的振动形态一般是没有方向性的圆振动，而两台以上振动电机的组合使用可产生多种样式的振动形态。图4－5右边为两台振动电机的安装方式，由于对称槽中心线安装，当两台振动电机作同步、反向旋转时，其偏心块所产生的激振力在平行于电机轴线的方向的合力相互抵消，而在垂直于电机轴的方向的合力在与偏心块同向时达到最大，因此槽体的振动轨迹是由左下向右上做直线往复运动。

两台振动电机的电机轴相对槽体有一倾角，在激振力和果蔬自重力的合力作用下，果蔬在输送槽筛板面上被抛起，跳跃式向前做直线运动，在输送过程实现沥水。

采用振动电机具有诸多优点，首先可以简化设备，其次振动电机具有激振力利用率高、能耗小、噪声低、寿命长，激振力可以无级调节，使用方便等优点。

表4－1为两种规格的果蔬振动沥水机参数列表。

表4－1 果蔬振动沥水机规格参数

输送槽规格 (l/mm)×(b/mm)	振动频率 f/Hz	振幅 a/mm	筛面倾角 β/(°)	电机功率 P/kW
2000×500	16～24	2～4	1～5	2×(0.18～0.37)
2000×800	16～24	2～4	1～5	2×(0.37～0.55)

4.4 气幕除湿设备

所谓气幕是指具有一定宽度的薄片状平面气流。气幕的生成是通过特定的管道缝隙装置，迫使输入的气流经过条型窄缝出口喷出，被引导形成与条型窄缝出口等长等厚，并且具有一定流量和压力的幕状气流。

气幕的产生有多种方式，可设计专用导风器配合风机形成气幕，也可选用定型气刀或风刀产品。气刀或风刀是专业厂家针对物料进行气幕吹气除水而生产的定型产品。以“刀”形容风力，可见其气流超薄、强度极高。

采用气幕进行果蔬除湿，其最大特点是：气流保持在常温状态下进行除湿处理，速度快，效果好。气幕除湿技术适用于绝大多数果蔬，特别适用于热敏性果蔬，对保证果蔬品质作用明显。

4.4.1 采用气幕发生器的沥水除湿设备

1. 设备总体结构

图4－6所示是一款气幕式沥水除湿机。整机主要由气幕发生器1、风罩2、辊筒输送装置3、调速电机5及其传动机构、集水槽6，以及机架7和出入料槽等组成。

气幕除湿机的主体是辊筒输送机，辊筒输送机的结构特性前已述及。辊筒的作用是均匀承载果蔬，分排按一定速度运行。果蔬进入气幕除湿区后，在行进过程依次接受气幕的喷射处理，在扁平及高强度气流的喷射下，消除表面水分。

气幕除湿机的关键装置是气幕发生器，是产生气幕的动力源。果蔬的除湿效果取决于气幕的强度和气幕作用于果蔬的时间。当然，作用时间越长，除湿效果越好。

由于果蔬在辊轴带动下按一定速度连续运行，每个果蔬经过一道气幕的时间非常有限，因此，为了达到一定的除湿效果，同时提高生产效率，设备一般需要配置多套气幕发生器，使果蔬先后接受多次气幕喷射处理。

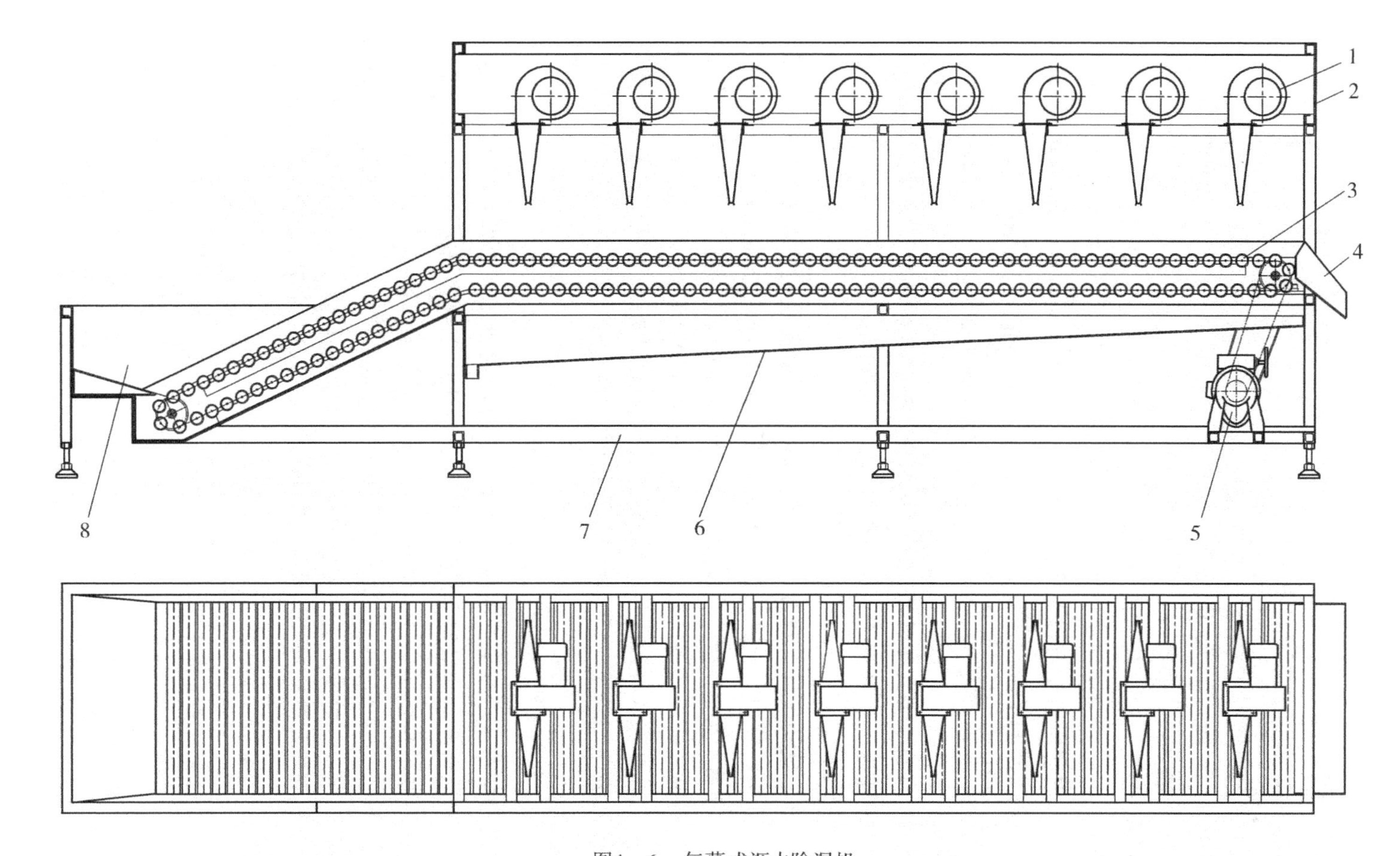

图4－6　气幕式沥水除湿机

1—气幕发生器；2—风罩；3—辊筒输送装置；4—出料槽；5—调速电机；6—集水槽；7—机架；8—入料槽

2. 气幕发生器结构

除湿机的气幕发生器结构如图4-7所示。气幕发生器由轴流风机1和导风器2组成，导风器采用不锈钢薄板制造，扇形渐变式管道结构。导风器的上部为矩形进风口，与轴流风机出风口接合；下部横向两侧扩张形成扇形结构，纵向居中收缩形成V形结构。因此，导风器的下部出风口只有一条长细型的窄缝，宽度一般为5～8mm。

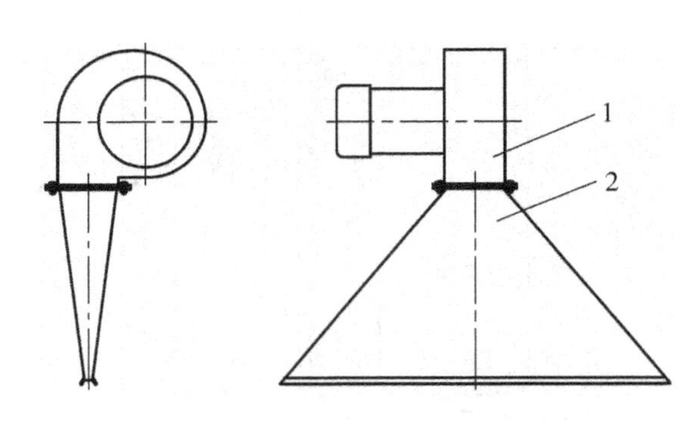

图4-7　气幕发生器

1—轴流风机；2—导风器

轴流风机吹出的风进入导风器，经过其渐变式管道内腔的强制改变，最终通过出风口的窄缝形成一定宽度的扁平气流，如幕布垂挂，是谓气幕。

3. 设备主要设计参数

气幕发生器的结构设计、布置和风机的选用关系到除湿的效果和效率。以图4-6所示气幕式沥水除湿机为例，辊筒输送的有效宽度为800mm，总共配置了8套气幕发生器，等间距450mm布置，当辊轴承载果蔬以线速100～150mm/s运行时，除湿效果良好。

该机的入料槽具有浸药保鲜功能，实际上是一台浸药保鲜除湿设备。入料槽即浸药槽，可注入额定容量的保鲜药液，进行果蔬保鲜处理。以桔子为例，经该机浸泡保鲜药液后，紧接着提升输送，经过8道气幕的气流作用，除湿处理量可达2000～3000kg/h。

4.4.2　气刀除湿装置

气刀或风刀是专业厂家生产的定型产品，广泛应用于工业领域中的吹气除水等工序，不但适用于吹除饮料瓶或包装罐等表面的水分，也适用于吹除果蔬清洗后的表皮水分。

气刀的动力源来自压缩空气，是效果最好、效率最高的常温除湿装置。

气刀装置如图4-8所示，由上刀体和下刀体组成，沿长度方向用螺钉均匀紧固。刀体材质采用不锈钢或铝合金。上下刀体合并时，于内部构成一个气流腔室，并形成一条窄缝型喷嘴。喷嘴窄缝厚度标准规格为0.05mm，加宽间隙为0.1mm。

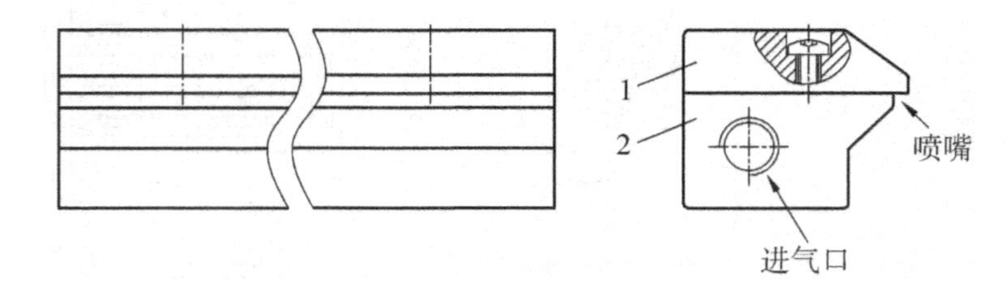

图4-8　气刀结构图

1—上刀体；2—下刀体

气刀的结构充分利用科恩达效应原理进行设计，从而产生一种空气放大作用。所谓科恩达效应，亦称附壁作用，是指流体(水流或气流)有离开本来的流动方向，改为随着凸出的物体表面流动的倾向，当流体与它流过的物体表面之间存在面摩擦时，流体的流速会减慢。只要物体表面曲率不是太大，依据流体力学中的伯努利原理，流速的减缓会导致流体被吸附在物体表面上流动。

气刀的设计正是利用科恩达空气放大效应和流体力学的基本原理，在其进气口输入压缩空气，经特殊构造的气室，在输出一端产生负压效应；则另一端输出的空气可以引流20～40倍的环境空气，形成大流量、强冲击的气流，有效节省压缩空气的使用量。

图4－9所示是气刀产生气幕的原理图，压缩空气由下刀体端部进气口输入，经内腔室，通过厚度仅为0.05mm的条形窄缝喷嘴，形成气流薄片高速喷射而出。空气经过风刀特殊的构造产生科恩达空气放大效应，喷射而出的气流薄片将引流30～40倍的环境空气。引流的环境空气与喷射而出的压缩空气汇集一体，水平吹出，形成一面薄片状、高强度、大气流的冲击气幕。

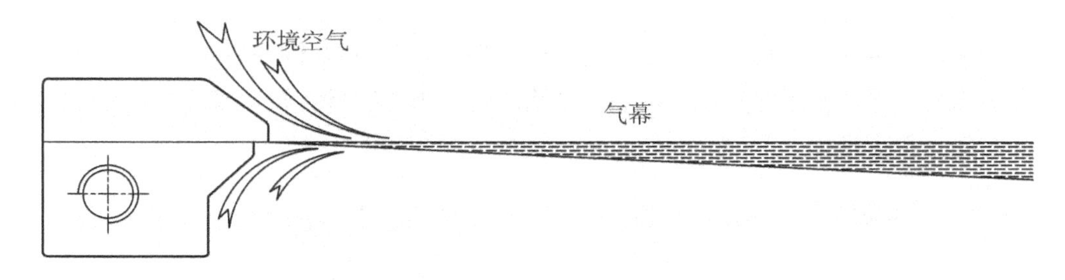

图4－9　气刀的气幕生成原理图

各型气刀的结构设计有所不同，产生的气幕参数也有所差异，表4－2列出了一款超级气刀的主要气流参数，可供设计参考。表中气刀喷嘴间隙为0.05mm。

表4－2　气刀的主要气流参数

压缩空气压强 p/MPa	每英寸耗气量 $Q/(\mathrm{L \cdot min^{-1}})$	出气速度 $v/(\mathrm{m \cdot s^{-1}})$	每英寸气幕冲击力 (离出口152mm处) F/N	噪声 dB(A)
0.14	31	25.4	0.17	57
0.28	48	35.6	0.31	61
0.41	65	48.8	0.51	65
0.55	82	59.9	0.71	69
0.69	99	68.5	0.91	72

由于气刀能产生大流量、高强度的气幕，因此具有优良的除水性能。当气幕扫过果蔬外表曲面时，黏附其上的水分被气流快速带走并清除。

图4－10所示是装配气刀的气幕除湿机。图中仅标示了1套气刀装置，在实际应用中，最少应装配3套以上的气刀装置才能达到理想的除湿效果。由于果蔬不像瓶罐那样的工业产品具有统一的尺寸外形，而是其大小及形状均具有差别，以致输送过程的排列分布并不规则。气幕作用于果蔬的各个表面也不均匀，因此果蔬需要经历多道气幕处理，才能确保每面黏附的水分被彻底吹除。

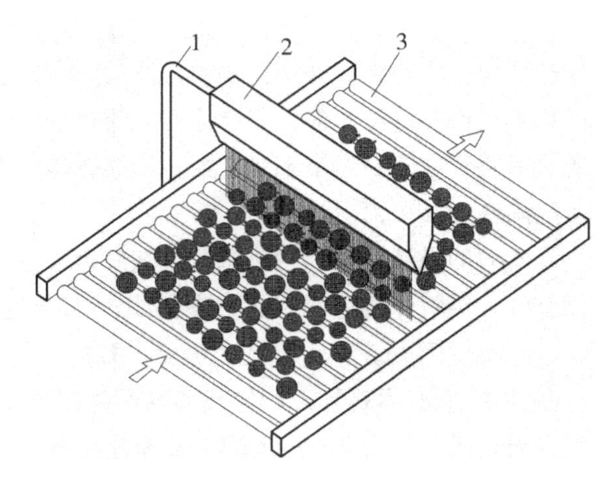

图4－10　装配气刀的气幕除湿机

1—气管；2—气刀；3—输送辊轴

气刀横跨辊轴输送带上方安装，出气口离辊面150～200mm。压缩空气由气管输入，经气刀产生气幕，向下垂直喷射。

果蔬被辊轴带动向前输送，依次经过各道气幕，受到强大气流的冲击，表面水分被气流带走并吹落于辊轴底下的集水槽。在辊轴输送过程中同时做自转运动，从而带动果蔬自转，除水效果更为理想。

4.4.3　气幕除湿装置性能特点对比

采用风机和导风器产生气幕，其优点是机械结构简单，制造及安装方便，成本较低；缺点是采用风机会增加故障率，气幕的气流不均匀而且运行噪声较大。

采用气刀进行果蔬除湿具有以下特点：

(1)气幕的动力源为空气压缩机产生的压缩空气，气刀本身没有任何运动部件和电动装置，因此可免维护；

(2)气刀产生的气幕流量大、冲击力强，空气放大比达30～40倍；

(3)气刀长度方向形成的气幕气流均衡、稳定；

(4)气刀的体积小，结构紧凑，安装灵活方便；

(5)工作噪声较低，如表4－2所示，空气压强为0.69MPa时，气刀噪声值只有72dB(A)。

气刀工作时需要连续供应大量的压缩空气，对电能的消耗量非常大，这是气刀应用于果蔬除湿处理的缺点。

采用气刀进行果蔬连续除湿处理时，若处理量较大，需配套大型的空气压缩机，能耗相对偏大。在达到同样的除湿效果下，气刀的能耗大于前述利用导风器生成气幕的能耗。

以图4－6所示机型为例，分别采用导风器和气刀形成气幕除湿时，各性能参数对比如表4－3所示。

表4－3　气幕除湿装置性能参数对比

性能参数	采用导风器的气幕除湿机	采用气刀的气幕除湿机
除湿机有效输送宽度	800mm	650mm
气幕装置	8套导风器，出气口长500mm，缝隙宽5mm	3支气刀，长610mm，喷嘴缝隙宽0.05mm
动力源	轴流风机8台 单台风机功率0.37kW，流量700m³/h、风压850Pa、转速2800r/min	空气压缩机1台 功率30kW， 排气量5000L/min， 工作压力0.55MPa
气幕出口离输送面距离	250mm	180mm
气幕排列间距	450mm	300mm
辊轴输送线速	135mm/s	170mm/s
处理量(桔子)	2000kg/h	2000kg/h
吨料耗电量(桔子)	1.5kW·h/t	5kW·h/t

由上表可见，在实际生产应用中，如果考虑能耗问题和设备运行成本，采用风机形成气幕的形式应是首选。

4.5　热风除湿设备

前已述及，除湿的目的是把果蔬清洗后的水分除去，或使果蔬保鲜处理后的表面药液固化。热风是一种最高效的除湿方式，可快速把果蔬表面水分气化消除。

热风干燥是一种常用的干燥技术，同样可用于果蔬清洗和保鲜处理后的表面除湿。但是，新鲜果蔬的表面除湿与农产品干燥加工目的不同，前者的目的只是将果蔬表面水分消除，最终产品是新鲜果蔬；后者的目的是除去果蔬本身水分，最终形成干制产品。因此两者的热风处理的条件和要求有显著区别。

在进行果蔬热风除湿时，必须注意严格控制气流温度及除湿时间，确保在除却果蔬表面水分的同时，避免高温损害新鲜果蔬的品质。

在进行热风除湿时，应尽量控制果蔬表皮温度不升或少升。采用热风除湿工艺时应谨慎选择处理对象，避免用于表皮嫩薄的果蔬。特别是不适用于热敏性果蔬，如荔枝、龙眼、芒果、猕猴桃、梨子、西红柿等。

应用于果蔬处理的热风除湿设备可有多种设计方式，最有典型意义的是两种机型，分别是隧道式热风除湿机和吊篮式热风除湿机。前者是卧式机型，后者是立式机型，各具特点，以下分述。

4.5.1　隧道式热风除湿机

1. 总体机构

图4－11所示是隧道式热风除湿机的总体结构图。隧道式热风除湿机的主体是辊筒输送带，配套风道罩3、加温装置5、风机6等部件装置组成。

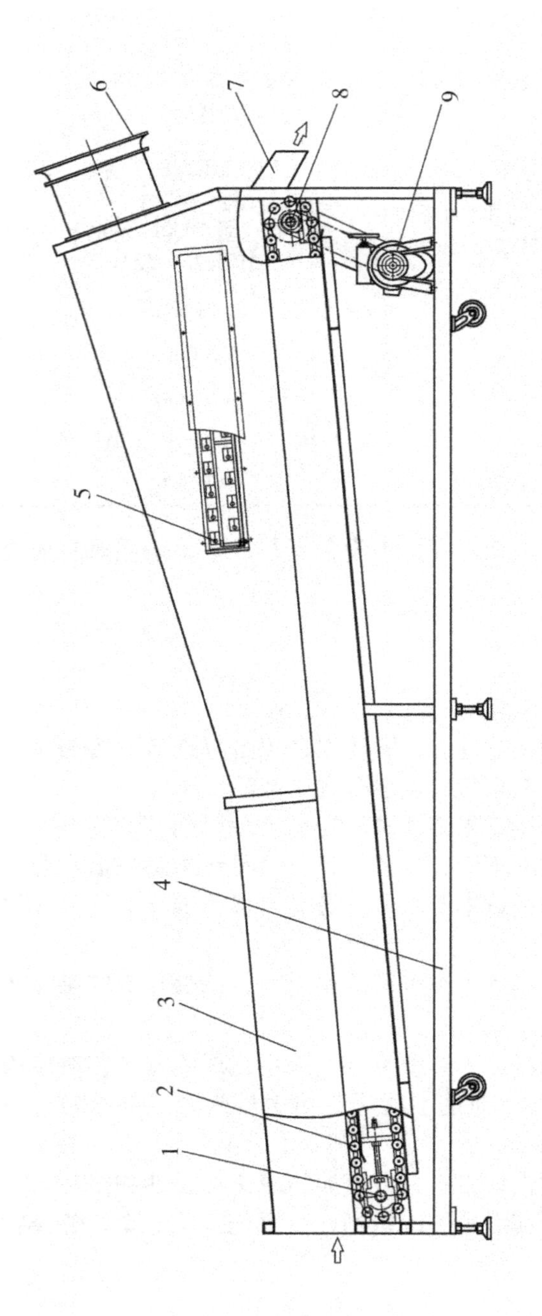

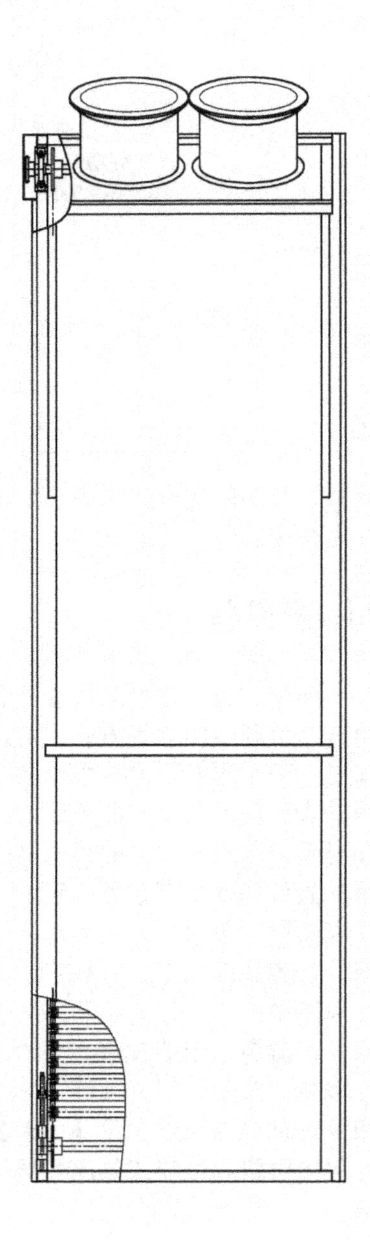

图4-11　隧道式热风除湿机

1—被动轴部件；2—输送辊筒；3—风道罩；4—机架；5—加温装置；6—风机；7—出料槽；8—驱动轴部件；9—调速电机

除湿机的输送带为链条带动的辊筒式结构，辊筒由两侧链条拖动行进。运行速度由调速电机控制。当输送辊筒底下设置托轨和摩擦带时，辊筒在前进过程的同时还在摩擦带表面滚动，进行自转运动。输送辊筒在运行过程可做自转运动或相对静止，根据使用需要设计。

本机风道罩3作为热风气流隧道，矩形截面，左低右高斜置式导向布置。风机安装风道罩右端高位，即出料槽7的上方，两风机并排布置。

在风机的出风口位置，风道罩内，装配有加温装置5。加温装置采用电加热形式，设置三组发热管，横跨风道罩安装。

2. 除湿原理

风机启动后，风力从右至左吹入，进入风道罩后被加温装置加热，形成一定温度的气流，充满并流经整个隧道，汇集于入料端吹出。为了调控气流温度，应该加装温度传感器和温控表。温度传感器安装在隧道内加温装置左侧，气流刚被加热离开发热管的位置，随时检测进入隧道的气流温度。通过自动测温和温控表调控，控制三组发热管的通断电，即相应调整加热功率，从而调节气流的温度。

当经过清洗或保鲜处理的果蔬进入隧道，立即被辊筒带动前进，果蔬在输送过程表面充分接受热气流的作用，表皮水分被快速汽化带走，水汽由入料端吹出，达到除湿的目的。

为了加速除湿效果，可设计输送辊筒运行过程连续滚动，从而带动果蔬分排平布输送，同时进行有规律的不断自转，使果蔬外表全面均匀接受气流的作用，不留死角，快速除去表面水分。但是，对于进行打蜡抛光处理的水果，如柑橙、苹果等，除湿过程的输送辊筒不宜做自转运动，因为辊筒自转会和该类水果表面产生摩擦，损害其表面保鲜蜡液，使其表面蜡膜失去光滑和出现刮擦痕迹，影响商品品质。

为了确保果蔬品质，进行热风除湿处理时，气流的温度不能设置太高。本机的热风温度可在35～45℃调整，实际生产中理想的处理温度尽量不超过40℃。另外，热风除湿处理的时间须严格控制，以不致引起果蔬表皮严重温升为前提，不能过长。

3. 设备主要设计参数

图4－11所示的隧道式热风除湿机主要设计参数如下：

(1)有效输送距离：5500mm；

(2)有效输送宽度：960mm；

(3)工作输送速度：100～130mm/s；

(4)加热装置：3组发热管，每组功率8kW；

(5)风机：2台轴流风机，功率0.37kW，流量2000～3000m^3/h，全压92～25Pa；

(6)输送电机功率：0.75kW；

(7)除湿气流温度：35～45℃；

(8)有效除湿时间：42～55s；

(9)除湿处理量：4000～5000kg/h(甜橙)。

隧道式热风除湿机的特点是结构简单，出入口直线布置，与生产线衔接方便。其缺点是设备较长，占地面积较大。

由于果蔬除湿效果受温度和时间影响较大，当需要处理更大流量物料时，为了保证果蔬除湿处理时间，可选取两种方案：其一，在工作输送速度不变的前提下，增加设备有效输送宽度；其二，增加设备的有效输送距离，提高工作输送速度。两种方案均需要加大设备体积，相应需增加发热装置及驱动电机的功率。

4.5.2 吊篮式热风除湿机

吊篮式热风除湿机的总体结构如图 4 – 12 所示。该设备采用立式布置，上下传动方式。整机主要由输送链 2、吊篮 3、风机 5、链轮轴Ⅰ～Ⅸ、翻篮导板 14、发热管 17、调速电机 18、传动链轮 19 等组成。

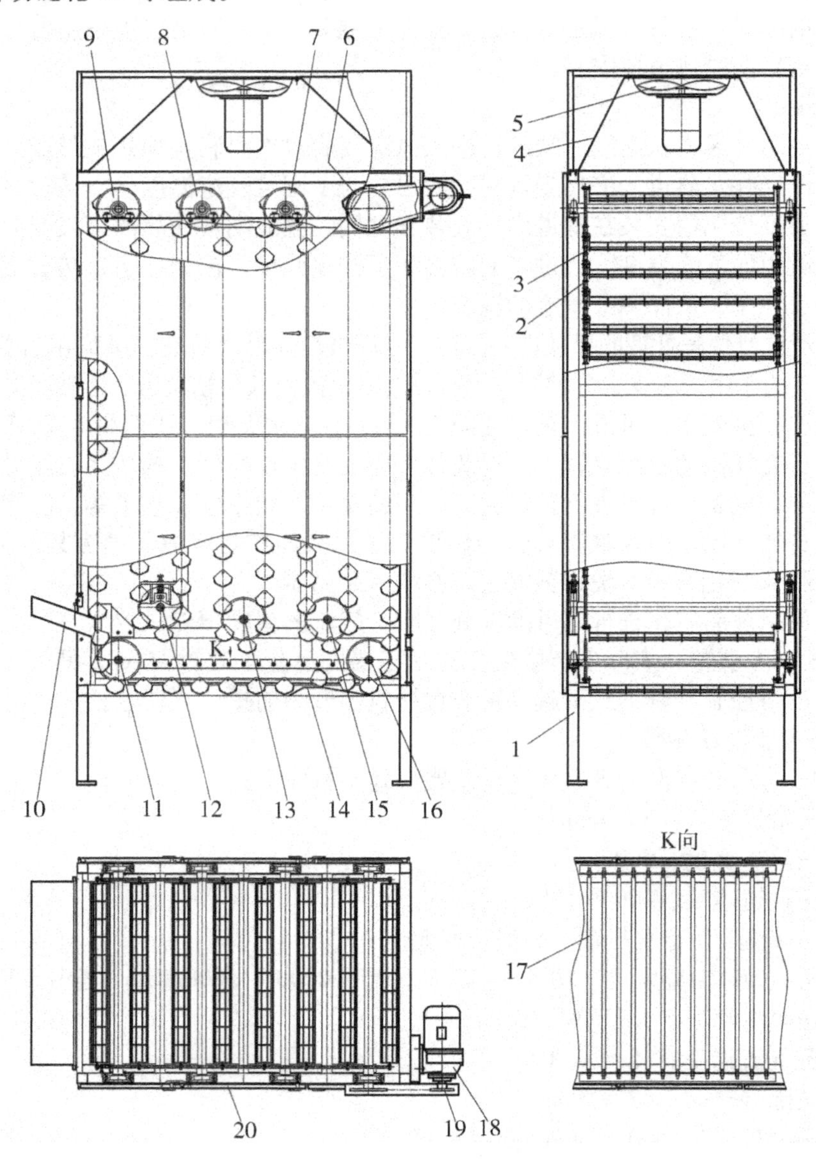

图 4 – 12 吊篮式热风除湿机

1—机架；2—输送链；3—吊篮；4—导风罩；5—风机；6—链轮轴Ⅰ；7—链轮轴Ⅲ；8—链轮轴Ⅴ；9—链轮轴Ⅶ；10—入料槽；11—链轮轴Ⅷ；12—链轮轴Ⅵ；13—链轮轴Ⅳ；14—翻篮导轨；15—链轮轴Ⅱ；16—链轮轴Ⅸ；17—发热管；18—调速电机；19—传动链轮；20—防护门

1. 传动机构

设备的传动机构主要由9套链轮轴组成，链轮轴Ⅰ、Ⅲ、Ⅴ、Ⅶ通过轴承安装在机架的上横梁，链轮轴Ⅱ、Ⅳ、Ⅵ、Ⅷ、Ⅸ通过轴承安装在机架的底部两横梁，其中链轮轴Ⅵ的两轴端安装在滑动轴承上，可通过调节螺钉调节其上下升降，以张紧输送链2。

输送链2依次环绕链轮轴Ⅰ至链轮轴Ⅸ的链轮安装，形成上下循环往复的形式。输送链为双链条对称布置，中间联接吊篮3（如左视图所示）。在链轮轴带动下，两侧输送链同步运动，并带动吊篮上下运行。

电机启动时，通过传动链轮19驱动链轮轴Ⅰ顺时针旋转，带动输送链2及其上的吊篮，依次经链轮轴Ⅱ、Ⅲ、Ⅳ、Ⅴ、Ⅵ、Ⅶ、Ⅷ、Ⅸ，做上下循环往复的环绕运动。

2. 吊篮结构及装配形式

吊篮作为果蔬的输送载体，是设备的重要部件，其结构如图4－13所示。吊篮由不锈钢纵向直圆钢和横向弧形圆钢组合焊接而成，形成半圆槽形栅格状。吊篮两端焊接扇形封板，封板上部加工有轴孔，通过销轴2、滚轮3和开口销5装配在输送链4的链板孔。因此，吊篮可随传动链运行，并且可绕销轴2转动。

设计吊篮时，应根据处理果蔬的平均直径来确定吊篮的截面大小，吊篮的截面应比一个果蔬面积稍大，确保承载果蔬时形成单排状态，没有堆叠遮挡，从而使每个果蔬都能全面接受热气流的作用，实现均匀除湿。

3. 热风系统及除湿原理

风机5安装在设备顶部的导风罩上，采用上出风的形式。发热管17安装在设备底部入风口处，并排平铺，定距布置。设备四周采用封板和防护门围闭，仅留顶部出风口和底部入风口。当风机启动向上送风时，抽吸室内空气，令室外气流由底部入风口进入，经发热管加温，形成一定温度的热气流充满室内空间，上升流动的同时带走果蔬表面汽化水分，由上出风口排出。

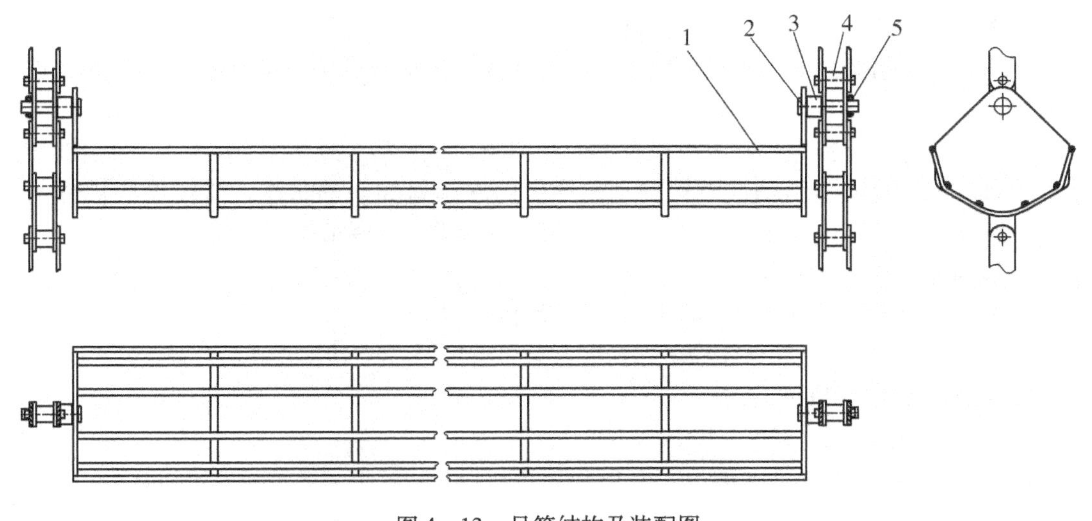

图4－13　吊篮结构及装配图

1—吊篮；2—销轴；3—滚轮；4—输送链；5—开口销

4. 果蔬入料和出料机构

设备除湿过程中，果蔬的入料和出料原理如图 4－14 所示。

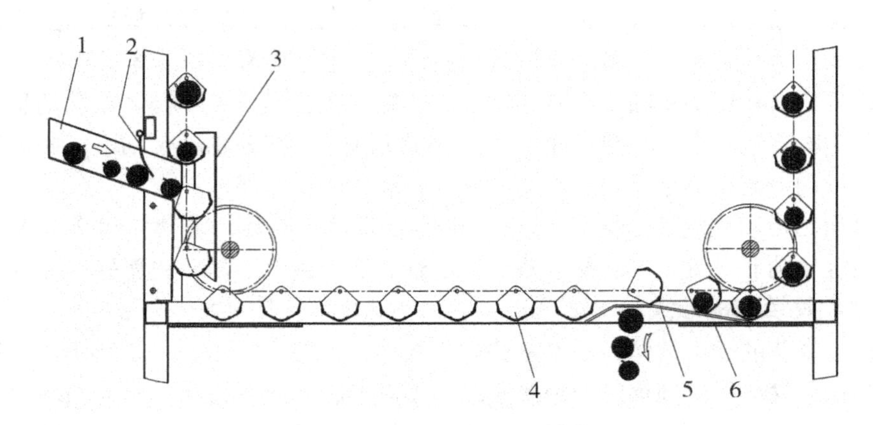

图 4－14　吊篮式除湿过程果蔬入出料原理图

1—入料槽；2—缓冲胶帘；3—导料槽；4—吊篮；5—翻篮导轨；6—底封板

由于吊篮相对独立，在连续运行中如何确保果蔬准确进入各个吊篮，然后在完成除湿处理后顺利翻倒吊篮卸出果蔬，这是一个关键的设计，涉及设备的正常顺利运转。

如图 4－14 所示，果蔬由入料槽 1 进入。果蔬输入前，一般经过辊筒输送机或滚刷设备处理，使果蔬形成单行排列状态，依次分排输入。

吊篮在输送链的带动下循环运行，在设备底部，吊篮自右向左运动。当空吊篮进入导料槽 3 范围，接触入料槽竖板，被引导向左稍微倾斜，方便承接物料。吊篮经过入料槽出口时，一排果蔬流入，被顺利装载并向上提升。紧接其后的空吊篮依次运行到位，一排一排地把输入的果蔬带走。

导料槽和入料槽的竖板形成一个围合空间，吊篮从其中通过。围合空间如漏斗一般使进入的果蔬只能流入吊篮，不会偏离漏走。

装载果蔬的吊篮上下往复循环运动，其间接受自下而上的热气流作用，表面水分被气化消除。

当吊篮运行至设备底部右下方位置时，吊篮进入翻篮导轨 5 的轨道运行，两端被翻篮导轨导向，使吊篮绕其销轴逆时针摆动，形成向左倾斜卸料的状态，篮内果蔬被翻倒卸出。在设备底部卸出位置安装一台输送机，就可把除湿后的果蔬连续输出。

5. 设备主要设计参数

图 4－12 所示的吊篮式热风除湿机主要设计参数如下：

(1)有效输送距离：20 000mm；

(2)吊篮长度：1000mm；

(3)工作输送速度：150～180mm/s；

(4)加热装置：发热管功率(1.5×15)kW；

(5)风机：功率 0.55kW，流量 2675～5000m^3/h，全压 150～98Pa；

(6)输送电机功率：1.5kW；

(7)除湿气流温度：35～45℃；

(8)有效除湿时间：110～130s；

(9)除湿处理量：6000～7000kg/h(甜橙)。

吊篮式热风除湿机的特点是立式布置，结构紧凑，占地面积小；有效输送距离大，除湿时间可相对延长，因此除湿均匀，效果优于隧道式热风除湿机。其缺点是设备较复杂，吊篮装配要求高，配套生产线安装要求也较高。该设备常见故障是当运行时间较长而缺乏保养时，会出现吊篮摆动不灵活，易卡滞的现象，需定期检修；入料口装配不理想会出现夹果现象。

5 果蔬分级设备

5.1 概述

分级是果蔬采后进行商品化处理最重要的工序之一。通过分级处理把果蔬划分成若干规格等级，确保每一个规格等级中的物料均匀统一。果蔬上市直面消费者时，不同规格的果蔬分别对应不同的价格。

因此，可以说，分级的最终目的就是使果蔬按规格等级销售，高规格高价格，低规格低价格，最终实现果蔬商品增值的最大化。

对果蔬进行规格划分，必须以果蔬的性状为基准。果蔬的性状包括外观特征和内在品质两大类，外观特征主要是大小、形状、颜色或重量等，内在品质主要为含糖量、含酸量等。因此，进行果蔬分级的前提，首先是确定以什么性状作为分级标准，也就是选取哪一个或哪几个性状作为检测指标，然后才能有目的地进行规格等级的划分。

在实际应用中，按果蔬的大小划分等级是最常用的方法，适用于绝大多数果蔬。按大小分级也最符合消费者的消费心理，因为以大小规格判定果蔬的品质是最直观的方式，也基本上符合实际情况。另外，按重量分级也是一种惯常使用的方法，它同样符合传统的消费心理，而且果实的重量与大小基本上是一致的。也就是说，对于同一类果蔬，按重量分级与按大小分级的规格基本上是相同的。

果蔬按大小或重量分级是最广泛采用的分级方式。对于大小分级方式，传统的设备以机械式筛选为主，按果蔬外形特性设计筛选机构，以果蔬的外径为筛选基准。由于简单实用、速度快，因此到目前为止，机械式筛选设备仍占分级设备的主导地位；而对于重量分级，传统的设备采用弹簧秤在线称量的方式，由于调整麻烦、故障高、误差大，目前已基本淘汰，而被在线电子称量的形式所取代。

近年来由于电子电脑技术的高速发展，果蔬分级技术也出现了质的飞跃。应用电子电脑技术的果蔬分级设备，已经不局限于对果蔬进行大小或重量的划分，还可以进一步可以针对果蔬形状、颜色、瑕疵等特性进行检测分选；更深入一步，目前的机器视觉技术结合近红外分光分析技术，已经可以在线检测果蔬糖度、酸度等内部品质并实现分级，而这一切都是在果蔬无损状态下进行的。

果蔬分级设备类型较多。同一类型的分级设备有可能适用于一种或若干种相似性状的果蔬分级；针对同一品种的果蔬，也有可能采用不同类型的分级设备实现分级。

本章以最常用的分级设备进行总体详述，按分级形式划分，归纳分列三大类，包括机械式分级设备、在线电子称重式分级设备、机器视觉式分级设备。三类设备中，以机械式分级设备占有量最大，应用最广泛，该类设备主要由孔径式分级设备和间隙式分级设备组成；而在线电子称重式分级设备和机器视觉式分级设备，由于配套电脑编程技术，可实现果蔬处理全流程的自动化控制，以及数据的分析统计等功能，具备最先进的技术优势，因此该类型设备已经在大型果蔬采后商品化处理加工厂中应用。

5.2 孔径式分级设备

孔径式的“孔”，是指分级筛孔；“径”，是指果蔬的外径。也就是说，孔径式分级设备是以果蔬的外径为检测标准，通过不同尺寸规格的筛孔进行筛选，使果蔬实现大小等级的划分。

孔径式分级设备的关键点是筛选装置的设计，必须考虑如何合理设计带筛选孔的装置，既要使果蔬在连续输送的过程按级筛选，又要确保果蔬顺利经过多级筛选孔而不致出现机械损伤。这是实现有效分级的基本前提。

在实际生产中，最常用的孔径式分级设备是滚筒孔径式分级机，该类设备最先应用于柑橙分级，随后普及于圆球形而且表皮厚实的果实分级。近年，作为一种改良型的孔径式分级设备，出现了皮带孔径式分级机，可针对一些扁圆、类球形小果蔬进行有效分级。以下对这两种分级设备进行分述。

5.2.1 滚筒孔径式分级机

5.2.1.1 设备总体结构

图 5-1 所示是滚筒孔径式分级机的总体结构图，主要由分级滚筒 1、滚筒驱动辊 2、过渡滚轴 3、过渡板 4、托辊 5 以及排果输送机、电机、链轮及传动链等部件装配组成。

图示滚筒孔径式分级机配置 6 个分级滚筒，由左至右排列，孔径由小到大，因而对应的果实级别也是由小到大。

机器工作时，分级滚筒进行连续自转运动，6 个滚筒按顺时针同步转动。分级滚筒的动力来自主电机 11。主电机 11 安装在分级机右端下方，动力通过电机链轮 10 及传动链、双排链轮 9，带动滚筒驱动辊 2，从而使分级滚筒运转。

果实由左端入料槽 12 进入分级机，随即在自转分级滚筒的带动下，接连翻越滚筒由左至右运行。果实在翻越分级滚筒的过程中，当其外径小于滚筒表面的孔径时，依靠重力穿越孔径掉落在滚筒内部的排果皮带上，被排果皮带输出。

分级机按滚筒个数对应装配了排果输送机 13。图示配置 6 台排果输送机，采用统一动力，由排果电机 7 驱动。排果输送机装配在分级滚筒中心线下方，平行于分级滚筒轴线并水平布置。由左视图可见，排果输送机沿分级滚筒轴线穿过，即分级滚筒完全套在排果输送机外，可确保掉落的果实均进入输送机的有效输送范围。

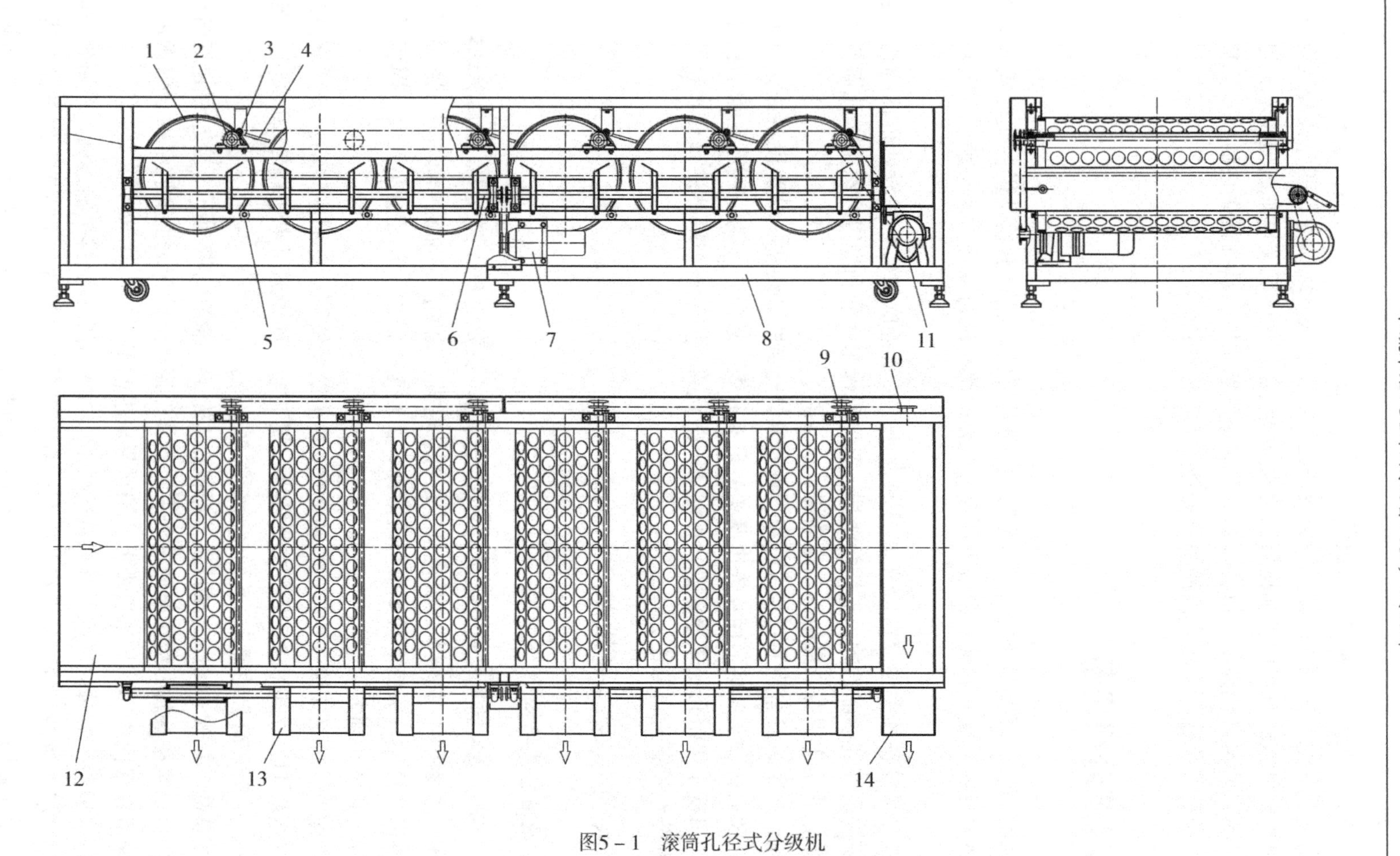

图5－1 滚筒孔径式分级机

1—分级滚筒；2—滚筒驱动辊；3—过渡滚轴；4—过渡板；5—托辊；6—排果皮带驱动轴；
7—排果电机；8—机架；9—双排链轮 10—电机链轮；11—主电机；12—入料槽；13—排果输送机；14—卸果槽

图示分级机有 6 个排果机出口，最末端配置一条卸果槽排出级外超大果，总共可实现 7 个级别果实分级。果实由小至大排列，由左至右分别是第 1 至第 7 级。

5.2.1.2 分级滚筒结构形式

分级滚筒具体结构如图 5－2 所示，主要由分级筒体 1 与支承圈 3 组成，分级筒体左右两端面各套入一个支承圈，圆周用铆钉紧固联接。

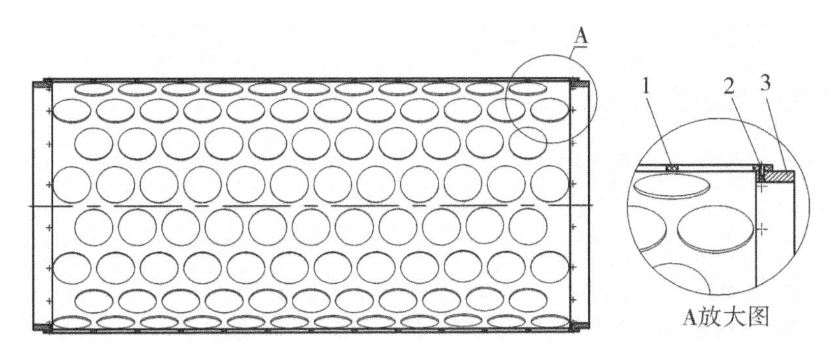

图 5－2 分级滚筒结构图

1—分级筒体；2—铆钉；3—支承圈

分级筒体一般采用 PVC 板制造，按设计直径弯卷成一个圆柱筒，接缝采取超声波焊合。分级筒体的圆周面密集加工圆孔，圆孔作为分级孔，其直径按同一规格加工，而且分级孔圆周边缘应倒圆角，以避免筛选果实时刮伤表皮。

在不影响分级筒体刚性结构的前提下，为了扩大筛选面积，提高筛选效率，应尽量增加分级孔的数量。

如图 5－3 所示，分级孔于筒体圆周面均匀排列，每一行分级孔的行距为等弧长，而且行与行之间的孔径圆心位置交错，以利于最大限度增加分级孔的数量，从而给予果实更多的筛选机会，进而有效减少串级率。

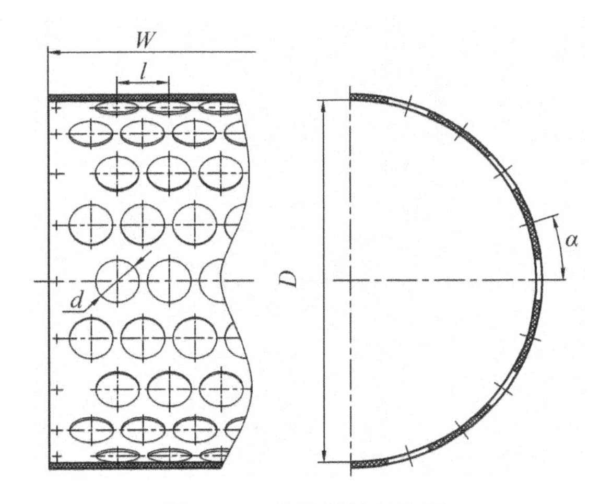

图 5－3 分级筒体结构图

在已知分级筒体的结构尺寸包括筒体宽度（轴向长度）W 和内径 D 的情况下，在确定分级孔径 d 的尺寸后，可对分级孔的排布间距进行合理的计算，选取合适的孔距 l 值和中心角 α 值，以求得最佳的布置效果。

应用于柑橙分级的常用分级孔规格为ϕ 50～80mm，以 5mm 级差递增。表 5－1 列出了具体机型中常用分级孔规格对应的各个间距参数，分级筒体采用厚度为 5mm 的 PVC 板卷合加工，分级筒体内径 D 为 470mm，宽度 W 为 985mm。

表 5－1　常用分级孔规格对应的间距参数

（D＝470mm，W＝985mm）

分级孔间距参数	分级孔规格 d/mm						
	ϕ50	ϕ55	ϕ60	ϕ65	ϕ70	ϕ75	ϕ80
l/mm	65	65	70	80	80	90	90
α/(°)	18	18	18	20	20	22.5	24

5.2.1.3　分级滚筒的装配及运行原理

分级滚筒在设备上的装配如图 5－4 所示，分级滚筒主要由驱动辊 5 和托辊 7 支承并被定位。驱动辊 5 为动力轴，通过带座轴承 3 安装在机架上，辊轴体贯穿分级滚筒 6 的内部，驱动辊 5 两端装配紧固有橡胶摩擦套 4，通过摩擦套 4 接触并承托分级滚筒的两侧支承圈。托辊 7 安装于分级滚筒外部，驱动辊 5 的下方。托辊 7 为无动力辊筒，筒体可绕心轴旋转，其心轴两端通过螺母紧固在支架 8 上。托辊 7 与驱动辊 5 一起形成对分级滚筒的定位支撑，驱动辊 5 的安装角 α 为 45°，托辊 7 的安装角 β 为 40°～45°。

工作时，动力通过链条传动，由双排链轮 1 传入，使驱动辊 5 顺时针旋转。驱动辊 5 旋转时，其两端的橡胶摩擦套 4 通过摩擦力带动分级滚筒两侧的支承圈，驱动分级滚筒。由于分级滚筒的外部右下方有托辊 7 的支撑和限位作用，因此，可确保分级滚筒绕中心轴顺时针自转，如图 5－4 主视图所示。

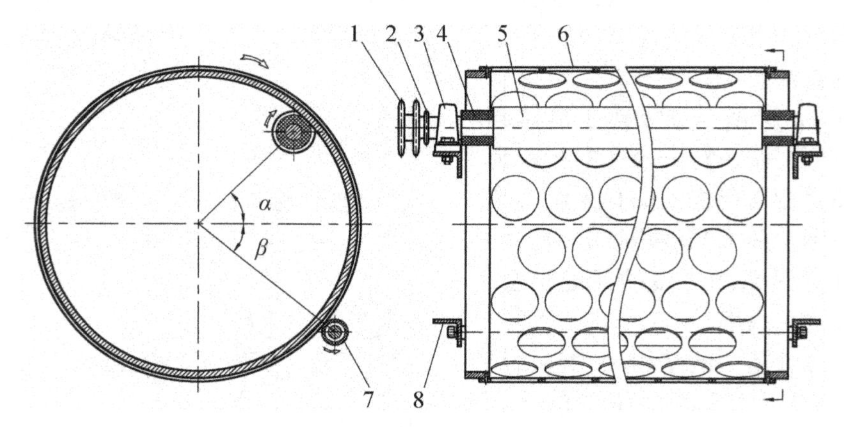

图 5－4　分级滚筒装配图

1—双排链轮；2—过渡轴驱动链轮；3—轴承；4—摩擦套；
5—驱动辊；6—分级滚筒；7—托辊；8—支架

5.2.1.4　分级滚筒之间的过渡装置

由图 5－1 总装图可见，一台分级机是由多个分级滚筒组成的，按要求的级别数量配置相应的分级滚筒，并且其分级孔径由前往后按级递增。

分级机工作时，各个分级滚筒同步自转，相邻分级滚筒之间需要装配合适的过渡装置，才能使果实由第一级输送到最后一级。过渡装置的设计非常重要，需要确保果实顺利过渡并且避免出现机械损伤。

本机的过渡装置如图5－5所示。图示中相邻分级滚筒做同步顺时针自转，连接两者之间的过渡装置包括过渡板1和过渡轴2。

过渡装置中的过渡板1是平板式结构，倾斜15°～20°固定安装。在过渡板的高位入料处，即前一级分级滚筒与过渡板相接的间隙位置，安装有过渡轴2。过渡轴2的长度与分级滚筒筒体长度相对应，其轴心线与滚筒中心线平行，过渡轴的外圆面与滚筒外表面间距为3～5mm。

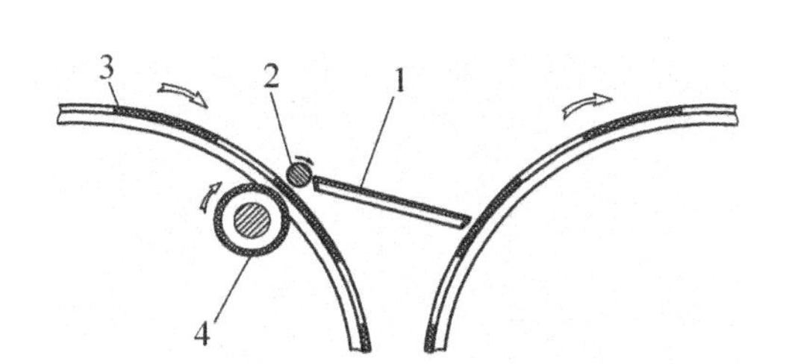

图5－5　分级滚筒过渡装置

1—过渡板；2—过渡轴；
3—分级滚筒；4—驱动辊

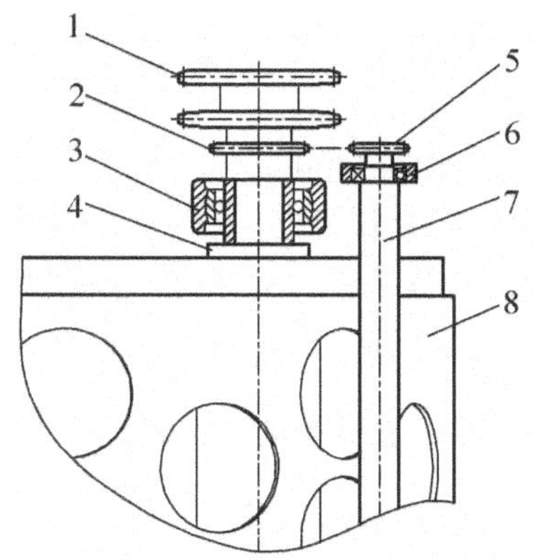

图5－6　过渡轴传动装置图

1—双排链轮；2—过渡轴驱动链轮；
3—轴承；4—驱动辊；5—小链轮；
6—支板；7—过渡轴；8—分级滚筒

分级滚筒运转时，过渡轴做顺时针自转，其动力与分级滚筒一样均来自驱动辊4。图5－6所示是过渡轴传动装置图，过渡轴7两端通过轴承安装在支板6上，其端部小链轮5通过链条与过渡轴驱动链轮2相连。驱动辊4旋转时，一方面通过其两端的摩擦套驱动分级滚筒8运转；另一方面，通过过渡轴驱动链轮2传动小链轮5使过渡轴7进行自转，其转向与分级滚筒相同。

5.2.1.5　果实分级原理

图5－7所示是滚筒分级原理图。工作时，各级的分级滚筒同步自转，果实由入料槽输入，当其接触第一级分级滚筒时，将被筒体表面密布的分级孔带动沿圆周面翻转，期间经过过渡轴和过渡板，依次由前一级向后一级运行。

在分级滚筒带动果实运行的过程中，如果果实外径小于滚筒中的分级孔径，它将直接穿越分级孔落入筒体内的排果输送机，被送出机外；如果果实外径大于分级孔径，则果实部分卡入分级孔内，被带动翻越该级滚筒，向下一级滚筒前进。

当果实从前一级滚筒向后一级滚筒输送时，需经过过渡装置进行衔接。如图5－7所示，果实在前一级滚筒的带动下运行至驱动辊和过渡轴位置，将受到两个力的作用：其一，果实卡入分级孔内的果体部分接触驱动辊辊面，受到向上的推力，使果实被顶出分级孔；其二，分级孔外的果体部分接触过渡轴时，受过渡轴的转动力作用，使果实出现逆时针转动的趋势，犹如受到一个轻柔的拨动力，帮助果实顺利脱离分级孔，并自然滚入过渡板。经过过渡板的果实将遭遇下一级分级滚筒，并被其分级孔带动继续翻转，进入下一个分级过程，直至最后一级。

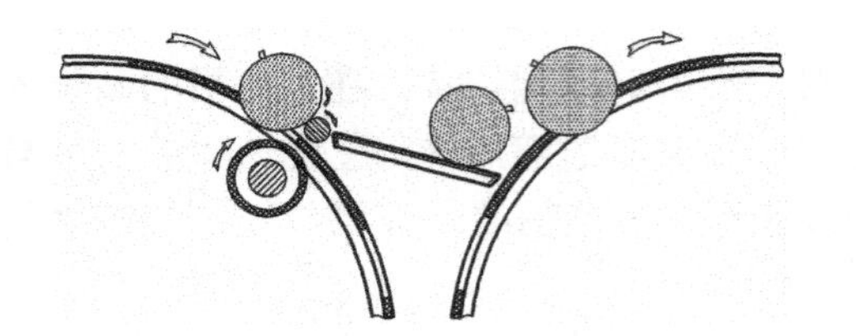

图5－7　滚筒分级原理图

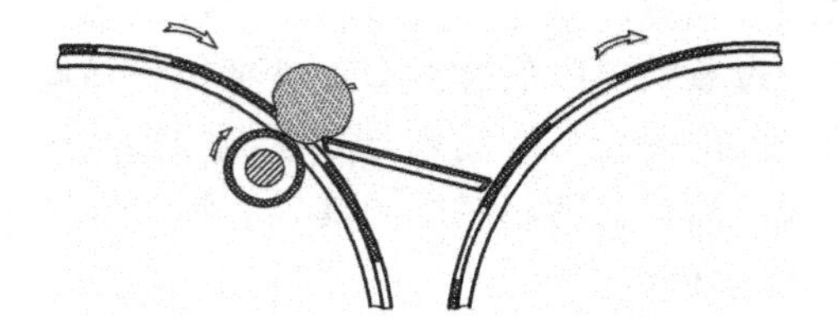

图5－8　无过渡轴的分级状态

在相邻滚筒间的过渡板前均要设置过渡轴，过渡轴的设计非常重要，不可或缺，它对避免果实机械损伤作用明显。假如滚筒之间仅配置过渡板，而不安装过渡轴，果实出现机械损伤的概率将大大增加。如图5－8所示，没有过渡轴时，果实卡入分级孔内的果体部分在过渡板前，非常容易出现挤夹现象。

5.2.1.6　主要参数的计算

1. 处理量的计算

分级机的处理量受果实品种的影响较大，只能针对特定品种，按平均果重和平均直径计算。处理量与分级滚筒输送线速和有效输送宽度成正比，可按下式计算：

$$Q = k\frac{3600vW}{d_g^2}m \tag{5-1}$$

式中　Q——处理量，kg/h；

v——分级滚筒输送速度，mm/s；

W——分级滚筒有效宽度，mm；

d_g——果实平均直径，mm；

m——果实平均质量，kg；

k——修正系数，一般取0.6～0.7。

2. 串级率的计算

果实经分级处理后，某一级别中不符合该级别尺寸要求的果实称作串级果。统计所有级别中串级果的总质量，该数值占分级果实总质量的百分率称作串级率。

串级率是衡量分级机分级质量的重要参数。检测串级率时，采取如下方法：从分级机的级别出口取样，从样品中按分级级别分别拣出串级果，测量各级别串级果的总质量以及样品的总质量，串级率按下式计算：

$$C = \frac{m_i}{M} \times 100\% \tag{5-2}$$

式中　C——串级率,%；

m_i——串级果的总质量，kg；

M——样品的总质量，kg。

3. 损伤率的计算

损伤率是指经分级处理后损伤果实的质量占果实总质量的千分率，这是衡量分级机分级质量的另一个重要参数。

检测时，分级机级别出口取样，从样品中拣出损伤果，测量损伤果的总质量以及样品的总质量，损伤率按下式计算：

$$S = \frac{m_s}{M} \times 1000‰ \tag{5-3}$$

式中 S——损伤率,‰;

m_s——损伤果的总质量，kg;

M——样品的总质量，kg。

5.2.1.7 设备主要设计参数

图5-1所示的滚筒孔径式分级机主要设计参数如表5-2所示。

表5-2 滚筒孔径式分级机主要设计参数

序号	技术参数	参考值
1	分级输送速度 $v/(\mathrm{mm \cdot s^{-1}})$	300～400
2	分级滚筒有效宽度 W/mm	985
3	分级滚筒内径 D/mm	ϕ470
4	分级滚筒数量	6
5	分级级别数	7
6	分级孔常用规格 d/mm	50～90
7	相邻分级滚筒孔径级差 c/mm	标准5mm，可按需更换分级滚筒
8	分级电机功率 P_0/kW	0.75
9	排果输送带数量	6
10	排果输送带宽度 W_P/mm	250
11	排果输送速度 $v_P/(\mathrm{mm \cdot s^{-1}})$	360
12	排果电机功率 P_P/kW	0.55
13	分级机处理量(柑橙) $Q/(\mathrm{kg \cdot h^{-1}})$	3000～5000

滚筒孔径式分级机的处理对象主要以外形近球状、表皮厚实而有弹性的柑橙为主，此类果实滚动性较佳，在分级滚筒表面翻转自如，运行流畅。该机用于柑橙分级时，可有效控制损伤率≤2‰，串级率≤5%。

5.2.2 皮带孔径式分级设备

5.2.2.1 设备总体结构

皮带孔径式分级原理与滚筒孔径式分级原理相近，均属于外径尺寸分级，但其分级机构做出了改进，采用分级皮带取代了分级滚筒。

图5-9所示是皮带孔径式分级机的总体结构图，为清晰显示内部结构，拆去了机器的外部封板。机器的主要部件包括入料槽1、分级皮带2、高位辊3、驱动辊4、双排链轮5、出料槽6、机架7、主电机8、导果板9和12、排果带10、排果电机11、皮带张紧机构13。

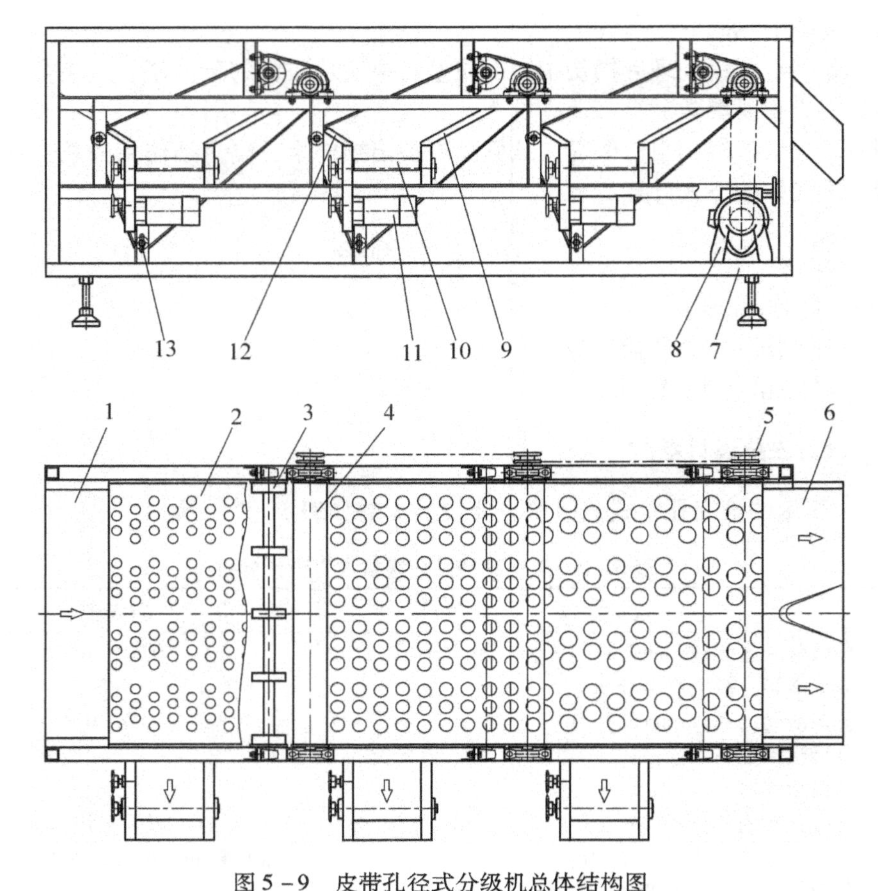

图 5－9　皮带孔径式分级机总体结构图

1—入料槽；2—分级皮带；3—高位辊；4—驱动辊；5—双排链轮；6—出料槽；7—机架；8—主电机；9，12—导果板；10—排果带；11—排果电机；13—皮带张紧机构

分级皮带是实现分级筛选的关键装置，采用环形平皮带结构，皮带表面按级别规格加工布置分级孔，循环运行，在输送果品过程进行筛选分级。

一台分级机按所需级别设置多组分级皮带，图示机型设置了 3 组分级皮带，3 个自动排果带出口加上末端的出料槽，总共可分为 4 个级别。由左至右，按物料输送方向，由第 1 级到第 4 级，规格尺寸从小到大。

机器启动时，主电机 8 运转，通过减速机输出链轮及链传动，带动各个双排链轮，使各级驱动轴顺时针旋转，从而驱动分级皮带进行顺时针回转运行。分级皮带一级衔接一级，每一级的出口连接下一级的入口，没有过渡板装置，可确保果品在各级别分级皮带中的运行连续顺畅。

由主视图可见，分级皮带的上行提升段为果品输送分级段，果品经皮带分级孔筛选后，符合该级规格的果品可以穿透分级孔，落入下部的排果带 10，被连续输出；大于该级别尺寸的果品，则被分级孔带动，翻越高位辊 3，随后脱离本级皮带分级孔，进入下一级的分级皮带，继续下一级的输送和筛选。如此周而复始，完成多级别分选。

机器中各级别的排果带由独立电机驱动。导果板 9 和 12 的作用是确保筛选落下的果品能集中导入排果带，并起到缓冲的作用。

5.2.2.2 皮带分级机构

皮带分级机构是实现水果有效分级的关键部件，机构安装状态如图5－10所示。分级皮带1在高位辊2、驱动辊3、导辊4和张紧辊5的支撑下，形成一个四边环回状态。分级皮带由驱动辊带动，经高位辊、导辊和张紧辊，做顺时针环回运行。

1. 导辊和张紧辊

导辊和张紧辊均为无动力辊筒结构，导辊固定安装位置，张紧辊则可上下浮动，用于调节皮带的张紧度，调整适当后，其心轴两端轴头由螺母紧固于机架上。

2. 驱动辊和高位辊

驱动辊和高位辊的结构如图5－11所示。驱动辊与普通的皮带输送机的主动辊结构相近，其主体为中间高两端低的微鼓形筒体，两端挡圈用于对分级皮带限位。筒体一般采用无缝管加工，筒体表面滚花，以加强对皮带的传动摩擦力。

高位辊安装在机构的最高点，其筒体部分对应驱动辊，长度与直径尺寸数值相同。高位辊的筒体为分段式结构，由若干个直径相等的轮毂组成，轮毂等距布置并固定安装在心轴上，形成一个整体结构。

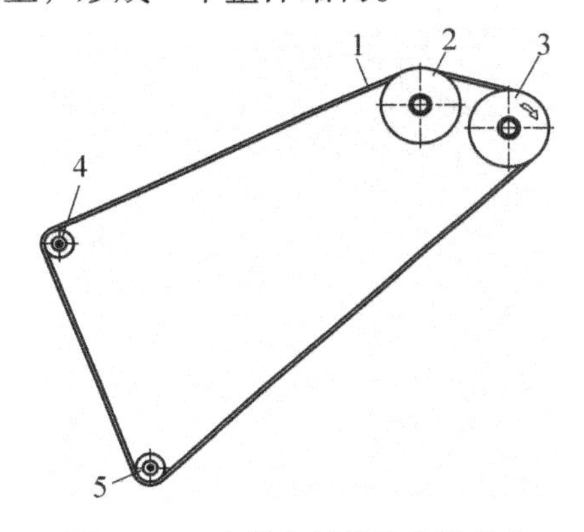

图5－10 皮带分级机构安装状态

1—分级皮带；2—高位辊；3—驱动辊；4—导辊；5—张紧辊

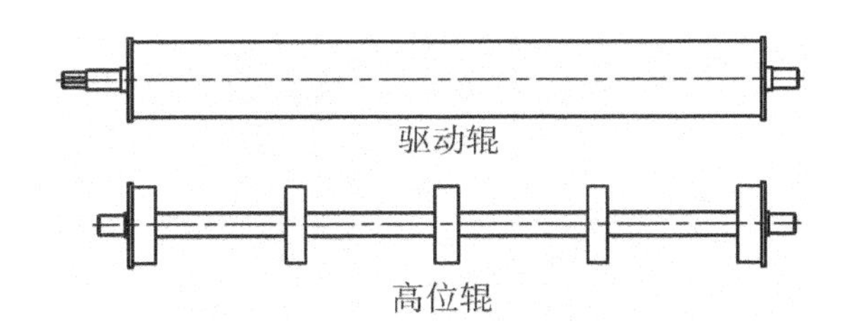

图5－11 驱动辊和高位辊结构简图

3. 分级皮带

分级皮带可采用表面材质为PVC或PE的输送用平皮带加工。分级皮带的表面按一定的规格尺寸均布圆孔，作为分级筛选孔，如图5－12所示。

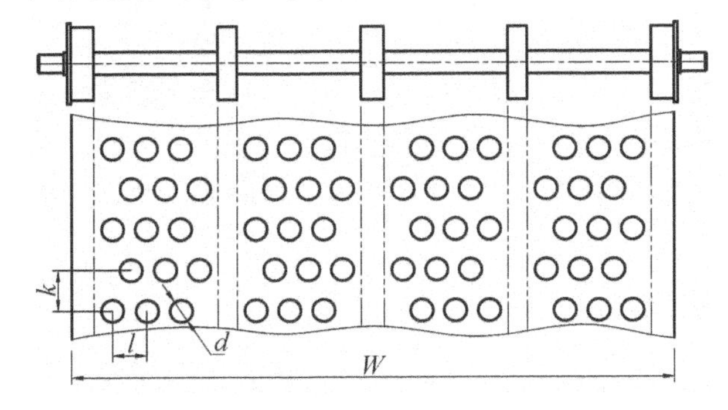

图5－12 分级皮带结构及其与高位辊的位置关系

分级皮带的宽度 W 与高位辊的两端挡圈间距离相适应。分级皮带上的圆孔布置时，应避开高位辊的轮毂位置，即图中点画线范围。分级皮带与高位辊的位置关系原则是：在皮带运行时，轮毂对分级皮带既起到导向和承托作用，同时又应该避免触碰嵌入皮带圆孔中的水果。

分级皮带按规格加工圆孔，圆孔的直径 d 有一定的取值范围，按不同的水果品种而不同。皮带分级机用于橘子分级时，d 的规格范围通常取 30～55mm，以 5mm 为级差。圆孔之间的邻间距 l 和孔行距 k 应合理设计，在不影响皮带的整体刚性结构的基础上，圆孔可尽量密布，以增加筛选面积。

5.2.2.3 皮带分级原理

皮带分级原理如图 5－13 所示。图示为分级机中第一个级别的皮带分级机构，果实由左至右被分级皮带带动前进。水果在运行过程经历 A、B、C、D 四个阶段：

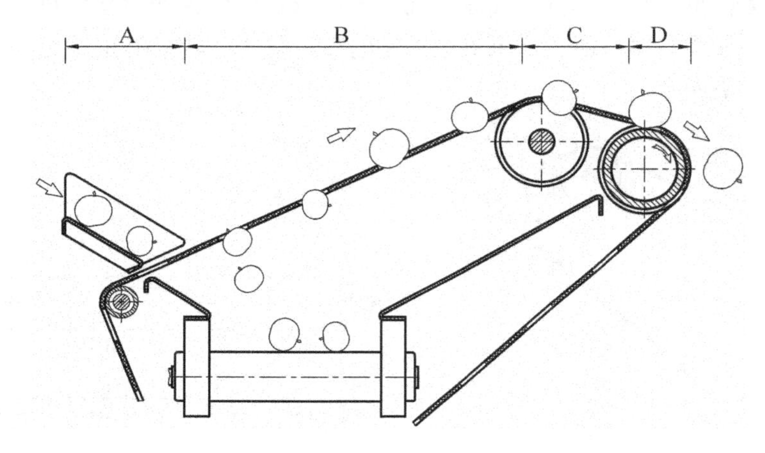

图 5－13　皮带分级原理图

(1) A 阶段：入料阶段。果实经过导槽进入分级皮带范围。

(2) B 阶段：有效分级段。处于由导辊至高位辊的倾斜上升范围，倾斜角 22°～25°。果实接触分级皮带后，被皮带的分级孔带动提升，在运行过程中，小于分级孔的果实可穿越皮带，跌落入排果输送机，被送出；大于分级孔的果实被皮带带动继续上升。

(3) C 阶段：过渡段。果实翻越高位辊，由上升状态转变为下降趋势。

(4) D 阶段：出料段。果实卡入分级孔的部位接触驱动辊辊面，被向上顶起，松脱离开分级皮带，滚落下一级分级皮带，开始第二个分级过程。

高位辊的设置非常重要，假使没有此辊，当果实上升至高位处，马上被驱动辊顶出皮带分级孔，果实将有可能向后滚落，从而无法顺利翻越至下一级。这个原理与前述滚筒分级原理相似，在滚筒分级过程中，果实必须翻越滚筒高位，在向下旋转的过程中，才会接触驱动辊，并被顶出。

5.2.2.4 设备主要设计参数

图 5－9 所示的皮带孔径式分级机主要设计参数如表 5－3 所示。

表5-3　皮带孔径式分级机主要设计参数

序号	技术参数	参考值
1	分级皮带输送速度 $v/(\mathrm{mm}\cdot\mathrm{s}^{-1})$	300
2	分级皮带尺寸/mm	有效宽度800，厚度5，周长1815
3	分级皮带数量	3
4	分级级别数	4
5	分级孔常用规格 d/mm	30～55
6	相邻分级皮带孔径级差 c/mm	标准5mm，可按需更换分级皮带
7	分级电机功率 P_0/kW	0.55
8	排果输送带数量	3
9	排果输送带宽度 W_P/mm	200
10	排果输送速度 $v_P/(\mathrm{mm}\cdot\mathrm{s}^{-1})$	400
11	排果电机功率 P_P/kW	0.12
12	分级机处理量(橘子) $Q/(\mathrm{kg}\cdot\mathrm{h}^{-1})$	2000

皮带孔径式分级机的处理对象主要针对圆形小果品，适用于橘子、青梅、李、枣等。由于皮带柔软易变形，因此不适宜个大及较重的水果。

皮带孔径式分级机的一些主要参数的计算可参照滚筒孔径式分级机，方法相类似。该机用于橘子分级时，可有效控制损伤率≤1‰，串级率≤8%。

5.3　间隙式分级设备

所谓间隙式分级，顾名思义，是通过一定尺寸范围的缝隙进行物料筛选。分级机构在工作过程中产生缝隙，并在一定范围内开合变化，以缝隙的大小尺寸作为标准实现果蔬物料的分级。

间隙式分级与孔径式分级一样，都是针对物料的外径尺寸进行分级，其区别在于：前者是一维尺寸分级，后者是二维尺寸分级。因此，间隙式分级属于一种更简易的分级形式，其工作效率更高。由于间隙式分级只是检测一维方向的尺寸，因此只适用于较匀称的球形果蔬物料，或者按要求以横截面直径作为分级标准的椭球形或橄榄形果蔬。

采用间隙式分级原理的设备形式较多，生产应用也较广泛。本节介绍4种相关的分级设备，有传统的机型，也有改进的和新型的机型，包括浮辊式分级机、变间距辊式分级机、V形带式分级机、导流板式分级机。

5.3.1　浮辊式分级机

5.3.1.1　总体结构

如图5-14所示是浮辊式分级机结构总图，为便于显示内部结构，主视图拆去侧封板，俯视图拆去电机与减速机。

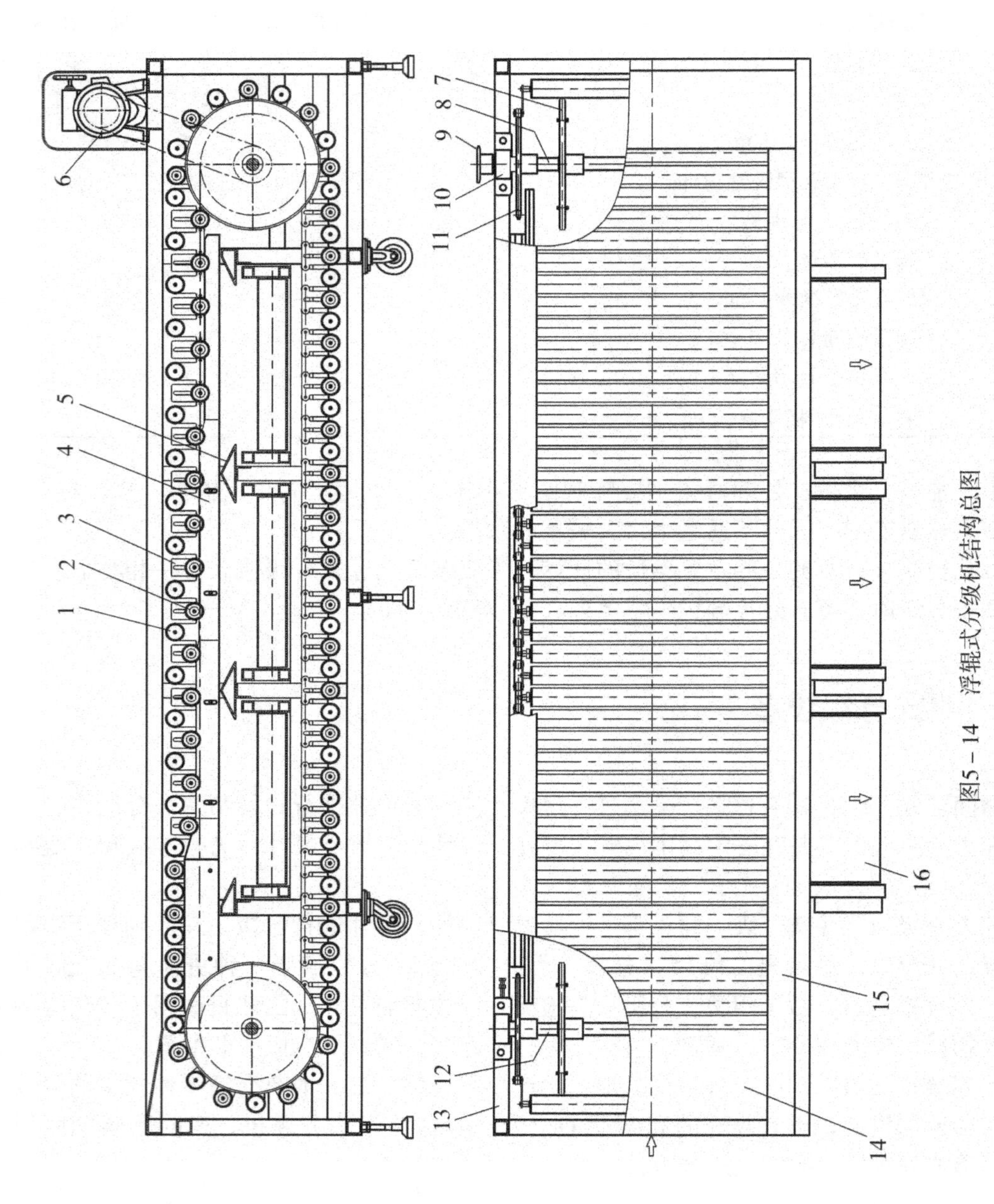

图5－14　浮辊式分级机结构总图

1—定辊；2—浮辊；3—输送链；4—导轨；5—导板；6—电机及减速机；7—复位轮；8—主动轴；9—链轮；10—轴承；11—驱动链轮；12—被动轴；13—机架；14—入料槽；15—侧挡板；16—排果机

机器的整体结构犹如辊筒输送机一样，但与辊筒输送机的根本区别在于：普通辊筒输送机的辊筒相对于输送链条的位置固定不变；而浮辊式分级机在输送链条上相间装配有定辊和浮辊，其中浮辊相对输送链条可在一定范围内上下浮动。

定辊1和浮辊2装配在输送链3上，三者组成输送辊链，同时也是分级机构。因此，该输送辊链既起到输送物料的作用，又起到关键的分级作用。

机器主动力来源于机架右上部的电机及减速机6，通过链传动，由链轮9带动主动轴8，再通过驱动链轮11，带动两侧输送链3，从而使装配其上的定辊与浮辊随之由左至右平行运动。

由于定辊和浮辊按一定的节距相间安装在输送链上，因此辊与辊之间形成一定尺寸的间隙。当定辊与浮辊处于同一水平线状态时，辊与辊之间的间隙尺寸固定不变。

浮辊可以在一定范围内上下浮动，其相对于输送链的垂直位置受导轨4的影响。导轨沿输送链运动方向左右对称布置，安装在设备两侧。如主视图所示，导轨为长条板状结构，上边缘作为轨道，承托浮辊两轴端的滚轮。导轨分若干段加工及安装，由左至右，各段间依次形成一个个落差，斜坡过渡，形成相应的分级级差(图中导轨设置了3个级差，对应可分3个级别)。

浮辊自左至右运行时，两端滚轮沿导轨滚动，经过各段导轨间的落差时，一级级向下移动，从而造成浮辊与定辊之间间隙增大，也就改变了筛选间隙的尺寸，实现按级别分选。

在主动轴和被动轴上各装配一对复位轮7，与驱动链轮同步旋转，其作用是在入料阶段和分级结束后段托起浮辊，使其恢复至原始位置状态，即回复至与定辊处于同一水平线的位置。

果蔬进行分级时，由设备左端入料槽14输入，均匀平铺于输送辊的表面，落入定辊与浮辊之间的间隙，形成一排排队列，依次输送。在入料段，浮辊与定辊处于同一水平线位置，辊与辊之间的间隙最小，而且固定不变。随着输送辊链向前运行，浮辊沿导轨一级级下降，不断改变浮辊的垂直位置，使浮辊与定辊之间的间隙逐渐扩大。在这一过程中，果蔬先小后大，穿过辊间的间隙落入相应的级别。

穿过辊间间隙落下的果蔬，被底下安装的排果机16输出。该机型设置3级别，配置3台排果机，分别由独立电机驱动。

5.3.1.2 输送辊链结构

由前述可知，输送辊链是浮辊式分级机的关键装置。如图5－15所示，输送辊链由定辊1、浮辊2和输送链3组成。

输送链属于特殊结构的套筒滚子链，其中一侧的内外链板是专用附件，链板向上延伸形成矩形立板。由主视图可见，输送链的外链板中心线上部加工有一个圆孔，内链板中心线加工有一条长孔。

浮辊结构如左视图所示，主要由筒体6和芯轴7组成，芯轴两端装配有滚轮5，由轴套4定位。输送辊链运行时，浮辊的滚轮沿导轨滚动。定辊的结构与浮辊相似，但芯轴两端没有滚轮。

定辊与浮辊相间安装在输送链上。定辊装配在外链板上，其芯轴两端的轴头插入外链板圆孔，位置固定。浮辊装配在内链板上，其芯轴两端的轴头插入内链板长孔，可在长孔范围上下浮动。当浮辊上升至最高位时，与定辊处于同一水平线位置。

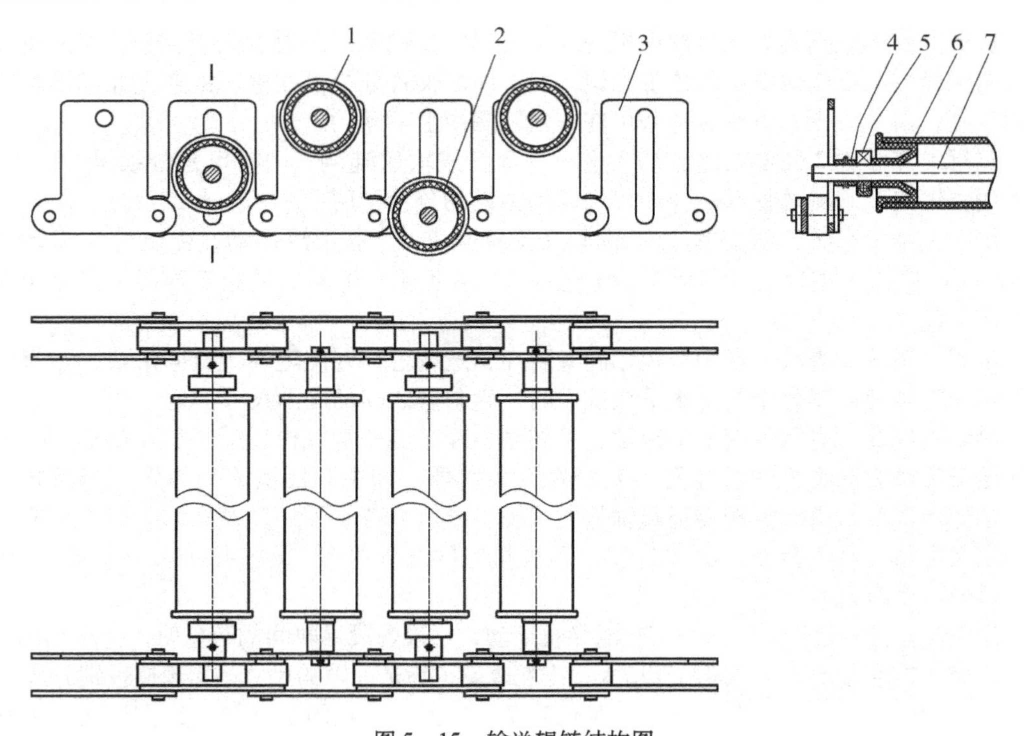

图 5－15　输送辊链结构图

1—定辊；2—浮辊；3—输送链；4—轴套；5—滚轮；6—筒体；7—芯轴

5.3.1.3　输送辊链分级原理

输送辊链承担物料输送及筛选分级的作用。输送辊链在承载物料运行的过程中，通过浮辊的下降改变辊间的间隙尺寸，达到分级的目的。以下分 3 个阶段详细讨论。

1. 入料阶段

如图 5－16 所示是辊链输送入料阶段。辊链运行到这一位置，由于有复位轮 5 的限位作用，使浮辊沿复位轮圆周面运行，并保持在最高位置。辊链运行至入料段后，浮辊与定辊处于同一水平线，相邻两辊之间定间距输送。

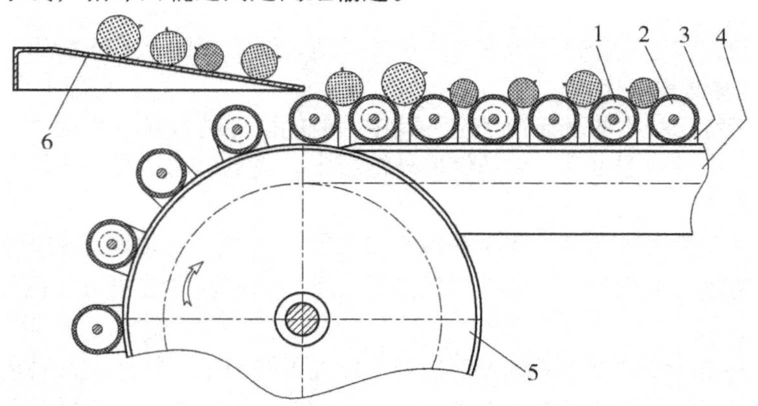

图 5－16　辊链输送入料阶段

1—浮辊；2—定辊；3—输送链；4—导轨；5—复位轮；6—入料槽

果蔬由入料槽6输入，均匀散布在辊筒表面，在各辊之间的间隙自然排列，形成依次排列输送的状态。

果蔬只有在辊间排列均匀，才能在后段分级时效果良好。因此，必须确保入料均匀，避免果蔬在辊间堆叠。通常情况下，在入料槽之前，需要配置一台辊筒输送机，甚至加配振动输送装置，使果蔬均匀进入分级机。

2. 间隙变化分级阶段

输送辊链向前运行，进入有效分级段。如图5-17所示，在分级段，导轨依次按级别出现落差。由于浮辊两端滚轮沿轨道滚动，遇到落差时，依靠重力自然下沉。浮辊筒体下降时，将导致其与定辊之间的间隙增大，当果蔬外径小于间隙尺寸时，则可穿透间隙向下跌落。随着辊链继续前行，浮辊遭遇落差一级级依次继续下降，间隙越来越大，使果蔬由小到大落入相应级别，实现筛选分级。

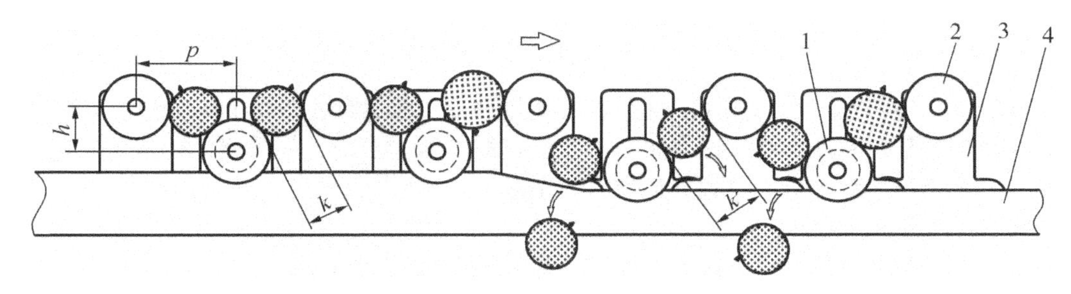

图5-17　间隙变化分级阶段

1—浮辊；2—定辊；3—输送链；4—导轨

图5-17中，k为分级间隙，受p和h影响，其中p是输送链节距，为固定值；h是浮辊下降高度，即导轨的落差高度，随级别的增加而增大。k由下式计算：

$$k = \sqrt{p^2 + h^2} - d \tag{5-4}$$

式中　k——分级间隙，mm；

p——输送链节距，mm；

h——浮辊下降高度，即导轨落差高度，mm；

d——辊筒直径，mm。

由式(5-4)可见，由于p和d为固定值，只要改变h即可使k相应变化。因此，在设备中，可设计调节结构，以改变导轨的落差高度，即可实现分级间隙的调整，以适应不同的尺寸级别。

3. 浮辊复位阶段

输送辊链运行到最后一个级别时，浮辊下降至最低位置，分级间隙达到最大值，超过分级果蔬的最大外径，从而释放辊筒之间的全部果蔬。

最大级别的果蔬输出后，输送辊链已运行至导轨末端，进入复位轮位置，如图5-18所示。浮辊离开导轨，即接触旋转的复位轮，在复位轮带动下，沿其圆周面运行，逐渐上升至最高位置，与定辊轴心线相平。

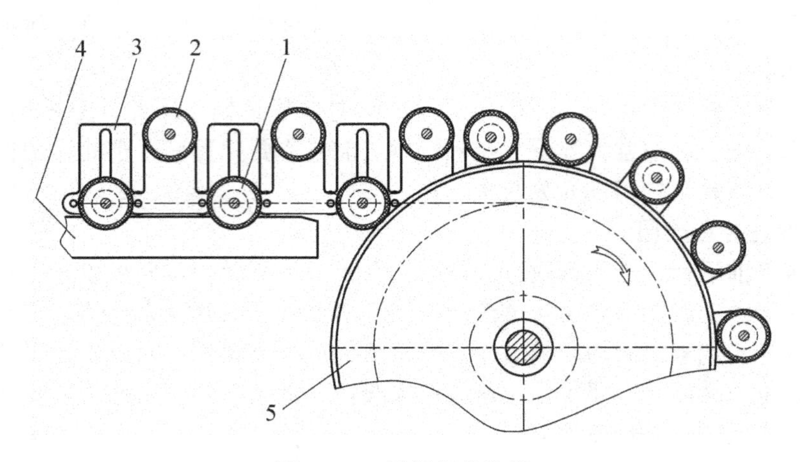

图 5－18　浮辊复位阶段

1—浮辊；2—定辊；3—输送链；4—导轨；5—复位轮

其后，浮辊与定辊在输送链上保持轴心线相平，回程运行，开始下一个分级周期。

在浮辊的复位阶段，必须确保所有果蔬已释放排出。否则，如果辊筒间残留果蔬，当浮辊上升复位时，将有可能导致夹果现象的出现。

4. 设备主要设计参数

图 5－14 所示的浮辊式分级机主要设计参数如表 5－4 所示。

表 5－4　浮辊式分级机主要设计参数

序号	技术参数	参考值
1	输送辊链有效宽度 B/mm	800
2	输送辊链运行速度 $v/(\mathrm{mm \cdot s^{-1}})$	150～250
3	输送链节距 p/mm	75
4	辊筒外径 d/mm	ϕ50
5	分级级别数	3
6	分级间隙尺寸范围 k/mm	25～63
7	主电机（分级电机）功率 P_0/kW	1.1
8	排果机数量	3
9	排果输送带宽度 W_P/mm	700
10	排果输送速度 $v_P/(\mathrm{mm \cdot s^{-1}})$	300
11	排果电机功率 P_P/kW	0.25
12	分级机处理量（荔枝或杏）$Q/(\mathrm{kg \cdot h^{-1}})$	2000～3000

浮辊式分级机的处理对象主要为较匀称的球形或椭球形果蔬，并且较常用于小果品的分级，如荔枝、龙眼、杏、李、橄榄、枣及番茄等。

5.3.2　变间距辊式分级机

5.3.2.1　总体结构

变间距辊式分级机总体结构如图 5－19 所示，图 5－20 是总装图的 A 向视图。为便于显示内部结构，视图拆去所有外封板和进料槽等。

分级辊链 2 在机器上部水平输送过程中，相邻两辊筒之间的中心距逐渐由小变大，犹如其间的链节距发生变化，导致辊筒的间隙随之增大。当辊筒上承载物料时，由于物料均自然排布于辊筒之间，随着间隙逐渐增大至与其外径相符时，物料在自重作用下穿过辊筒间隙下落至对应区域，实现分级。

机器由以下 6 大部分组成。

(1)物料承载和输送装置：即分级辊链 2。由双侧链条和定距排列的辊筒组成一个循环输送系统，在输送物料过程中，通过辊筒之间的间隙实现分级作用。

分级辊链与前述的辊筒输送机的辊筒链条组合结构无异，辊筒之间按一定的链节距排列，由两侧输送链条带动平行运行，相邻辊筒的链节距即中心距是固定不变的。

(2)辊筒变间距机构：主要包括右螺旋轴 9 和左螺旋轴 12。右左螺旋轴对称布置，分别带右螺旋槽和左螺旋槽，螺距相同。工作时，两螺旋轴同步自转，转向相反。

左右螺旋轴对辊筒在输送过程实现变间距起到决定性作用。

(3)物料按级输出装置：即排果机 10，图示机型设置 4 台，对应输出 4 个级别，分别排出穿过辊筒间隙落下的对应级别的果蔬。各台排果机均由独立电机驱动。

(4)动力及传动机构：主要包括电机减速机 8、主动轴部件 5、被动轴部件 11、张紧轮部件 7 以及联动轴部件 6 等。

机器的主动力源为电机减速机 8，其中的减速机为双级蜗轮减速机，有两个输出轴。两级减速箱的作用：

第二级减速箱的蜗轮输出孔直接带动主动轴部件 5，通过被动轴部件 11、张紧轮部件 7 驱动分级辊链 2 按顺时针方向循环运行。

第一级减速箱的输出轴通过链轮链条传动，带动右螺旋轴 9 旋转，通过联动轴部件 6 两侧的锥齿轮副传动，驱使左螺旋轴 12 同步旋转。左右螺旋轴旋转方向相反。

(5)机体部分：主要包括机架 1 以及封板、护板、进料槽、过渡板等。

(6)控制系统：通过变频调速控制主电机，实现输送速度即分级速度的调整；排果机的电机一般采取定速控制。

机器启动后，分级辊链 2、右螺旋轴 9、左螺旋轴 12 同时运行。分级辊链 2 运行至上部水平段，处于螺旋轴输送范围时，辊筒芯轴两端的滚轮进入螺旋轴的螺旋槽，被左右螺旋槽带动，按螺距行程直线前进。此时，辊筒的前进动力仅受左右螺旋槽控制，两侧链条已经处于放松状态，不起牵引作用。

在上述过程中，相邻辊筒的间距对应螺旋槽的螺距，当螺距变化时，将导致相邻辊筒的间距随之变化。

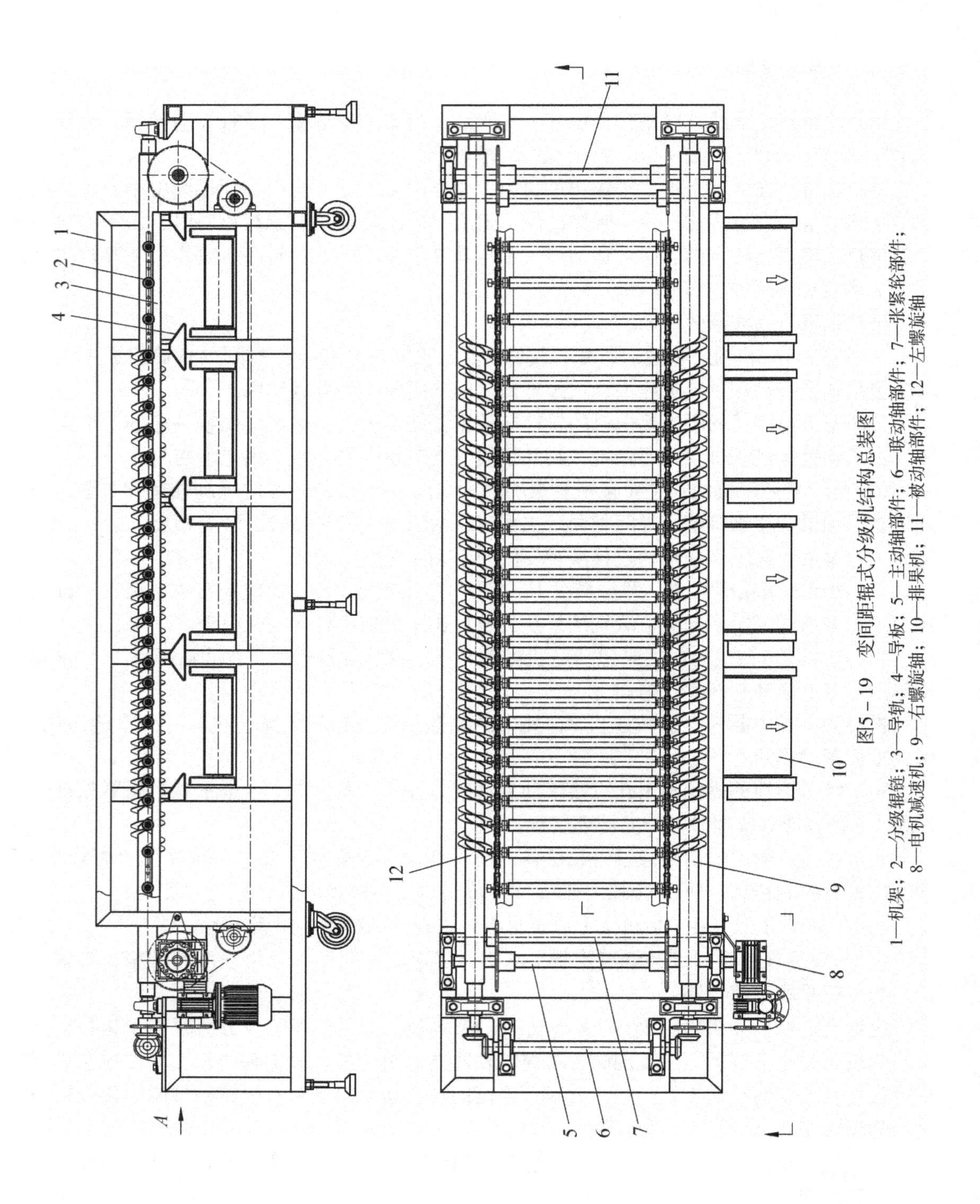

图5-19　变间距辊式分级机结构总装图

1—机架；2—分级辊链；3—导轨；4—导板；5—主动轴部件；6—联动轴部件；7—张紧轮部件；8—电机减速机；9—右螺旋轴；10—排果机；11—被动轴部件；12—左螺旋轴

由此可见，只要对应分级辊链，设计一套由始至终螺距分段变化的螺旋轴，通过螺距变化即可实现相邻辊筒间隙的变化，从而实现对输送物料的分级。

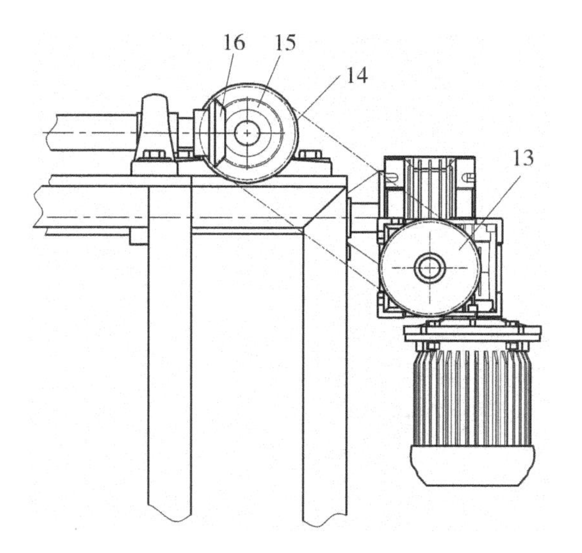

图 5 - 20　总装图 A 向视图

13—减速机输出链轮；14—右螺旋轴输入链轮；15—右螺旋轴锥齿轮；16—联动轴锥齿轮

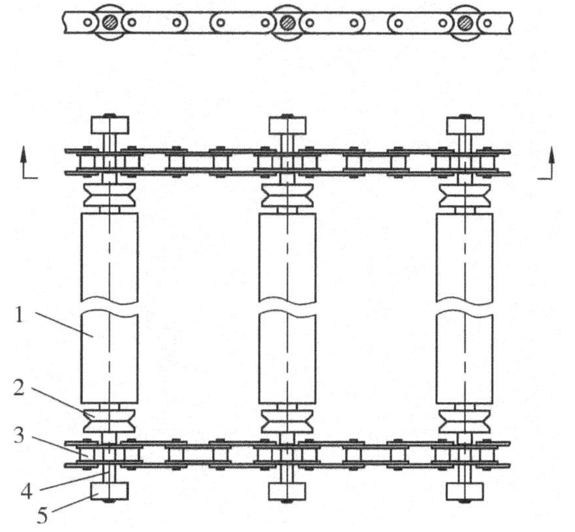

图 5 - 21　分级辊链结构图

1—辊筒；2—导向轮；3—链条；4—芯轴；5—滚轮

5.3.2.2　分级辊链结构

分级辊链结构如图 5 - 21 所示，主要由辊筒 1、导向轮 2、链条 3、芯轴 4 和滚轮 5 组成。

链条 3 一般采用双节距的套筒滚子链。辊筒 1 按一定的间距(图示为 4 个链节距)排布在两侧链条的中间，其芯轴端部穿过链板中心孔，在链条内外两侧的芯轴上分别装配有导向轮 2 和滚轮 5。

芯轴 4 随两侧链条 3 平行移动，从而带动辊筒运行。辊筒 1、导向轮 2、滚轮 5 均可绕芯轴 4 自转。

5.3.2.3　螺旋轴结构及其与分级辊链的配合

螺旋轴结构如图 5 - 22 所示，在管轴主体上按设定的螺距焊接连续的螺旋叶片。螺旋叶片为双重并联平行式结构，形成一条自始至终的“螺旋槽”，螺旋槽宽度与分级辊链的滚轮直径相配合。

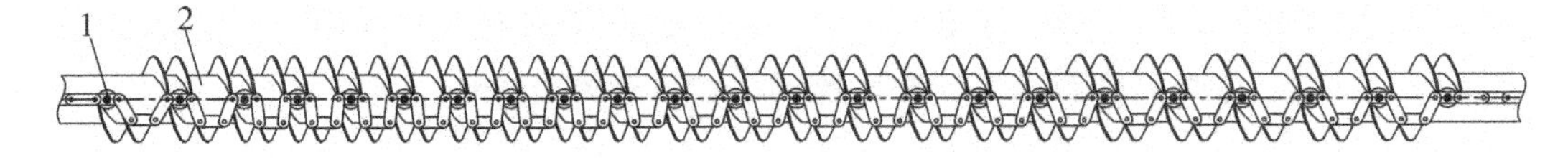

图 5 - 22　螺旋轴与分级辊链的配合

1—分级辊链；2—螺旋轴

螺旋轴分为右螺旋轴和左螺旋轴。右螺旋轴的螺旋槽为右螺旋方向，左螺旋轴的螺旋槽为左螺旋方向。

左右螺旋轴的螺距相同，安装时平行布置在分级辊链两侧。分级辊链运行时，其两侧的滚轮被自动导入螺旋槽。

图 5-23 所示是螺旋轴与分级辊链配合的截面图，可更清晰展示分级辊链与螺旋轴、导轨的相互配合关系。

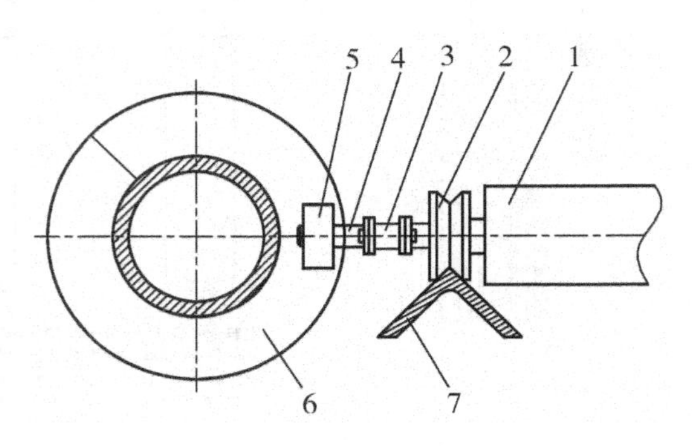

图 5-23　螺旋轴与分级辊链配合截面图

1—辊筒；2—导向轮；3—链条；

4—芯轴；5—滚轮；6—螺旋轴；7—导轨

当分级辊链运行到螺旋轴范围时，两端滚轮 5 分别被导入左右螺旋轴的螺旋槽(图中仅显示左侧部分)。螺旋轴旋转时，其螺旋槽可驱动滚轮 5 沿其轴向直线运动，从而带动辊筒 1 同步平行移动，移动速度受螺旋轴转速及其螺距限制。

由于螺旋槽的螺距小于正常状态的辊筒间距(即相邻辊筒的链节距)，因此在螺旋轴范围内，辊筒只能对应螺距排列，致使其两侧链条均处于放松状态。由此可见，辊筒的运动不受链条影响，仅受左右螺旋轴控制。

辊筒被左右螺旋轴驱动运行，两侧导向轮 2 沿导轨 7 滚动。导轨 7 的作用是确保辊筒处于平面状态并且稳定平行移动。

5.3.2.4　辊筒变间距分级原理

图 5-24 所示是分级辊链运行至螺旋轴范围的状态。螺旋轴设计划分为几个区间，分别为 H_{04}、H_0、H_1、H_2、H_3、H_4，各区间功能如下：

(1) H_{04}和 H_4 不带螺旋，分别是螺旋轴的输入和输出段；

(2) H_0 是过渡段，螺旋槽的螺距由大变小，从 s_{01}渐变至 s_{02}，衔接 H_{04}和 H_1 段；

(3) H_1、H_2、H_3 是分级段，三段螺旋槽的螺距分别为 s_1、s_2、s_3，由小变大。

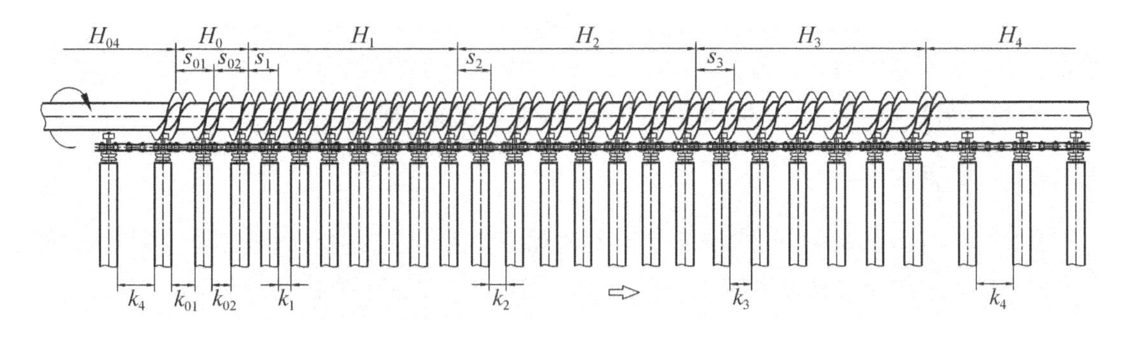

图 5－24　辊筒变间距分级原理图

图 5－25 是螺旋槽螺距与行程关系曲线图。螺旋轴的螺旋槽及其螺距设计直接影响分级的规格和质量，需要根据待分级物料的外径范围和所需分级级别等参数进行具体设计。

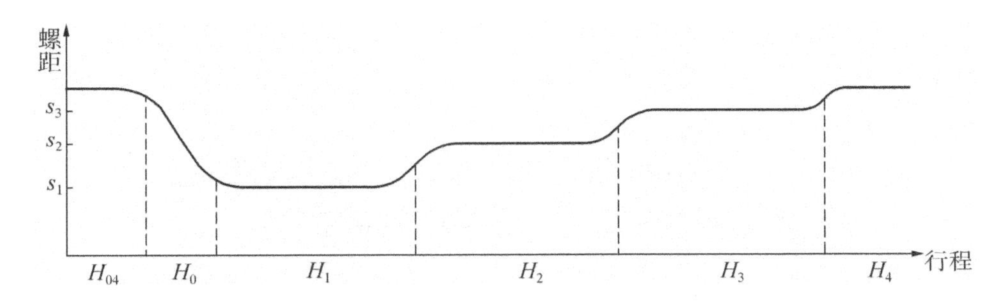

图 5－25　螺距与行程关系曲线示意图

当辊筒被链条牵引进入螺旋轴范围时，其端部滚轮被导入螺旋槽。受螺旋槽影响，辊筒运行状态将依次出现如下变化：

(1) 在 H_{04} 段，滚轮尚未进入螺旋槽，辊筒受链条牵引，按正常链节距倍数排列，相邻两辊的间距等于 4 个链节距，间隙值为 k_4。

(2) 在 H_0 段，滚轮被导入螺旋槽，此时链条开始收缩处于放松状态，自转的螺旋轴驱动滚轮沿螺旋槽直线运行。随着螺旋槽的螺距由 s_{01} 变小至 s_{02}，相邻辊筒的间距也相应缩小，导致辊筒间隙值逐渐变小，由初始的 k_4 过渡至 k_{01}、k_{02}。

(3) H_1 是第一级分级段，螺旋槽的螺距由 H_0 段的 s_{02} 进一步缩小至 s_1，相邻辊筒间隙值相应变为 k_1。在 H_1 的行程内，辊筒间隙值保持为 k_1，只要物料的外径 d 满足条件 $d < k_1$，均可穿过间隙落到第一级别。

(4) H_2 是第二级分级段，螺旋槽的螺距由前段的 s_1 增大至 s_2，相邻辊筒间隙值相应变为 k_2。在 H_2 的行程内，辊筒间隙值保持为 k_2，只要物料满足条件 $k_1 < d < k_2$，均可穿过间隙落到第二级别。

(5) H_3 是第三级分级段，螺旋槽的螺距增大至 s_3，相邻辊筒间隙值相应变为 k_3。在 H_3 的行程内，辊筒间隙值保持为 k_3，只要物料满足条件 $k_2 < d < k_3$，均可穿过间隙落到第三级别。

(6)在 H_4 段，滚轮离开螺旋槽，摆脱螺旋轴的控制，辊筒重新受到链条的牵引，分级辊链张紧，辊筒间距回复正常状态(即4个链节距)，辊筒间隙值恢复为最大值 k_4。此段一般作为级外品的分级段，外径超过 k_3 的物料全部落入这一级别。

5.3.2.5 传动系统

图5-26所示是变间距辊轴式分级机的传动系统图。它的主动力来自电机驱动的两级蜗轮减速器，一级蜗轮减速器输出转速为 n_1，二级蜗轮减速器输出转速为 n_2。

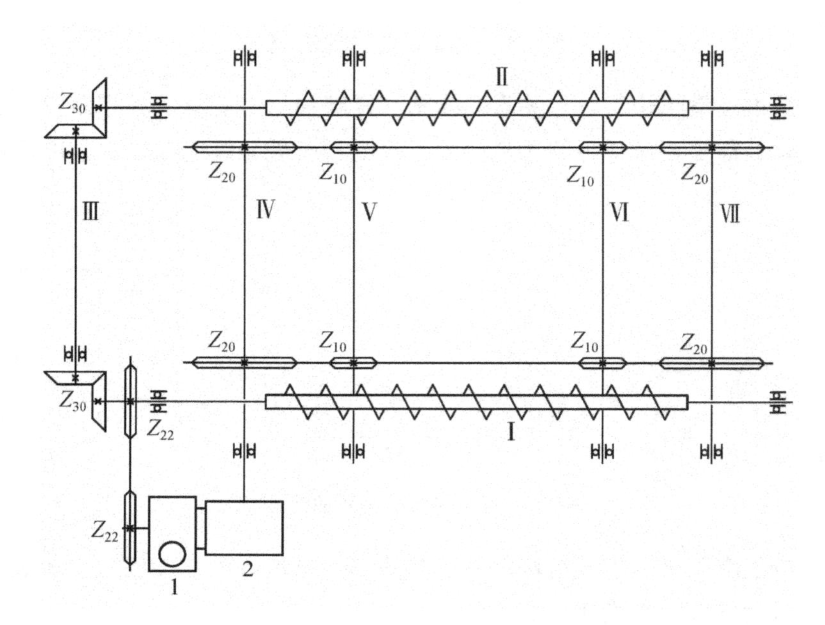

图5-26　变间距辊轴式分级机传动系统

1— 一级蜗轮减速器；2 — 二级蜗轮减速器；Ⅰ—右螺旋轴；Ⅱ—左螺旋轴

动力由两级减速器输出后，分成二路传动，分别驱动螺旋轴旋转和分级辊链运行。二路传动如下：

1. 一级蜗轮减速器输出

通过链轮 Z_{22}及其链传动，带动右螺旋轴Ⅰ旋转。右螺旋轴Ⅰ经过端部一对锥齿轮 Z_{30}驱动轴Ⅲ旋转，而轴Ⅲ经过另一对锥齿轮 Z_{30}把动力传至左螺旋轴Ⅱ，致使左螺旋轴Ⅱ与右螺旋轴Ⅰ实现同步旋转。

由图可见，轴Ⅰ和轴Ⅱ转速相同转向相反，转速等于一级蜗轮减速器输出转速 n_1。

由上述可知，当辊筒被链条牵引进入螺旋轴范围时，其端部滚轮被导入螺旋槽，按螺距行程直线前进，而两侧链条则处于放松状态。此时，辊筒的移动速度受螺旋轴转速及其螺距影响。

由于螺旋轴的螺距按分级段而不断变化，因此辊筒在螺旋轴范围内的移动速度也随之不断改变。但在螺旋槽的进入端和离开端，辊筒的运行线速度是相同的，即螺旋轴每转1

圈，螺旋槽导入 1 支辊筒并同时导出 1 支辊筒。由此可得出辊筒于螺旋槽进入端和离开端的线速度：

$$v_G = \frac{n_1 x p}{60} \quad (5-5)$$

式中 v_G——螺旋槽进入端和离开端辊筒运行的线速度，mm/s；

n_1——一级蜗轮减速器输出转速，即螺旋轴转速，r/min；

x——相邻辊筒之间的链节数，个；

p——链节距，mm。

2. 二级蜗轮减速器输出

直接驱动轴Ⅳ旋转，从而带动分级辊链两侧的链条绕轴Ⅳ上的链轮 Z_{20}、轴Ⅶ上的链轮 Z_{20}，以及轴Ⅵ和轴Ⅴ上的链轮 Z_{10} 循环回转。

分级辊链的链条运行速度可由下式计算：

$$v_L = \frac{n_2 Z_{20} p}{60} \quad (5-6)$$

式中 v_L——分级辊链的链条运行线速度，mm/s；

n_2——二级蜗轮减速器输出转速，即轴Ⅳ转速，r/min；

Z_{20}——链轮 Z_{20} 齿数，个；

p——链节距，mm。

分级机正常运行需要确保的条件：分级辊链的链条运行速度，与螺旋轴驱动的辊筒运行线速度应相匹配，即 $v_G = v_L$。

由式(5-5)和式(5-6)可得

$$\frac{n_1}{n_2} = \frac{Z_{20}}{x} \quad (5-7)$$

该式表示，一级、二级蜗轮减速器输出的转速比与分级辊链的驱动链轮齿数以及相邻辊筒间的链节数有关。以本机设计为例，相邻辊筒链节数为 4，驱动链轮齿数为 20，因此配套的两级蜗轮减速器转速比为 $n_1 : n_2 = 5 : 1$。

5.3.2.6 设备主要设计参数

图 5-19 所示的变间距辊式分级机的主要设计参数如表 5-5 所示。

表 5-5 变间距辊式分级机主要设计参数

序号	技术参数	参考值
1	输送辊链有效宽度 B/mm	800
2	辊筒外径 d/mm	$\phi 40$
3	输送链节距 p/mm	31.75

续表 5-5

序号	技术参数	参考值
4	相邻辊筒链节数 x	4
5	分级级别数	4
6	分级间隙尺寸范围 k/mm	30～87
7	一级蜗轮减速器传动比 i_1	50
8	一级蜗轮减速器输出转速 $n_1/(\mathrm{r \cdot min^{-1}})$	28
9	二级蜗轮减速器传动比 i_2	5
10	二级蜗轮减速器输出转速 $n_2/(\mathrm{r. min^{-1}})$	5.6
11	主电机(分级电机)功率 P_0/kW	1.5
12	排果机数量	4
13	排果输送带宽度 W_P/mm	700
14	排果输送速度 $v_P/(\mathrm{mm \cdot s^{-1}})$	300
15	排果电机功率 P_P/kW	0.25
16	分级机处理量(橘子) $Q/(\mathrm{kg \cdot h^{-1}})$	3000

变间距辊式分级机与浮辊式分级机相比，具有更大的优点：辊筒间隙可以水平移动变化，与辊筒运动方向一致；物料可以自然穿越间隙垂直下落，分级均匀，窜级率低；落差可设计得更小，伤果率更低。

其处理对象同样适于球形或椭球形果蔬，常用于橘子、番茄、荔枝、龙眼、杏、李等的分级。

5.3.3 V 形带式分级机

1. 总体结构

V 形带式分级机的分级形式比较简单，分级装置采用多列直线运行的输送带排布组成，利用相邻带之间的间隙进行分级，其总体结构如图 5-27 所示。

机器的总体主要由主动轮部件 1、分级带 2、被动轮部件 3、张紧轮部件以及进料槽、出料槽和电机减速机等组成。

分级装置由若干条(图示为 7 条)分级带组成，分级带按一定间距并排布置。每条分级带均环绕主动轮部件 1、被动轮部件 3、张紧轮部件 5 和 8 安装，并张紧。当电机减速机启动后，通过链轮链条传动，可驱动主动轮部件 1 旋转，从而带动分级带顺时针循环运行。

分级带的安装并非平行布置，而是装配成如图所示的放射状形式。由于相邻分级带均具有一定的夹角，从而形成由始至终逐渐变大的间隙。

进行果蔬分级时，原料自左端进料槽 4 输入，均匀散布落入分级带之间的间隙，被运行的分级带承托，形成多排队列向前输送。果蔬在运行过程，随着分级带间隙的增大，当果径小于间隙时自然落入底下的分级出料槽 6，并流出机外。由于分级带间隙由左至右逐

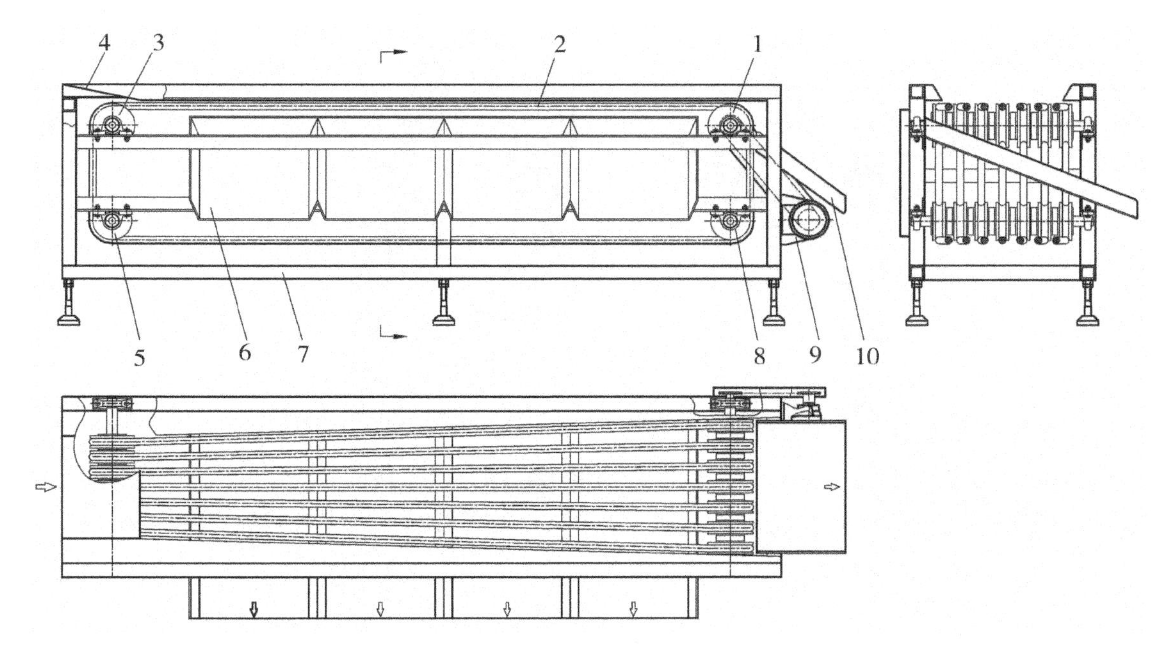

图 5－27　V 形带式分级机总体结构图

1—主动轮部件；2—分级带；3—被动轮部件；4—进料槽；5，8—张紧轮部件；

6—分级出料槽；7—机架；9—电机减速机；10—级外品出料槽

渐变大，因此可实现果蔬由小而大的分级。

2. 分级带结构组成及分级原理

分级带采用专用的橡胶或塑料输送带，材料一般为聚酯和 PVC，截面为 O 形或 V 形。O 形带结构简单，而 V 形带传动效果和导向性能好。

图 5－28 是 V 形分级带安装截面图，分级带沿导轨运行，水果被相邻两条分级带承托输送。在运行过程中，分级带之间的间隙 b 不断增大，当间隙 b 大于水果外径时，水果将穿越间隙落入下部对应的分级出料槽。

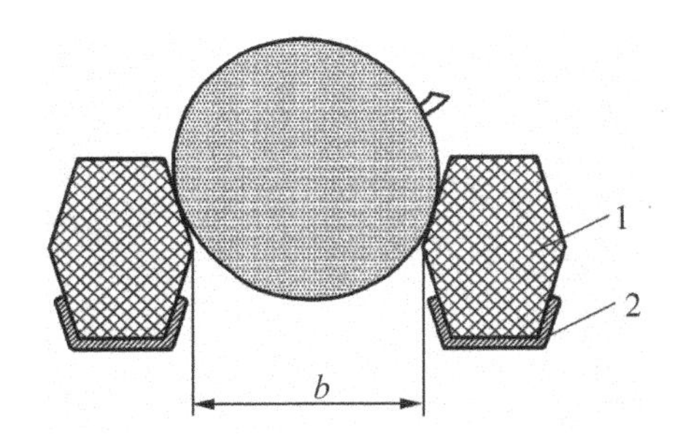

图 5－28　分级带截面图

1—分级带；2—导轨

如图 5－29 所示是相邻分级带的平面布置图。两条相邻的分级带的夹角为 θ，自左至右形成 V 形布置。设分级带输送段全长为 L，划分了 4 个分级段，各段长度分别为 F_1、

F_2、F_3、F_4，每段下方可以装配一个分级出料槽。另设输入端间隙宽度为 b_0，各分级段的终端间隙宽度分别为 b_1、b_2、b_3、b_4。

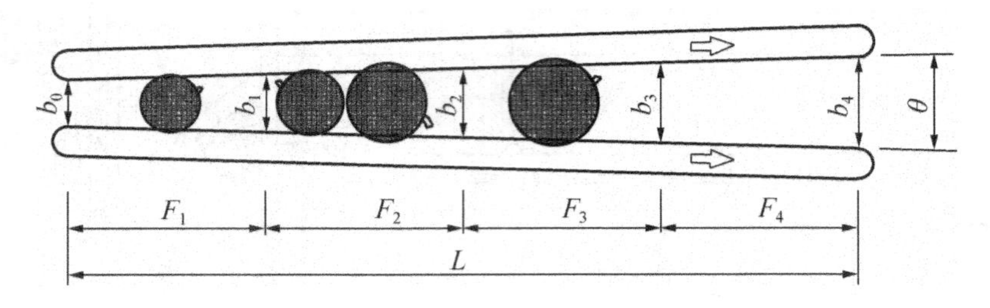

图 5-29　分级带布置图

以 F_1 段为例，只要水果外径 d 满足条件：$b_0 < d \leqslant b_1$，则可以穿透间隙，跌落第一级分级出料槽。依此类推，$b_1 < d \leqslant b_2$，水果跌落第二级分级出料槽。

只要确定了输入端间隙宽度 b_0，则可按下式计算各分级段的终端间隙宽度：

$$b_i = 2F_i \tan\frac{\theta}{2} + b_{i-1} \tag{5-8}$$

式中　b_i——分级段的终端间隙宽度，mm，$i = 1, 2, \cdots, n$；

F_i——分级段长度，mm，$i = 1, 2, \cdots, n$；

θ——相邻分级带夹角，(°)。

3. 设备主要设计参数

V 形带式分级机结构简单，调整方便，适用于球形或椭球形的小水果。在实际生产中，设计应用的机型一般属于小规格，针对小批量的水果进行分级处理。以李子为分级对象，图 5-27 所示的 V 形带式分级机的主要设计参数如表 5-6 所示。

表 5-6　V 形带式分级机主要设计参数

序号	技术参数	参考值
1	分级通道数	6
2	有效分级长度 L/mm	2400
3	相邻分级带夹角 θ/(°)	0.5
4	各分级段长度 F/mm	600
5	级别范围 b/mm	30～35，35～40，40～45，45～50(4 级)
6	分级带线速度 v/(mm·s^{-1})	200～250
7	电机功率 P/kW	0.55
8	分级机处理量(李子) Q/(kg·h^{-1})	1000～1200

5.3.4　导流板式分级机

1. 总体结构

导流板式分级机属于间隙渐变式分级机，其总体结构如图 5-30 所示。

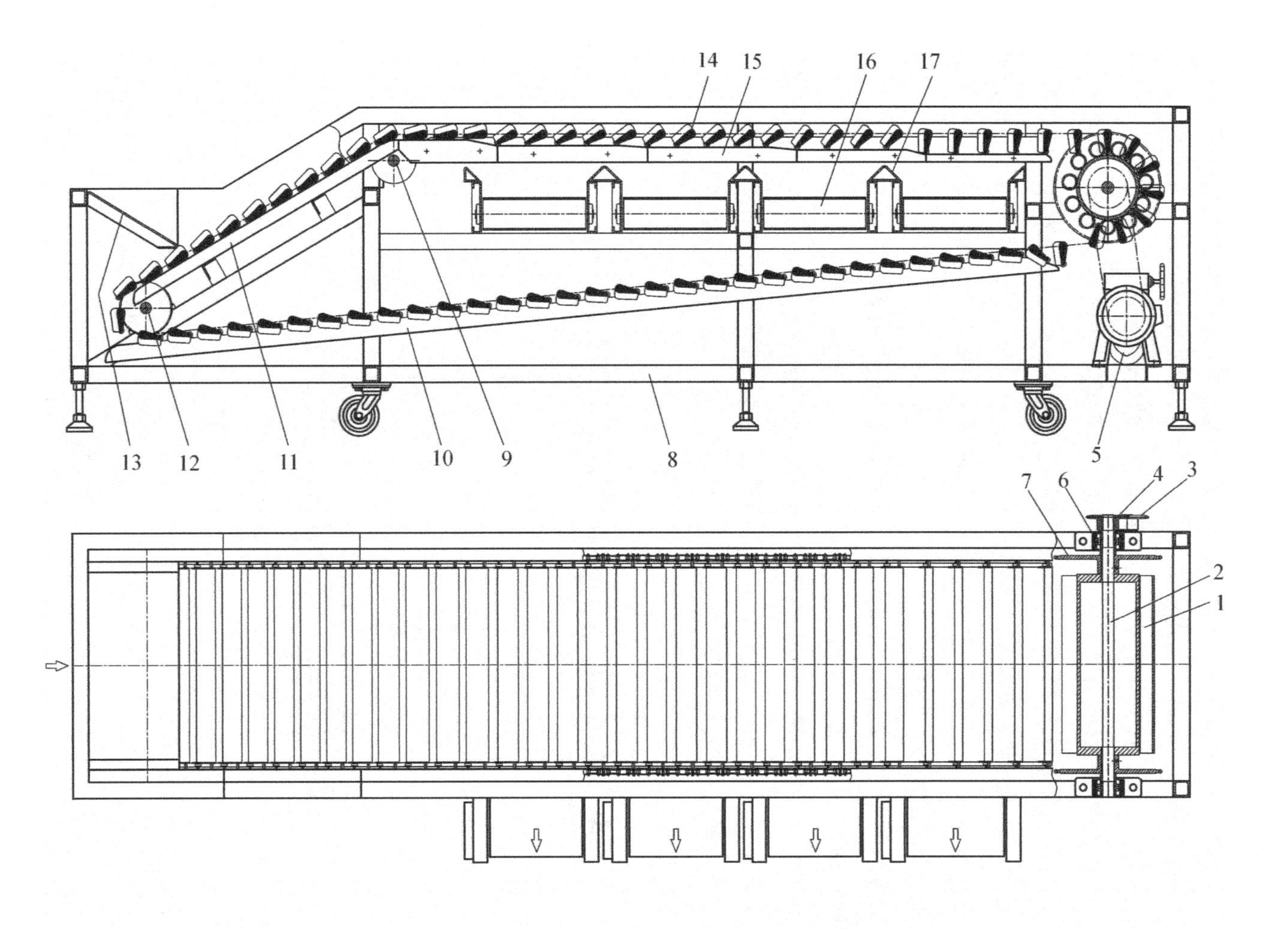

图5-30 导流板式分级机总体结构图

1—导向鼓；2—主动轴；3—减速机链轮；4—主动轴链轮；5—电机减速机；6—轴承；7—驱动链轮；8—机架；9—导向轮部件；10—回程导轨；11—提升导轨；12—被动轮部件；13—进料槽；14—分级链带；15—级差导轨；16—排果机；17—导板

设备主要由导向鼓 1、主动轴 2、驱动链轮 7、导向轮部件 9、被动轮部件 12、分级链带 14、级差导轨 15、排果机 16 等组件构成。

设备动力来自电机减速机 5，通过减速机链轮 3、主动轴链轮 4 的链传动，使主动轴 2 和导向鼓 1 旋转(主动轴和导向鼓固装一体)。主动轴 2 旋转时，其两侧的驱动链轮 7 同步旋转，从而带动分级链带 14 运行。分级链带的运动方向：沿级差导轨 15、导向鼓 1、回程导轨 10、被动轮部件 12、提升导轨 11、导向轮部件 9 循环运行。

分级链带 14 是实施承载物料输送和分级的组件，由两侧输送链条和定间距排列的分选器组成。待分级果蔬由进料槽 13 进入，落入分级链带表面间隙，在分级链带的带动下经过一段提升行程，形成一排一排依次运行的队列，陆续进入水平段的分级行程。在分级行程中，随着分级链带承载物料的间隙不断增大，果蔬按先小后大的规律，依重力落入对应的级别，并被下部的排果机 16 输出。

图示机型设置 4 个级别，配置 4 台排果机，分别由独立电机驱动。

2. 分级链带结构

分级链带是本机的关键组件，如图 5 – 31 所示，分级链带主要由输送链 1 和分选器 3 组成。输送链 1 包括左右两条链条，其链节中间带轴孔；分选器 3 两端伸出支轴轴头，分别穿入左右输送链 1 的链节轴孔，可绕轴孔摆动。输送链 1 每隔一定的节距装配一个分选器 3，形成一个循环组合链带。

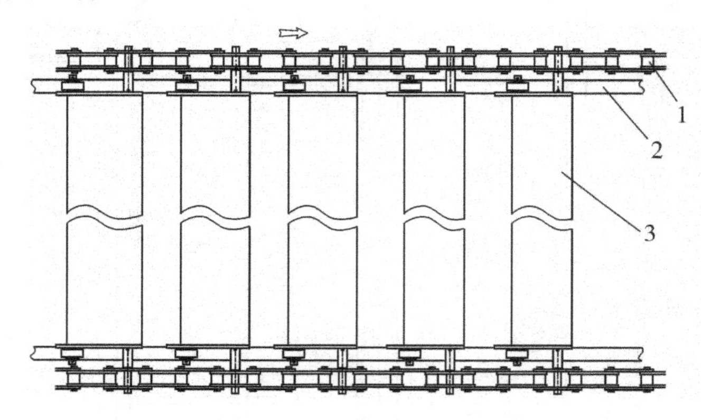

图 5 – 31　分级链带装配图

1—输送链；2—级差导轨；3—分选器

左右输送链在驱动链轮作用下同步平行运行，带动分选器 3 沿级差导轨前进。

分选器是本装置的重要部件，其结构如图 5 – 32 所示。分选器主要由导流板 1、侧挡板 2、定位销 3、支轴 4、滚轴 5、挡圈 6 和滚轮 7 组成。

导流板 1 为橡胶制品，表面为窄长方形板式结构，截面为一头大圆弧、一头小圆弧平滑过渡的扇坠型结构，见左视图。在大圆弧中心和小圆弧中心有一个轴孔，轴向贯穿整个导流板。支轴 4 和滚轴 5 分别贯穿导流板大圆弧中心孔和小圆弧中心孔，从导流板两端对称伸出轴头。

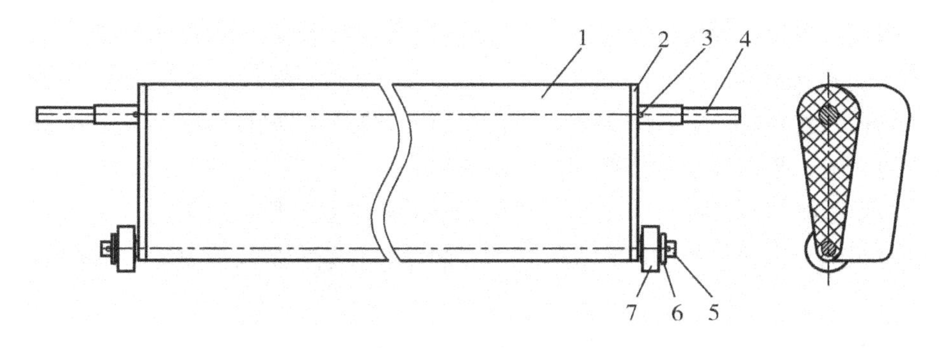

图 5-32 分选器结构

1—导流板；2—侧挡板；3—定位销；4—支轴；5—滚轴；6—挡圈；7—滚轮

侧挡板 2 同样为橡胶制品，一侧加工有两个孔，分别对应导流板的两个中心孔，装配时穿入支轴 4 和滚轴 5 的两个轴头，紧贴导流板 1 两侧，由定位销 3 固定。

滚轮 7 为尼龙制品，套入滚轴 5 两端轴头，由挡圈 6 和销定位。滚轮 7 可以滚轴 5 为中心转动。

3. 分级原理

图 5-33 是本机的分级原理图。输送链 1 运行时，通过分选器 2 两端的支轴轴头，拖动分选器 2 按箭头方向运行。分选器 2 运行时，由其自身重量通过两端的滚轮压在提升导轨 4 和级差导轨 3 上滚动。

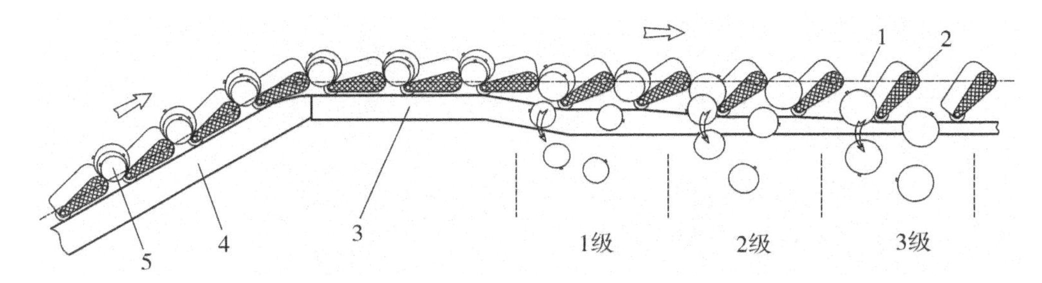

图 5-33 分级原理图

1—输送链；2—分选器；3—级差导轨；4—提升导轨；5—水果

在提升段，两个相邻分选器间的间隙形成凹槽，刚好承载一排水果，重叠的水果会自然滚下，因此水果进入分级前形成单层单排的形态，从而确保在分级段不会出现卡果、串果现象。

在分级段，分选器 2 的滚轮进入级差导轨 3 滚动。级差导轨 3 沿运动方向每隔一段行程下降一个高度值，形成若干段不同高度的导轨，对应不同的分级出口(图中所示为 3 级导轨 3 级出口)。

分选器 2 的滚轮沿级差导轨 3 滚动时，遇到下降行程时，分选器依靠自身重量向下摆动，造成相邻分选器间的间隙逐渐扩大，承载其上的水果受自重沿分选器倾斜的板面向下运动。当水果外径小于分选器之间的间隙时，则漏入底下对应的分级出口；而果径较大的水果则继续向前运行，随着分选器之间的间隙越来越大，在相适应的级别漏出。由此可实现由小而大的有效分级。

只要调整级差导轨3的各级别的下降高度值，就可以使运行其上的分选器相互间出现对应数值的间隙，从而获得不同级别的分级效果。

由分级原理图可见，在分级过程中，分选器承载水果运行，水果与分选器之间没有强制性的相对运动，水果只是依靠自身的重力，随着间隙渐变扩大而顺着分选器的导流板向下漏出。

由上述可知，分选器之间的间隙，是随着级差导轨的一级级下降而变化的，而且是由小变大。

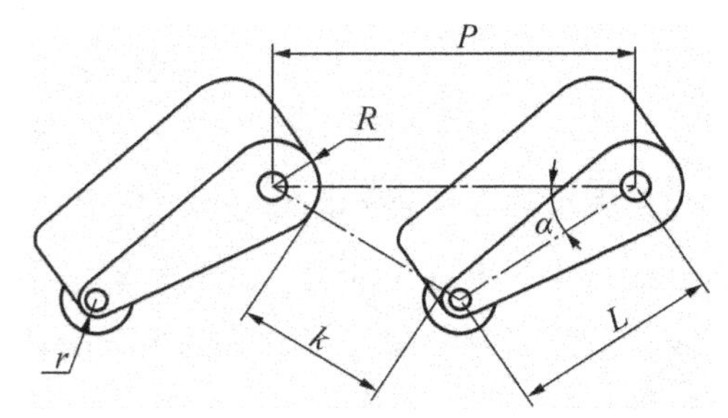

图5－34　分选器位置尺寸关系图

图5－34所示是分选器位置尺寸关系图，分选器之间的间隙值设为 b。当级差导轨下降一个高度值，分选器随之向下摆动一定角度，即每一个级差高度对应一个角度 α，从而形成一个确定的间隙值 k。

由图示可得

$$(R+k+r)^2 = P^2 + L^2 - 2PL\cos\alpha$$

因此，分选器之间的间隙值为

$$k = \sqrt{P^2 + L^2 - 2PL\cos\alpha} - (R+r) \qquad (5-9)$$

式中　k——分选器之间的间隙值，mm；

α——分选器摆角，(°)；

P——分选器安装间距(链节距的倍数)，mm；

L——分选器支轴与滚轴的中心距，mm；

R——分选器大圆弧半径，mm；

r——分选器小圆弧半径，mm。

由于 P、L、R、r 均为定值，因此只要改变级差导轨高度值，即可确定一个 α 值，从而对应一个 k 值。

4. 设备主要设计参数

导流板式分级机由于设计有特殊的分选器，其导流板由橡胶制造，表面圆滑而且富有弹性，因此，这种分级方式可有效降低水果表面的机械损伤。该机适用于橘子、樱桃、番茄等近球状或椭球状的果蔬进行大小分级。图5－30所示机型的主要设计参数如表5－7所示。

表5-7 导流板式分级机主要设计参数

序号	技术参数	参考值
1	分级链带有效宽度 B/mm	800
2	分级链带运行速度 $v/(\mathrm{mm \cdot s^{-1}})$	200～300
3	输送链节距 p/mm	31.75
4	分选器间距 P/mm	95.25
5	分选器规格尺寸（L，R，r）/mm	55.5，12.5，5
6	分级级别数	4
7	分级间隙尺寸范围 k/mm	35～70
8	主电机（分级电机）功率 P_0/kW	1.1
9	排果机数量	4
10	排果输送带宽度 W_P/mm	560
11	排果输送速度 $v_P/(\mathrm{mm \cdot s^{-1}})$	300
12	排果电机功率 P_P/kW	0.25
13	分级机处理量（番茄）$Q/(\mathrm{kg \cdot h^{-1}})$	3000～4000

5.4 在线电子称重式分级机

前述的分级设备均采用体积分级的形式，利用各种机械机构和装置实现果蔬外径的筛选。机械分级的级差不可设置过小，一般级差不能小于5mm，因此分级精度不高，而且容易出现大小“串级”的现象。随着电子技术的发展，在线称重的方式已经有效地应用在果蔬分级上，这是一种更精确更高效的分级形式。

由于在同一产区，同品种的水果的密度是一样的，如果水果体积相等，则其重量也相等。因此，采用称重进行分级时，同一重量级别的水果，其外形体积非常接近，产品外观更均匀。另外，由于在线称重方式的设定、控制、调整更方便，因而可实现高速高效、高精度、少误差的分级效果。

5.4.1 在线电子称重式分级机总体结构

该类分级机在运行过程中，要求待分级物料排列整齐，形成单列或多列队伍，定间距依次输送。只有这样才能确保每一个物料在输送过程中均能逐一称重，从而被逐一分配到对应的级别。因此，物料输送装置的结构和形式设计非常重要，它需要具备承载物料、连续输送、定距分隔、动态秤盘、翻转卸料的功能。

图5-35所示是一种在线电子称重式分级机的总体结构图。为方便表示，视图拆去所有封板。整机主要组成部分包括主动轴部件1、上链轨3、分级链带4、卸料机构5、称重装置6、被动轴部件7、入料槽9、托轨10、排果机12、下链轨13、电机减速机14，以及微电脑控制系统。

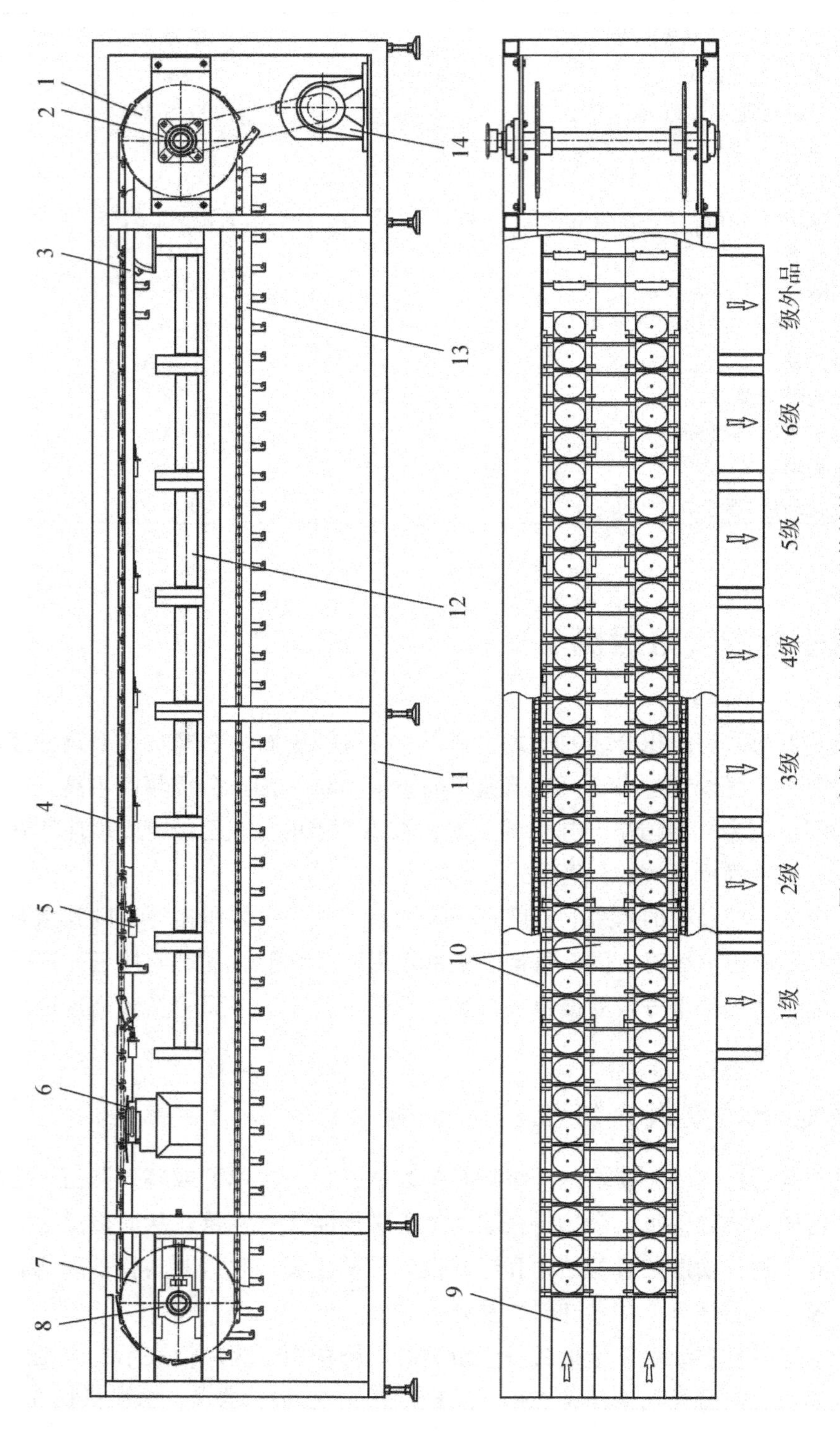

图5－35　在线电子称重式分级机总体结构图

1—主动轴部件；2—轴承；3—上链轨；4—分级链带；5—卸料机构；6—称重装置；7—被动轴部件；8—滑动轴承；9—入料槽；10—托轨；11—机架；12—排果机；13—下链轨；14—电机减速机

该图所示是双通道式称重分级机。分级链带4承托水果运行，由入料口开始把水果分成两行列队向前输送。

分级链带4是一套由双链条驱动的杯托式装置，其输送动力来源于主动轴部件1。减速机输出链轮通过链传动驱动主动轴部件1，主动轴部件1通过其两侧链轮带动分级链带4，使分级链带4沿上链轨3、主动轴部件1链轮、下链轨13、被动轴部件7链轮环绕运行。

分级链带4承托水果由左至右运行时，首先经过称重装置6，在运行过程中接受重量检测，确保每个经过称重装置的水果均有一个重量信号。本机由于是双通道机型，因此并列安装两套称重装置，可同时对两个并排经过的水果进行称重。

本机设置6个级别，共配置6台排果机，分别对应1至6级别的出口。在每台排果机安装位置的上方，均装配有卸料机构5。水果经称重装置检测获得一个重量值，经电脑比较分析确定级别，当它运行至对应的级别时，卸料机构5动作，使承载该水果的杯托翻转，令水果落入下方的排果机输出。

对应双通道输送，每台排果机上方均并列安装两套卸料机构，分别负责本通道的卸料，按重量检测信号指令执行卸料动作。

本机运作时，需另外配备一台分行输送机，与入料槽9连接，使供给的水果自动排列，形成两行列队，依次进入分级链带的果杯中。

5.4.2　分级链带及其果杯结构

在线电子称重式分级机的分级链带是一个关键的装置，具备承载、分隔、输送的功能，并充当活动秤盘的作用，因此其设计非常重要。

图5－36所示是本机分级链带的装配图，主要由输送链1、挡圈2、果杯3和支轴4组成。输送链1为套筒滚子链，两侧平行布置，两链条之间定间距装配支轴4，每根支轴的两端轴头穿入链节销孔。在每根支轴中，套入果杯3，左右布置各一个，每个果杯的两侧由挡圈2定位。果杯可绕支轴转动。

当输送链1运行时，可通过支轴4带动果杯3运行。

图5－37是果杯结构图。果杯整体注塑成型，主体矩形结构。果杯中间椭圆杯腔用于承载单个水果；两个长孔对称布置并直线连通，用于插入支轴；圆柱状滑杆左右对称伸出，用于果杯运行过程的支承及导向；果杯矩形框架底部有4个支脚，包括两个前支脚和两个后支脚，在动态称重时作为支承点，使果杯置于平面上。

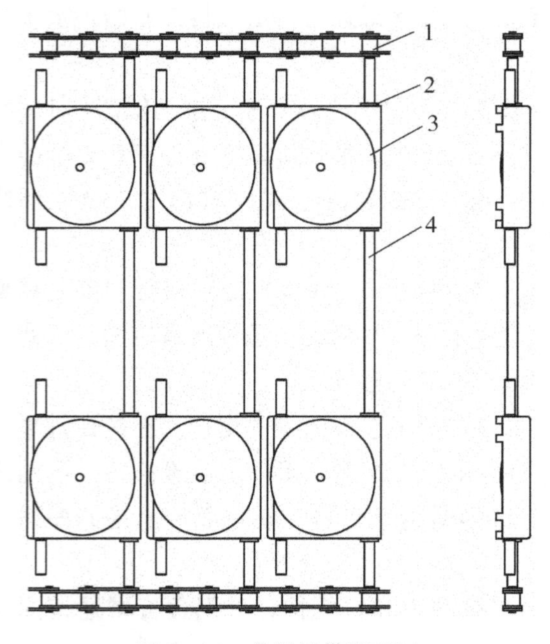

图 5－36　分级链带装配图

1—输送链；2—挡圈；3—果杯；4—支轴

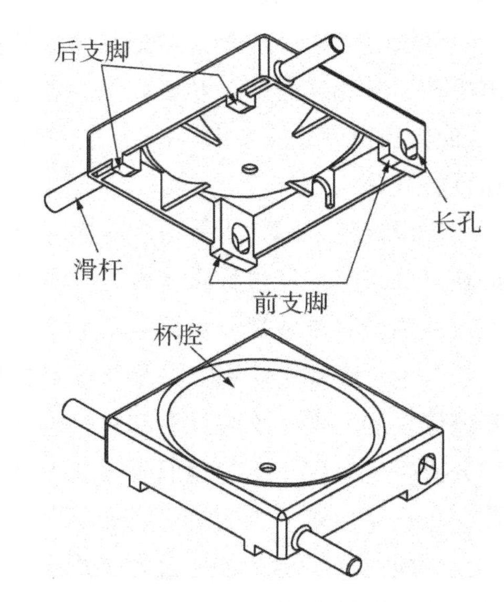

图 5－37　果杯结构图

5.4.3　称重装置结构及在线称重原理

1. 称重装置结构

本机的分级形式是对承载水果的果杯逐一进行重量检测，检测元件采用压力传感器，在果杯运行中完成测量。

称重装置如图 5－38 所示，主要由前称重轨道 1、压力传送板 2、后称重轨道 3、托轨 4、压力传感器 5 及其支承座 6 组成。称重装置前后均与托轨 4 衔接。

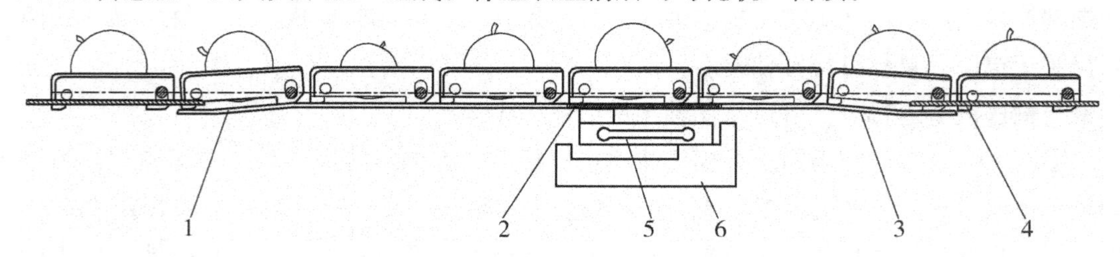

图 5－38　称重装置结构原理图

1—前称重轨道；2—压力传送板；3—后称重轨道；4—托轨；5——压力传感器；6—支承座

果杯承载水果在输送链带动下由左至右运动，拖动果杯的动力来自穿过其长孔的支轴。果杯的运行经历如下：

(1) 果杯进入称重装置前。果杯的左右滑杆架在托轨 4 表面滑行，确保承载水果的果杯保持水平状态。

(2)果杯过渡到前称重轨道1。果杯左右滑杆离开托轨4，前后4个支脚与前称重轨道1接触，沿其斜面向上滑行至水平面，果杯整体上浮一个高度(果杯长孔由上部靠近支轴变为底部靠近支轴)。

(3)果杯进入称重位置。果杯滑行进入压力传送板2区域。由于此时果杯已经整体上浮，支轴在其长孔中只有一个水平牵引力，果杯的全部重量均压在压力传送板2上，并施加在压力传感器5上，被检测并获得一个重力信号。

(4)果杯过渡到后称重轨道3。果杯离开压力传送板2，进入后称重轨道3，沿其斜面向下滑行，果杯整体下沉一个高度(果杯长孔由底部靠近支轴变为上部靠近支轴)。

(5)果杯离开称重装置。果杯离开后称重轨道3，其左右滑杆过渡到托轨4表面，架在托轨表面滑行。

2. 在线称重原理

承载水果的果杯一个接着一个进入称重位置，在连续运行过程中完成重量检测。为确保每个果杯依次准确检测，而且不会出现互相干涉的现象，需要对压力传送板与前后称重轨道的设置进行合理设计。

如图5-39所示是压力传送板与前后称重轨道配合安装的平面布置图。压力传送板与前后称重轨道分为左右两部分，对称布置。

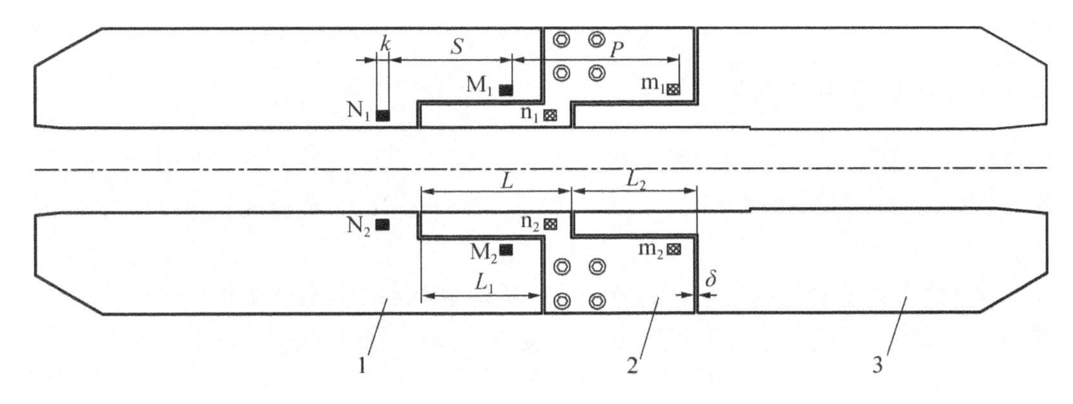

图5-39 果杯在线称重原理图

1—前称重轨道；2—压力传送板；3——后称重轨道

压力传送板形状如图呈Z形，靠中心线内侧为矩形窄平板，外侧为矩形宽平板，在宽平板底下通过螺钉联接压力传感器。前后称重轨道与压力传送板外形相互配合，衔接紧密，安装间隙为$\delta=1\sim1.5$mm。

图示用方形网格斑和方形黑斑分别标示了两个果杯的支脚位置。第一个果杯4个支脚用m_1、m_2、n_1、n_2表示，其中m_1、m_2为前支脚，n_1、n_2为后支脚；第二个果杯4个支脚用M_1、M_2、N_1、N_2表示，其中M_1、M_2为前支脚，N_1、N_2为后支脚。两个果杯一前一后安装在输送链的支轴上，相互间距为P。

果杯依次准确称重必须满足两个条件：其一，确保每个果杯的4个支脚同时进入压力传送板，然后同时离开压力传送板；其二，确保前一果杯的 4 个支脚离开压力传送板后，后一果杯的 4 个支脚才能进入压力传送板。

为满足以上条件，图示各参数应按下式设计：

$$L_1 = L_2 = S \tag{5-10}$$

$$S < L \leqslant P - k \tag{5-11}$$

式中 S——果杯前后支脚距离，mm；

k——果杯支脚宽度，mm；

P——果杯安装间距(链节距的倍数)，mm；

L_1——矩形窄平板长度，mm；

L_2——矩形宽平板长度，mm；

L——果杯支脚在压力传送板上运行的总长度，mm。

由图示可见，第一个果杯的运行路径：前支脚 m_1、m_2 进入压力传送板时，后支脚 n_1、n_2 同时进入压力传送板；当 m_1、m_2 离开压力传送板时，n_1、n_2 也同时离开压力传送板。

只有当第一个果杯的支脚 m_1、m_2、n_1、n_2 离开压力传送板后，第二个果杯的支脚 M_1、M_2、N_1、N_2 才进入压力传送板。如此，可确保果杯依次准确称重，而且不会互相干涉。

5.4.4 卸料机构的结构原理

承载水果的果杯经过称重装置测量，获得一个重量信号，经电脑分析判断，确定水果级别。当此果杯运行至对应的级别位置，应即时把水果卸出。实现这一动作需要一个卸料机构。

如图 5-40 所示是卸料机构结构原理图。机构主要由一个活动桥板和电磁铁组成。活动桥板 4 以铰支 5 为支点，装配在托轨 3 的缺口位置，整体可绕铰支 5 摆动。活动桥板 4 的上部作为过渡桥板前后连接托轨 3，其下部开口长孔卡入拉杆 6 的圆销。拉杆 6 是电磁铁 8 的衔铁，电磁铁 8 由支座 7 固定。

承载水果的果杯由左至右运行，卸料过程如下：

(1)当被电脑确定级别的果杯到达对应的活动桥板位置时，此时果杯滑杆进入桥板范围，如图 5-40a 所示；

(2)电磁铁 8 获得指令通电吸合，拉杆 6 向左运动，驱动活动桥板 4 绕铰支 5 顺时针摆动，致使桥板倾斜，果杯随滑杆顺势而下，倾倒卸出水果，如图 5-40b 所示；

(3)电磁铁 8 失电，拉杆 6 在弹簧力作用下向右运动，驱动活动桥板 4 逆时针摆动复位，重新衔接托轨 3，确保后来的果杯能正常通行，如图 5-40c 所示。

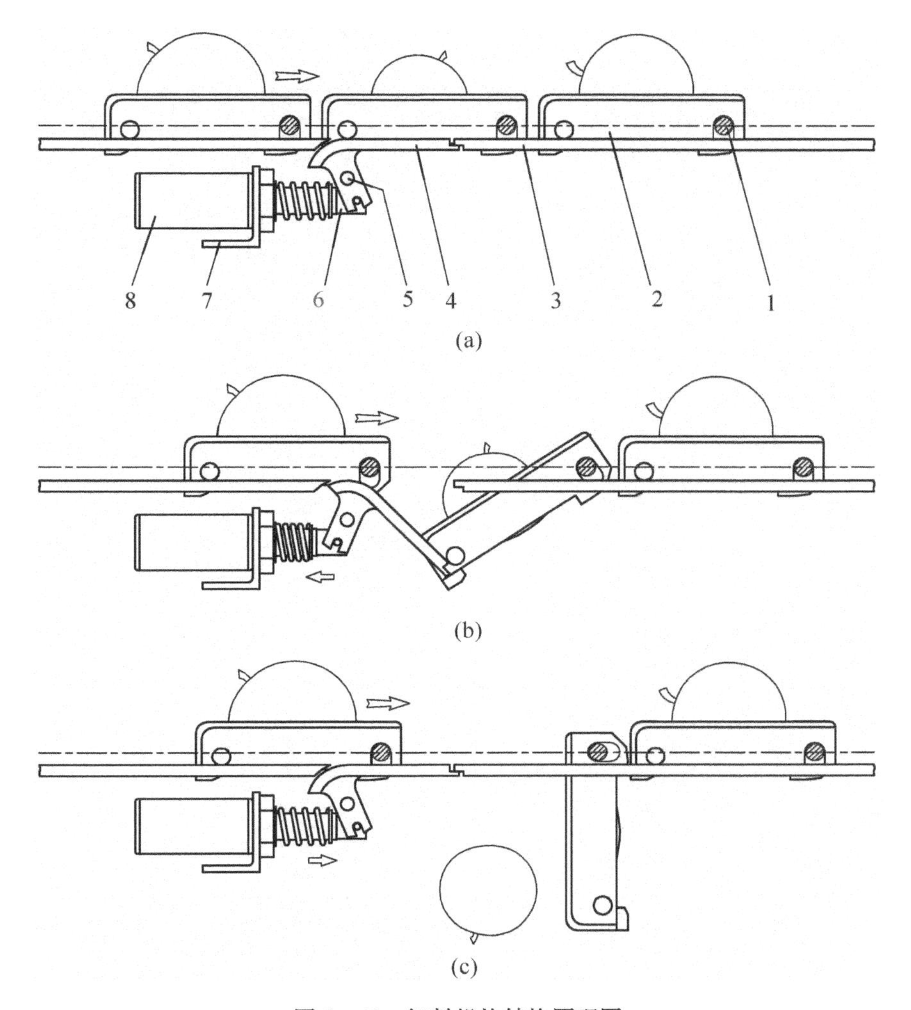

图5－40 卸料机构结构原理图

1—支轴；2—果杯；3—托轨；4—活动桥板；5—铰支；6—拉杆；7—支座；8—电磁铁

5.4.5 称重分级分析控制系统

1. 称重分级工作原理

如图5－41所示是称重分级工作原理示意图。称重装置的压力传感器1、光电开关2和卸料控制机构3按分级链带传送方向依次设置在相应的位置。压力传感器1和光电开关2分别通过传输线与微电脑处理器对应的输入端口连接；卸料控制机构3对应各个分级出料口安装，并且通过传输线与微电脑处理器对应的输出端口连接。

微电脑处理器的组成如图5－42所示，包括用于将模拟信号转换为数字信号的模拟量转换模块、用于输入数据的输入继电器、用于存储数据的临时寄存器、用于对数据进行比较处理的数据处理模块、用于计算光电开关脉冲数的计数器、用于向卸料机构发出指令的输出继电器。

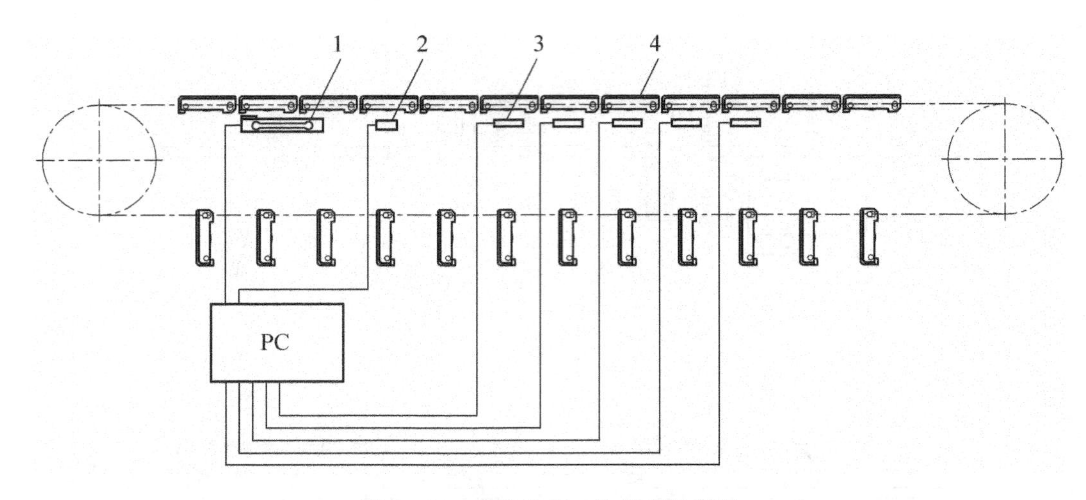

图 5－41　称重分级工作原理示意图

1—压力传感器；2—光电开关；3—卸料控制机构；4—果杯

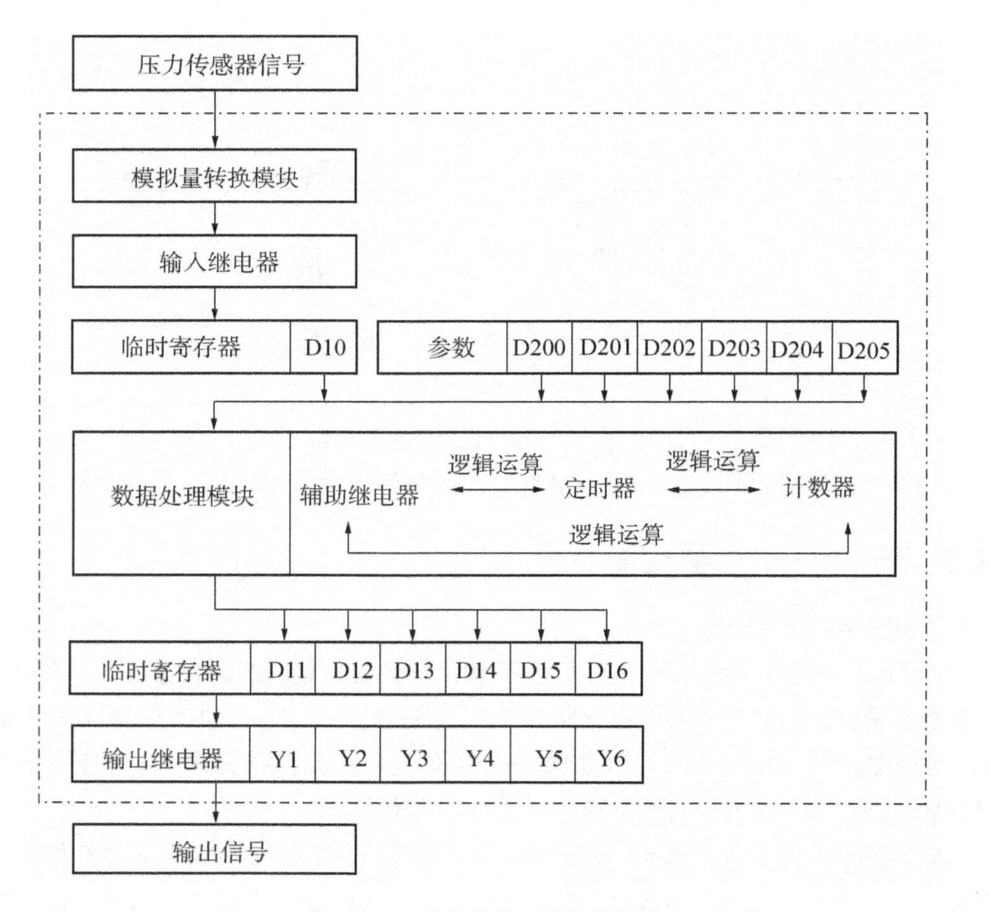

图 5－42　微电脑处理器组成框图

称重分级工作过程如下：

(1)果杯承载水果通过称重装置的瞬间，压力传感器将测得一个电压信号，并通过传输线输入微电脑处理器。

(2)来自压力传感器的电压信号输入到微电脑处理器后，首先会进入模拟量转换模块，转化为重量数值，通过输入继电器将数据输入临时寄存器中。然后通过数据处理模块将该数值与预先设定的参数进行比较，判定该数值所属等级，并做一个标号，确定在第几个出料口排出。

(3)光电开关对经过的果杯数脉冲，并输入微电脑处理器进行统计。通过计数器数到事前计算好的脉冲数时，对应的果杯刚好到达指定的出料口，微电脑处理器输出一个脉冲指令给该出料口的卸料控制机构，使其产生动作卸出水果。

2. 在线称重分级分析控制流程

图5-43所示是在线称重分级分析控制流程框图，具体流程如下：

(1)水果通过分行输送，依次进入分级链带的果杯，每个果杯装载一个水果。

(2)果杯运行到达称重位置时，压力传感器输出一个电压信号。

(3)电压信号输入到微电脑处理器，首先进入模拟量转换模块，电压信号转化为重量数值D10，然后通过输入继电器进入临时寄存器中。

(4)微电脑处理器首先进行初始化，将重量设定为6个等级，对应重量参数D200、D201、D202、D203、D204、D205；对应的标号参数分别为D11、D12、D13、D14、D15、D16；对应的输出分别为Y1、Y2、Y3、Y4、Y5、Y6。

(5)通过数据处理模块，重量数值D10首先与D200和D205进行比较，判定D10是否处于设定的称重范围内。如果重量大于或者小于该称重范围(即为级外品)，微电脑处理器没有指令输出，果杯运行至机器末端，可采用一个执行机构将水果强制排出。

如果重量数值D10处在设定的称重范围内，则与其他参数进行比较，确定这个重量数值的水果属于哪个等级。判断各级别如下：

① $D200 \leqslant D10 < D201$，标号D11，对应输出Y1，应在第1个出料口排出；

② $D201 \leqslant D10 < D202$，标号D12，对应输出Y2，应在第2个出料口排出；

③ $D202 \leqslant D10 < D203$，标号D13，对应输出Y3，应在第3个出料口排出；

④ $D203 \leqslant D10 < D204$，标号D14，对应输出Y4，应在第4个出料口排出；

⑤ $D204 \leqslant D10 < D205$，标号D15，对应输出Y5，应在第5个出料口排出；

⑥ $D10 = D205$，标号D16，对应输出Y6，应在第6个出料口排出；

⑦ $D10 < D200$ 或 $D10 > D205$，属于级外品，应在机器最后出料口强制排出。

(6)果杯被标号并判定出料口的同时，微处理器计算好到达该出料口所要经过的果杯的个数。该果杯继续向前运行，光电开关对经过的果杯数脉冲，并输入微电脑处理器做一个统计，当数到事前计算好的脉冲数的时候，对应的果杯刚好到达指定的出料口，此时微电脑处理器输出一个脉冲指令给予该出料口对应的电磁铁，驱动果杯倾倒卸料，实现分级。

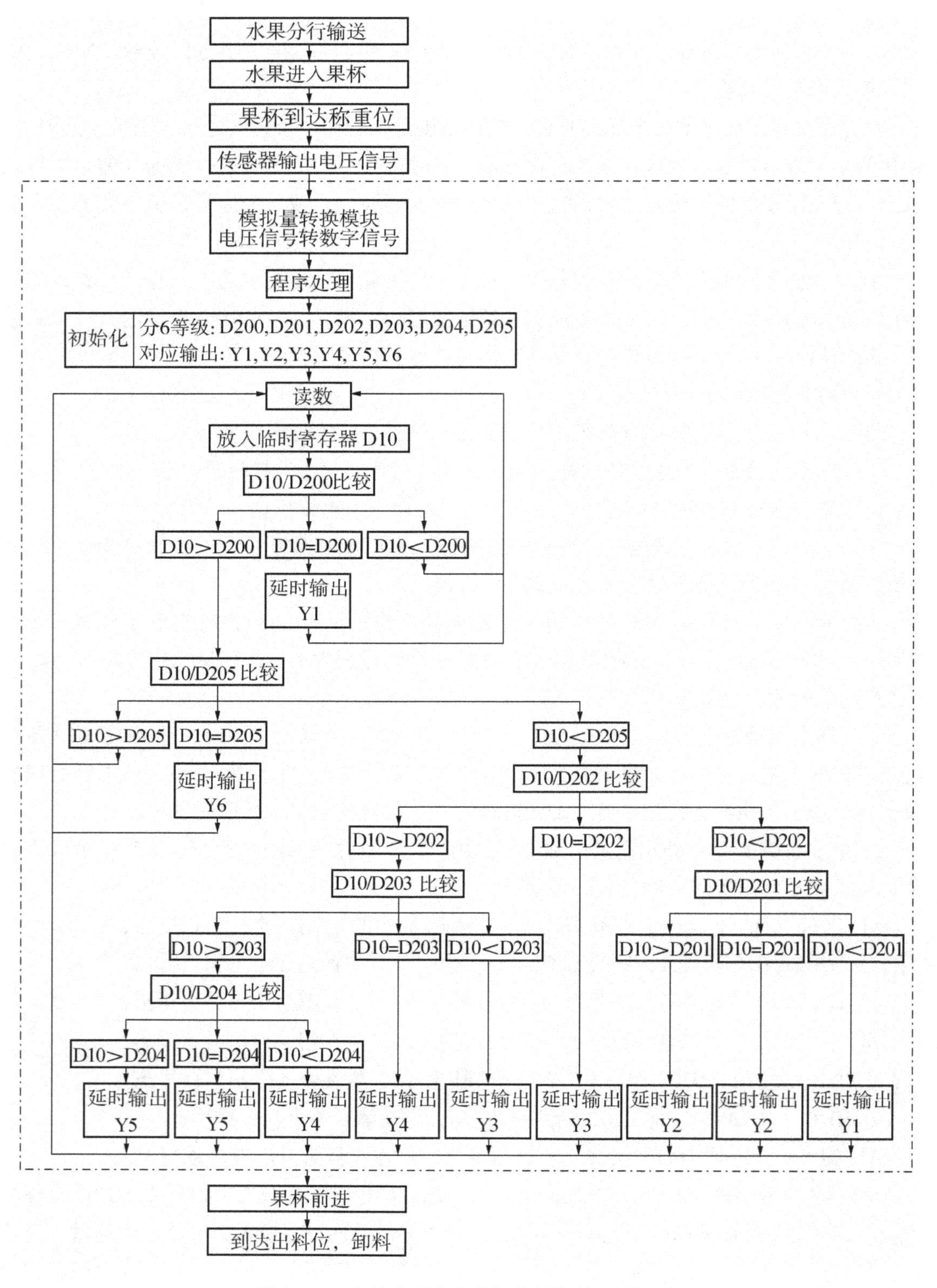

图 5－43　在线电子称重分级分析控制流程框图

5.4.6 设备主要设计参数

称重分级适用范围广，对象包括柑橘、橙、苹果、梨、猕猴桃、洋葱、土豆等各类果蔬。在线称重分级机的机型有多种形式，主要区别在于果杯的不同设计，常用的果杯结构有托盘式、滚轮式等。图5－35所示机型的主要设计参数如表5－8所示。

表5－8 在线电子称重式分级机主要设计参数

序号	技术参数	参考值
1	分级通道数	2
2	分级级别数	6
3	分级范围／g	20～1000
4	分级精度／g	±2
5	分级链带运行速度 $v/(mm \cdot s^{-1})$	0～600(变频调速)
6	输送链节距 p/mm	31.75
7	果杯间距 P/mm	95.25
8	主电机(分级电机)功率 P_0/kW	0.75
9	排果机数量	7
10	排果输送带宽度 W_P/mm	500
11	排果输送速度 $v_P/(mm \cdot s^{-1})$	300
12	排果电机功率 P_P/kW	0.25
13	分级速率(橙) $Q/(个 \cdot h^{-1})$	24 000～36 000

5.5 机器视觉识别分选机

美国制造工程师协会机器视觉分会和美国机器人工业协会的自动化视觉分会对机器视觉的定义为：“机器视觉是通过光学装置和非接触传感器自动地接收和处理一个真实物体的图像，以获得所需信息或用于控制机器运动的装置。”

机器视觉系统是指通过图像采集装置将被采集的目标转换成图像信号，然后传送给专用的图像处理系统，根据像素分布和亮度、颜色等信息，转变成数字信号，图像系统对这些信号进行各种运算来抽取目标的特征，然后根据预设的容忍度和其他条件来进行尺寸、形状、颜色等的判别，进而根据判别的结果来控制现场的设备动作。

5.5.1 机器视觉技术在果蔬分选中的应用

机器视觉识别应用于果蔬分选是目前世界上最先进的果蔬采后商品化处理技术。由于采用机器视觉技术的分选设备具有高速、高效、精确、稳定的优点，因此已成为各国设备生产厂商重点发展的目标。通过机器视觉识别技术，可有效对果蔬进行外形、大小、颜色、含糖量和瑕疵等特性的有效检测分选。其中，果蔬直径、颜色分选是实际生产中应用最广泛的技术。

该类设备主要包括微机控制的高速电子分选机和配套的成像系统，采用全数字技术，通过数字摄像系统来捕捉高速运行的果蔬图像，配合电脑分析软件，进行计算分析并作出综合判断。

对果蔬进行在线检测分选，首先需要使果蔬形成单队列运行，实现每个果蔬在线动态成像，然后把图像数据传输进计算机进行比较分析，作出级别判断，发出指令，由驱动机构把果蔬送进合适级别出口。

该设备的关键技术包括分选果杯机构、成像系统等的设计，重点解决果蔬高速运行中数据检测的稳定性和系统分析的准确性，以及执行机构的可靠性等。

5.5.2 机器视觉识别分选机总体结构

图 5-44 所示是机器视觉识别分选机的总体结构图，是双通道 8 出口机型。为方便表示，视图拆去所有封板。

整机主要组成部分包括灯箱 1、果杯链带 8、主动轴部件 11、被动轴部件 14、果杯差速自转装置 4、卸果机构 7、排果机 6、电机减速机 12 等，其中灯箱内装配有 CCD 摄像机 2 和日光管 3；另外，设备还需配套微电脑控制系统。

果杯链带 8 承托水果运行，由进料槽开始把水果分成两行列队向前输送。果杯链带具备承载输送、定距分隔、自转及翻果卸料的功能，可确保每一个水果在输送过程中均能逐一被摄像，从而被逐一分配到对应的级别。

果杯链带 8 是由定间距排列的滚轮式装置组成的输送带，通过两侧链条带动运行，由主动轴部件 11 驱动。

减速机输出链轮通过链传动驱动主动轴部件 11，通过主动轴上的两个大链轮带动果杯链带 8 两侧的输送链，使果杯链带环绕主动轴链轮和被动轴链轮循环运行(图示为顺时针方向)。被动轴部件 14 的两端轴头安装在滑动轴承 15 上，可通过螺杆调节左右移动，使果杯链带处于合适的张紧状态。

果杯链带 8 承托水果分两列由左至右运行，进入灯箱 1，在箱内运行过程中，被 CCD 摄像机 2 拍照成像，确保每个经过的水果均获得图像信号。每个水果的图像信号进入电脑后，经分析比对，确定合适的级别。其后，当水果到达对应的级别位置时，电脑发出指令卸果。

本机设置 8 个级别出口，共配置 8 台排果机。另外，机器末端配置一个级外品排出槽。在每台排果机安装位置的上方，均装配有卸果机构 7。水果运行至对应的级别时，卸果机构 7 动作，把果杯中的水果翻入导槽 5，顺势滚落入下方的排果机输出。

对应双通道输送，每台排果机上方均并列安装两套卸果机构，分别负责本通道的卸料，按图像分析信号指令执行卸果动作。

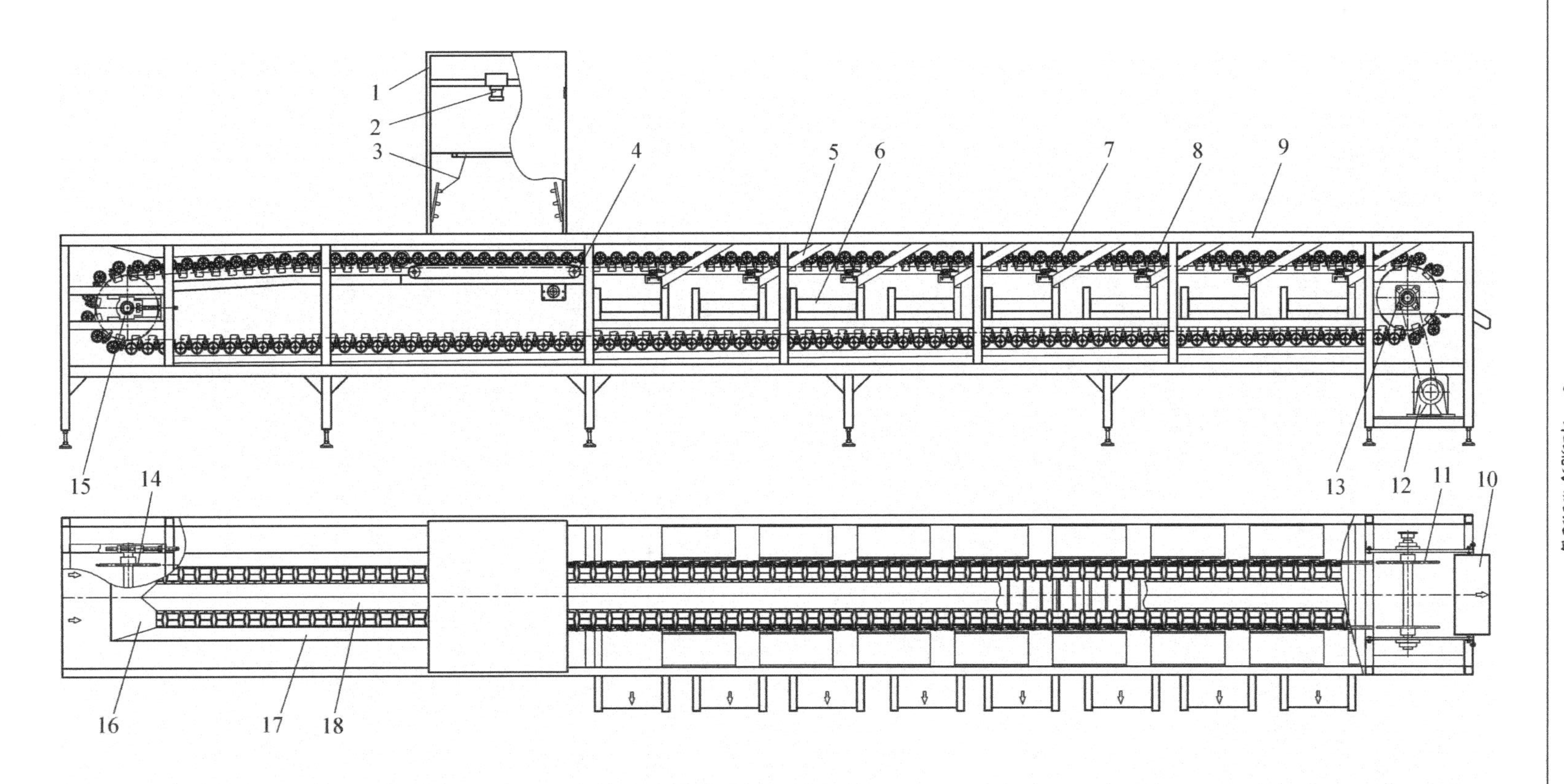

图5－44 机器视觉识别分选机总体结构图

1—灯箱；2—CCD摄像机；3—日光管；4—果杯差速自转装置；5—导槽；6—排果机；7—卸果机构；8—果杯链带；9—机架；10—一级外品排出槽；11—主动轴部件；12—电机减速机 13—轴承；14—被动轴部件；15—滑动轴承；16—进料槽；17—侧导板；18—中导板

5.5.3 分选果杯结构及果杯链带的装配

由于本机是双通道机型，因此设计了并联式双果杯结构，如图 5 – 45 所示。本机的分选果杯并非托盘式，而是滚轮式。其主体是承托滚轮 2，连同连轴 1、翻果杆 3、销轴 4 和卡座 5 组成。分选果杯分为左右两部分，对称布置，由连轴联成一体。

承托滚轮 2 是橡胶材质，翻果杆 3 和卡座 5 是塑料材质。

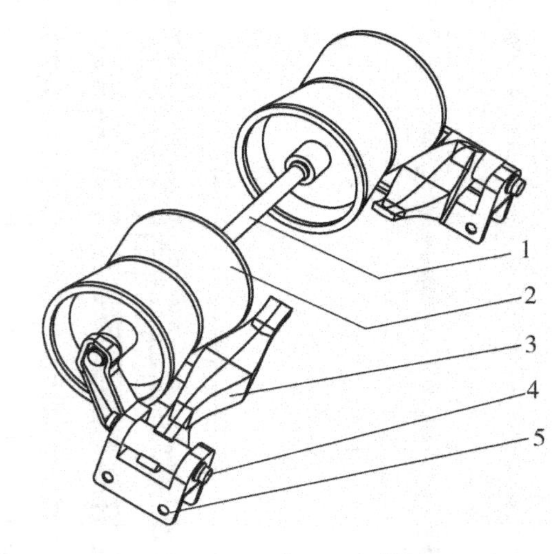

图 5 – 45　分选果杯结构

1—连轴；2—承托滚轮；3—翻果杆；4—销轴；5—卡座

承托滚轮 2 为腰鼓状结构，两端直径大，中部直径小。滚轮有中心轴孔，与连轴 1 互为间隙配合。

连轴 1 的两端分别与左右卡座 5 的悬臂固定联接。承托滚轮定位装配于连轴上，并且靠近两侧卡座，可在连轴上灵活转动。

翻果杆 3 装嵌在卡座 5 上部中间的凹槽，由销轴 4 定位。翻果杆平衡静止时，其上表面与承托滚轮中心线平行。翻果杆可绕销轴向上摆动一定的角度。

卡座 5 的下部为倒 U 形结构，与输送链的链节配合，刚好能卡紧链板的外部，如图 5 – 46所示，图示是分选果杯与输送链装配后的链带结构。分选果杯按固定的间距依次安装，紧密排列，两承托滚轮之间与翻果杆表面共同形成一个腰形凹位，犹如杯状容器，刚好能承托一个球形果蔬。

分选果杯综合了定位、承托、输送、自转和翻果卸料功能于一体。水果进入分选果杯后，在两侧输送链的带动下运行，可连续自动实现动态成像检测和按级别卸料等一系列动作。

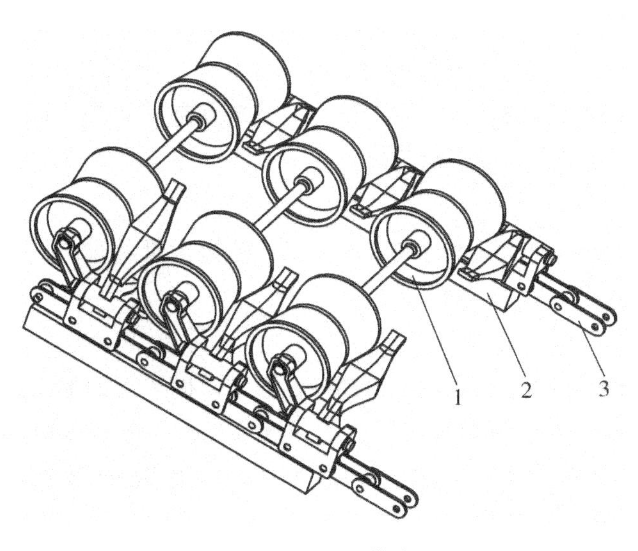

图 5－46 果杯链带装配图
1—分选果杯；2—导轨；3—输送链

5.5.4 机器视觉系统的设计

5.5.4.1 机器视觉系统的组成

典型的机器视觉系统的组成主要包括以下七部分：

1. 相机和镜头

相机和镜头主要负责对目标果蔬的图像进行采集，并实时将得到的图像数据通过图像采集卡传送到图像处理器。

机器视觉系统一般采用的是 CCD 摄像机，通过镜头将被摄物体的图像聚焦在光电传感器上，使图像信号转变为光电信号，以利于计算机处理。

摄像机的类型按输出的颜色来分有彩色和黑白。彩色摄像机提供了更多的目标信息，在处理时也需要更大的空间和更多的时间。用于果蔬分选处理时，通常需要对果蔬的形状、直径、颜色，甚至表面瑕疵等特征进行分析，因此摄像机基本为彩色类型。

按扫描的类型来分，有面扫描和线扫描摄像机。面扫描摄像机又分为隔行扫描和逐行扫描摄像机。由于果蔬分选时处于高速运动状态，因此采用逐行扫描摄像机较理想。

镜头的种类较多，需配合摄像机和使用条件选用。在已知摄像机拍摄对象和取景范围后，可据此选择合适焦距的镜头。

2. 光源及照明

光源及所采用的照明方式为图像的采集提供亮度环境，使得所采集的图像具有更好的目标区别度，便于后续图像的处理。光源及照明方式选择的好坏直接关系到成像的质量以及整套机器视觉系统搭建的成败。

传统的常用光源类型是荧光灯，其发热少，扩散性好、适合大面积均匀照射，而且较便宜。作为一种新型光源，LED 光源将会逐步取代传统的照明光源。LED 是一种长寿命、低功耗、无辐射的节能环保型光源，其发热少，波长可据用途而选择，制作形状方便，运行成本低，耗电小，因此应用越来越广泛。

3. 传感器

传感器用以检测目标是否到达检测区域，以通知摄像机及时成像。常用的传感器有光电开关、接近开关等。

4. 图像采集卡

图像采集卡是摄像机和图像处理器的接口，通常以插入卡的形式连接在图像处理器的 PCI 插槽中。其主要作用是将从摄像机传送来的模拟或数字的数据流转换成特定格式的图像数据传送给图像处理器，并接收从图像处理器传送的摄像机设置信号，来对摄像机进行控制，如触发信号、曝光时间等。

除完成常规的 A/D 转换外，应用于机器视觉系统的图像采集卡还应具备以下功能：

(1)接受来自数字摄像机的高速数据流，并通过 PC 总线高速传输至机器视觉系统的存储器。

(2)为了提高数据率，许多摄像机具有多个输出通道，使几个像素可以并行输出。因此需要图像采集卡对多通道输出的信号进行重新构造，恢复原始图像。

(3)对摄像机及机器视觉系统中的其他模块进行功能控制。

5. 图像处理器

图像处理器有两种类型，其一是工业级电脑，通过插入 PCI 插槽的图像采集卡采集图像数据，并经自主开发的图像处理程序对图像数据进行分析处理；其二是特定的集成图像处理器，集成图像采集、图像处理、I/O 接口、通信接口等，并利用特定的图像处理软件进行程序开发。

6. 图像处理软件

可通过算法编程完全自主开发，也可利用一些图像处理算法库如 OpenCV 进行开发，还可以通过一些图像处理软件平台进行后续开发，如 Sherlock、HALCON、CkVision 等。

7. 控制系统

主要负责接收图像处理系统传送的检测结果信息并进行分析处理，控制相应执行器(如卸料机构)的动作，对整个检测过程进行监控。

5.5.4.2 机器视觉系统的设计

应用于果蔬分选的机器视觉系统设计，包括果蔬图像采集和图像信息处理两方面内容。机器视觉识别分选机的视觉系统利用单台异步复位摄像机实现双通道果蔬的定位触发采集图像，每帧相片包含 6 个果蔬图像，且每个果蔬被连续采集 3 个不同表面的信息。

基于果径大小和表面颜色的果蔬图像快速处理分选技术，建立由 PC、PLC、CCD 摄像机、图像采集卡、光电开关等组成的上下位机结构的视觉分选自动化系统，并针对特定果蔬编写分析控制软件。视觉识别和分析控制系统如图 5－47 所示。

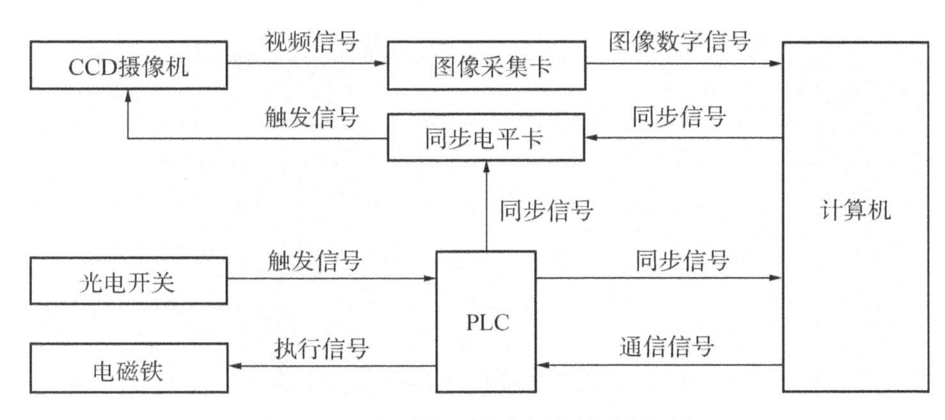

图 5－47 视觉识别和分析控制系统框图

5.5.5 果蔬成像原理

1. 果蔬成像过程的运动控制

承载果蔬的果杯进入灯箱区域，在箱内行进的过程中被拍摄成像。对于绝大多数类球形的果蔬，其形状、外径甚至颜色在不同的角度观察会有所差异，因此仅靠某一个角度的单一的图像不能准确分析果蔬的实际形状、外径、颜色等特征。

正确的做法是采取不同的角度，对目标果蔬进行拍摄，然后根据多张图片进行综合分析，通过合理的算法最终确定其外观特征数据。

理论上拍摄的角度和图片数量越多，分析的数据越详细，获得的目标果蔬外观特性的描述越具体。但采集图像的数量及其数据越多，要求系统的配置越高，运算越复杂。因此在实际设计中，应考虑系统的配置和运算能力，控制每个果蔬拍摄的合适数量。

由图 5－44 可见，摄像机安装在箱体上部，固定不动，由上而下拍摄经过的果蔬图像。为了实现多角度拍摄，在摄像机不动的情况下，果蔬必须不断翻转，以更换拍摄面。为此，通过一套果杯差速装置，可控制果蔬在摄像区域运行过程进行合适的翻转，该装置结构如图 5－48 所示。

果杯差速装置是一套带有独立动力的皮带输送机。由于该设备采用双通道并联滚轮输送，因此对应的果杯差速装置配置有两条差速皮带。

装置的动力来自变频调速的减速电机 5，其输出链轮 10 通过链条带动链轮 8，从而驱动主动轴 9；主动轴 9 带动左右两侧主动带轮 6 旋转，使左右皮带绕主动带轮 6 和被动带轮 14 循环运行。

由主视图可见，果杯差速装置安装在滚轮 3 的下方。皮带底下有托板 1 承托，而皮带上表面则紧贴滚轮 3。当滚轮被输送链带动自左向右运行经过皮带时，滚轮与皮带表面摩擦形成连续滚动的状态，其上承载的水果被带动同步自转。皮带的输送长度与灯箱的宽度相等，确保水果在摄像机拍摄范围内均处于自转状态。水果自转过程被摄像机连续拍摄，

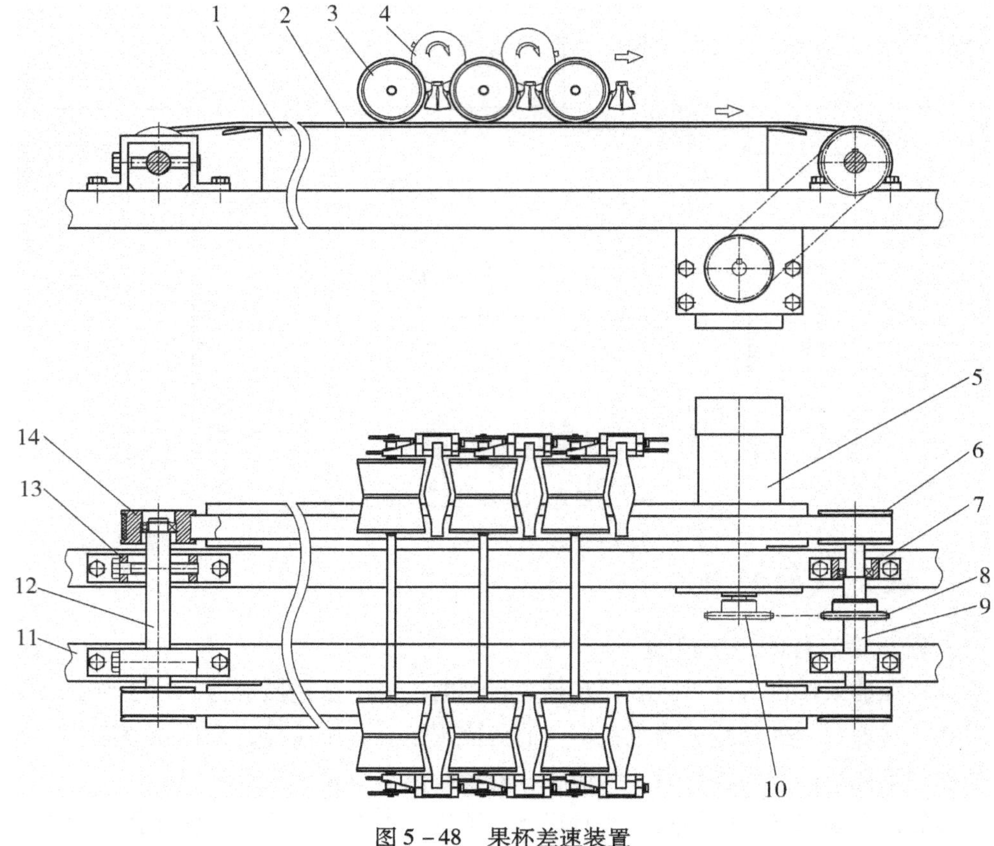

图 5－48 果杯差速装置

1—托板；2—皮带；3—滚轮；4—水果；5—减速电机；6—主动带轮；7—轴承；8—链轮；9—主动轴；10—输出链轮；11—架体；12—被动轴；13—调节座；14—被动带轮

可获得 360°范围内多角度的图像。

滚轮的自转速度受制于皮带的输送速度，只要调整皮带运行的线速度，就可以控制滚轮的转速。当皮带线速与滚轮运行的线速相等时，滚轮自转的速度为 0。在实际应用中，应控制滚轮自转速度，使滚轮经过图像采集区域范围刚好旋转 1 圈，即可实现水果 360°旋转拍摄。

2. 图像采集

这设备采用的摄像机为逐行扫描彩色摄像机，可在外触发模式下工作。当果杯链带移动一个果杯的距离时，光电开关产生一个脉冲信号，脉冲信号经过 PLC 调理后触发摄像机立即进行异步复位，开始一帧图像的曝光和扫描，确保每个水果的图像在整帧图像中的位置基本保持不变。

为了尽可能多地采集到水果整个表面的信息，需要通过果杯差速装置控制水果在运行过程作自转运动。

摄像机安装并调好焦距后，有一个固定的有效的摄像区域，即图像采集区域。

设定图像采集区域在沿果杯链带运动方向上的宽度为果杯间距的 3 倍，这样每个水果在经过采集区域的过程中将会被连续地采集到 3 个不同表面的完整图像，相应的每帧图像包含2个通道一共6个果杯上的水果图像。

图5－49所示是双通道果杯链带的连续3帧图像。水果在双通道链带带动下由左至右运行，水果(A_1A_2)、(B_1B_2)、(C_1C_2)、(D_1D_2)、(E_1E_2)依次经过图像采集区域，被连续拍摄3帧图像，其中水果C_1、C_2被采集了3次图像。

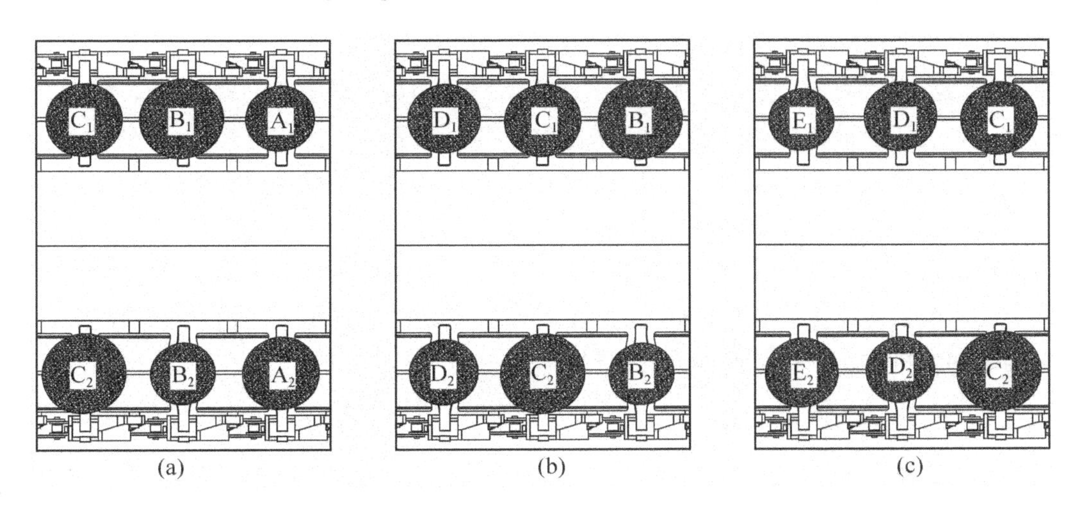

图5－49　图像采集过程3帧连续图像

5.5.6　卸料机构的结构原理

水果经过摄像区域，获得多个图像数据，经电脑分析判断，确定其级别。当承载此水果的果杯运行至对应的级别位置时，通过卸料机构把水果卸出。

图5－50所示是卸料机构装配图，机构主要由打杆3和电磁铁4组成，整体安装在支座7上，并固定在导轨8下方。电磁铁4和铰支杆5固定装配在角座6上；打杆3为曲柄型，通过弯角位的轴孔套入铰支杆5定位，并可绕铰支杆转动；电磁铁的拉杆头部与打杆3端部销轴联接。

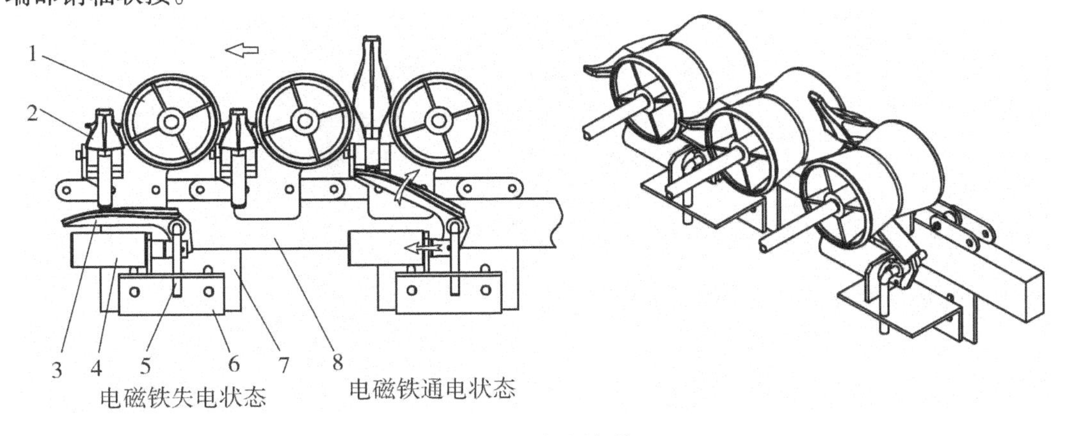

图5－50　卸果机构

1—滚轮；2—翻果杆；3—打杆；4—电磁铁；5—铰支杆；6—角座；7—支座；8—导轨

为了方便讨论，图中把两个卸料机构就近放在一起表示，其中一个是电磁铁失电状态，另一个是电磁铁通电状态。当水果被摄像，并经电脑分析确定级别后，继续向前运行，期间将经过多个级别位置，出现如下情况：

(1)水果经过其他不对应的级别位置时，无信号指令，电磁铁处于失电状态，打杆3处于水平位置，果杯无干涉正常通行；

(2)水果到达对应级别位置时，电磁铁获得信号通电，吸合拉杆使打杆3向上摆动，打击经过其上的翻果杆2，把其上的水果抛出，实现卸果。

图5－51是分选果杯翻果动作视图，可更形象地表示卸料机构的动作。水果被抛出后落入导槽，并滚落入下方的排果机输出。

卸料机构安装在各个级别出口位置。由于一个输送通道有多个级别出口，因此在每一个级别出口位置均设置一套卸料机构。本机为双通道输送，则每一个级别出口位置需并联设置两套卸料机构，分别负责本通道的卸料。

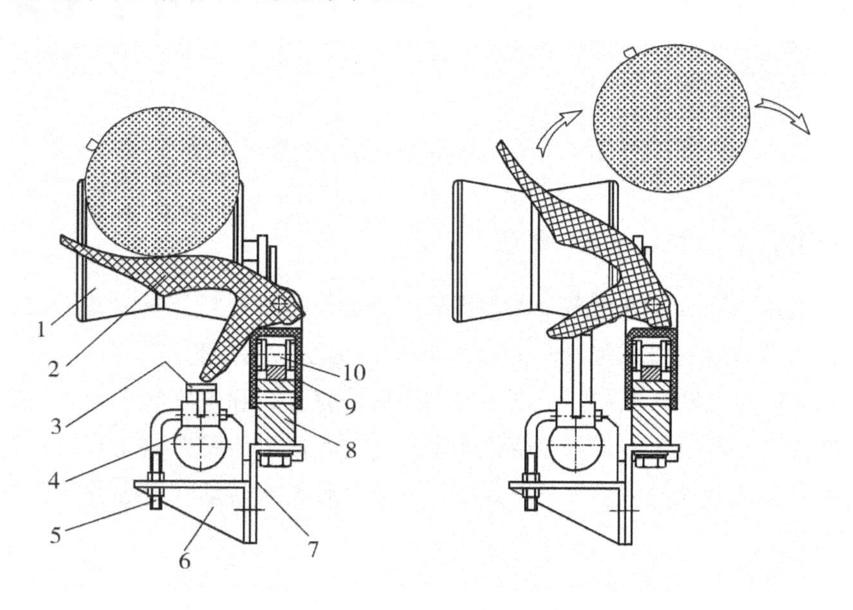

图5－51　分选果杯翻果动作视图

1—滚轮；2—翻果杆；3—打杆；4—电磁铁；5—铰支杆；6—角座；7—支座；8—导轨；9—卡座；10—输送链

5.5.7　视觉识别分选工作流程及原理

机器视觉识别分选的工作流程如图5－52所示。

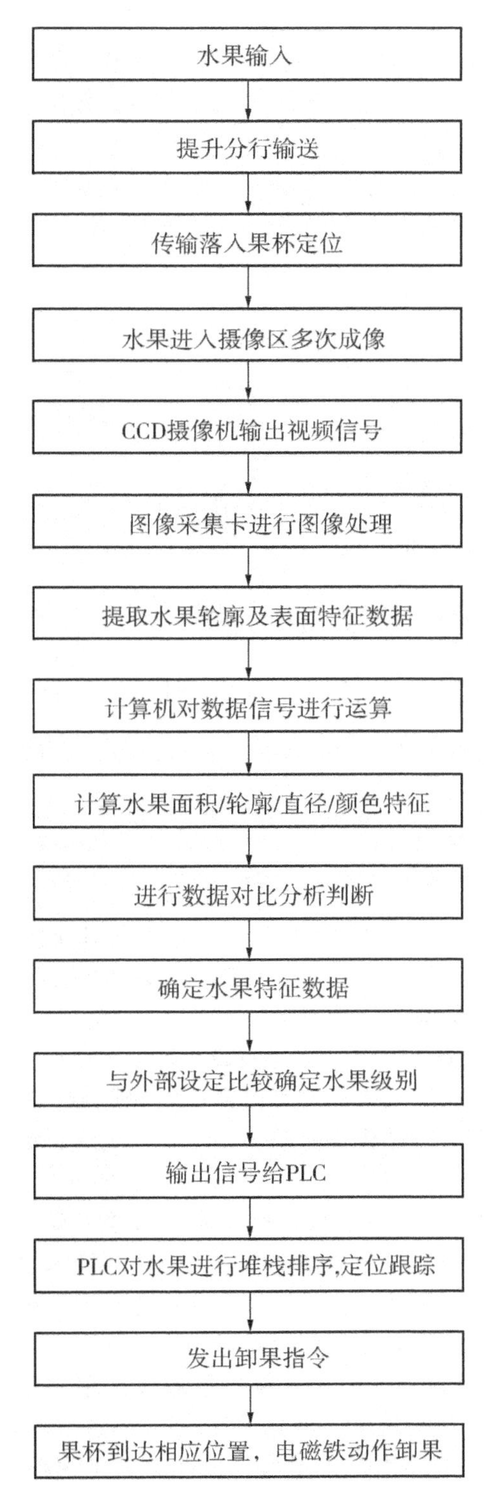

图5－52 视觉识别分选工作流程

图5－53所示是机器视觉识别分选工作原理示意图。果杯链带承载水果自左向右运动。在摄像区域上方，箱体内设置CCD摄像机1，并布置照明日光管2；在摄像区域下方，安装果杯差速装置4。在果杯链带输送方向的相应位置，按级别依次设置卸果机构7，并在果杯回程位置设置光电开关5。

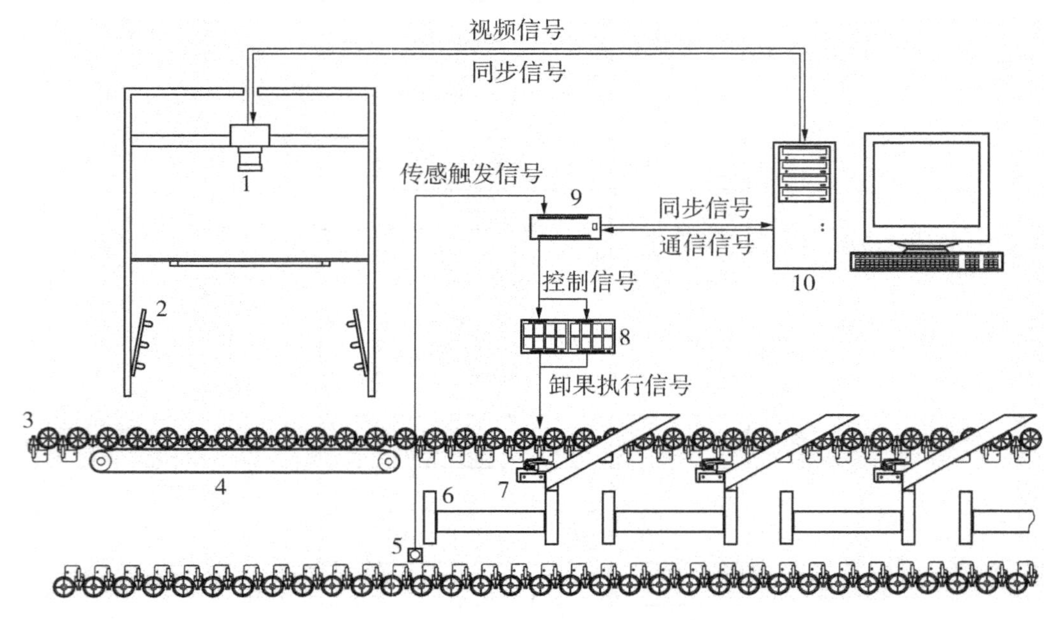

图5－53　机器视觉识别分选工作原理示意图

1—CCD摄像机；2—日光管；3—果杯链带；4—果杯差速装置；
5—光电开关；6—排果机；7—卸果机构；8—继电器；9—PLC；10——计算机

CCD摄像机1通过传输线与计算机10对应的输入端口连接，光电开关5与PLC输入端口连接。卸果机构7对应各个分级出料口安装，连接继电器8的输出端口。继电器与PLC输出端口连接。PLC与计算机通信连接。

该设备的机器视觉识别分选工作过程简述如下：

(1)水果经分行输送依次落入果杯，首先经过灯箱区域。在箱体内部的运行过程中，果杯差速装置带动水果自转，被摄像机拍摄多幅不同角度的图像，图像信号通过传输线输入计算机。

(2)来自摄像机的信号输入计算机后，首先通过图像采集卡进行图像处理，提取水果轮廓及表面特征数据。其后计算机对数据信号进行运算，计算水果面积、轮廓直径、颜色特征，经分析判断确定水果特征数值，将该数值与预先设定的参数进行比较，判定该数值所属级别，并做标号，确定在第几个级别出口排出。

(3)计算机输出信号给PLC，PLC对水果进行堆栈排序，定位跟踪。光电开关对经过的果杯数脉冲，并输入PLC进行统计，当脉冲数达到计算机计算值时，对应的果杯刚好到达指定的级别出口，PLC发出卸果执行信号，控制该级别出口的卸果机构动作，排出水果，完成一个分选。

5.5.8 设备主要设计参数

应用机器视觉识别技术，配合软件分析系统，可按需进行不同种类果蔬的形状、果径、颜色等特性的综合分选处理。其适用范围广，特别是类球形的果蔬如苹果、柑橙、梨、水蜜桃、猕猴桃、番茄等。

机器视觉识别分选的最大特点是可以按分选要求灵活设定不同特征(如形状、颜色等)的级别参数，而且调整方便。在所有分级设备中，采用机器视觉的机型分选精确率最高，效果最好，而且果蔬的机械损伤率最低。

机器视觉识别分选机型有多种形式，主要区别在于果杯的不同设计，以及机器视觉系统的不同配置等。以图 5 -44 所示机型为例，整机主要设计参数如表 5 -9 所示。

表 5 -9 机器视觉识别分选机主要设计参数

序号	技术参数	参考值
1	分选类型	大小、颜色
2	分选通道数	2
3	分选级别数量	有效 8(按大小分选最大为 8 级、按颜色分选为 2 级)，级外 1
4	果杯输送速度 $v/(\mathrm{mm \cdot s^{-1}})$	380 ～ 570
5	直径识别误差/ mm	±1
6	输送链节距 p/mm	31.75
7	果杯间距 P/mm	95.25
8	电机总功率 P_0/kW	2.9
9	分选速率(橙) $Q/(个 \cdot \mathrm{h^{-1}})$	30 000 ～ 40 000

5.5.9 设备主要参数的计算及检测

1. 分选速率的计算

在有效成像和计算机分析可控范围内，果蔬的分选速率与分选果杯的输送线速度成正比：

$$Q = \frac{3600vK}{P} \times N \tag{5-12}$$

式中 Q——分选速率，个/h；

v——果杯输送线速度，mm/s；

P——果杯间距，mm；

N——分选通道数，本机为 2；

K——果蔬于分选果杯间的填充率，%。生产应用一般为 70%～80%。

2. 串级率的测算

串级率分为按大小分选串级率 C_1 和按颜色分选串级率 C_2。设备正常工作时，设定按大小分选分 4 级，每个级别按颜色分 2 级，共 8 个出口，分别同时取样。

(1)按大小分选时，分别计量每个级别出口的样品数量 M_j，拣出最大尺寸偏离该级别设置值 ±1mm 的样品个数 m_i，串级率 C_1 按下式计算：

$$C_1 = \frac{\sum_{i=1}^{8} m_i}{\sum_{j=1}^{8} M_j} \times 100\% \tag{5-13}$$

式中 C_1——按大小分选时串级率,%；

m_i——按大小分选时，各出口最大尺寸偏离该级别设置值 ±1mm 的样品数量，个；

M_j——分选时，各出口的样品数量，个。

(2)按颜色分选时，分别拣出各出口中混入的另一颜色级别的样品个数 s_i。串级率 C_2 按下式计算：

$$C_2 = \frac{\sum_{i=1}^{8} s_i}{\sum_{j=1}^{8} M_j} \times 100\% \tag{5-14}$$

式中 C_2——按颜色分选时串级率,%；

s_i——按颜色分选时，各出口中混入另一颜色级别的样品个数，个；

M_j——分选时，各出口的样品数量，个。

3. 损伤率的测算

$$S = \frac{G_i}{G_j} \times 100\% \tag{5-15}$$

式中 S——损伤率,%；

G_i——分选后所有出口损伤果蔬数量，个；

G_j——分选后所有出口果蔬总数，个。

6 果蔬初加工设备

6.1 概述

果蔬的初加工是相对于深加工而言的，其范围较广，设备种类较多。前述的清洗、保鲜、分级等工序属于初加工的一部分，进一步的工序，还包括热烫、去皮、脱壳、切片等，甚至包括速冻、干燥等加工工序。

果蔬采后处理中，除了通过保鲜分级实现鲜果销售外，有相当大一部分会进一步初加工处理。初加工的目的主要有两个：其一，是为了提高新鲜果蔬的商品价值，如根茎类的蔬菜进行去皮、分切、包装；其二，是为深加工提供必要的条件，如番茄进行热烫去皮处理，荔枝进行剥壳除核处理等等。

本章主要针对热烫、去皮脱壳、切片、打浆除核等工序，选取几种先进的、典型的果蔬初加工设备进行详述，所述设备已经在大型果蔬加工厂中应用。

6.2 果蔬热烫设备

在果蔬加工中，某些产品的加工工艺要求需要对果蔬进行表面热烫处理。经此工序的目的主要有两个：其一可令果蔬表皮松软，便于下一道去皮工序轻易及彻底地除去果蔬表皮；其二可令果蔬达到灭酶杀菌的效果，以便保持果蔬原有的色泽和营养成分。

因此，热烫是一个关键的工序，其加工效果的好坏将直接影响到后道工序的实施，及其产品最终的加工质量。

传统的果蔬热烫设备按处理方式分，主要有热水漂烫方式和常压蒸汽热烫方式两种。按设备结构分，主要有网带输送式和螺旋滚筒式两种。

网带输送式设备，其结构是一套连续循环输送的网带在半封闭箱槽中运行，箱槽中可以充满热水，或者直接通入常压蒸汽。果蔬在网带带动下进入箱槽运行，接受热水的漂烫，或蒸汽的热烫。

螺旋滚筒式设备，以卧式滚筒为输送体，滚筒筒壁布满筛孔，内部带螺旋，物料在其内翻滚向前运动。输送滚筒外部套有圆筒槽体，圆筒槽体分上下两半槽，盖合封闭。设备可充入热水进行漂烫，或通入常压蒸汽实现热烫。

以上两类传统的设备，虽然能满足一般的生产要求，但在实际运行中加工质量并不高，而且存在明显的缺陷：①热水漂烫的温度受限，加热时间过长，热透果肉组织，易造成皮肉粘连；②蒸汽热烫的压力不恒定，温度难以控制，物料加热不均匀；③均为敞开式的入料和出料口，散热量大，耗能严重；④加工过程易损伤果肉，破坏果蔬外形完整性，影响加工质量。

果蔬表皮热烫处理最理想的形式是：在热力未能渗透果肉组织前，表皮能获得迅速、均匀的加热而与果肉组织发生离解。与此同时，为保证连续加工处理，物料必须流畅输送并经历相应工序，在此过程应避免机械损伤。因此，合理的设备设计是实现理想工艺过程的关键。

针对传统技术的不足，以下介绍两套先进设备，集热烫、真空处理等工序于一体，加工过程可维持蒸汽压力、加热温度、真空度等工艺参数的可调可控，适应规模化生产。

6.2.1 螺旋推进式热烫设备

螺旋推进式热烫设备可实现果蔬恒压热烫和真空处理。其工艺流程为：自动入料→蒸汽(恒压)热烫→真空处理→自动出料。

1. 设备总体结构

如图6－1所示，设备主体由蒸汽处理器4、真空处理器5和进料转阀1、过渡转阀2、出料转阀3组成。进料转阀1和出料转阀3之间形成一个与外部隔绝的密封体系。

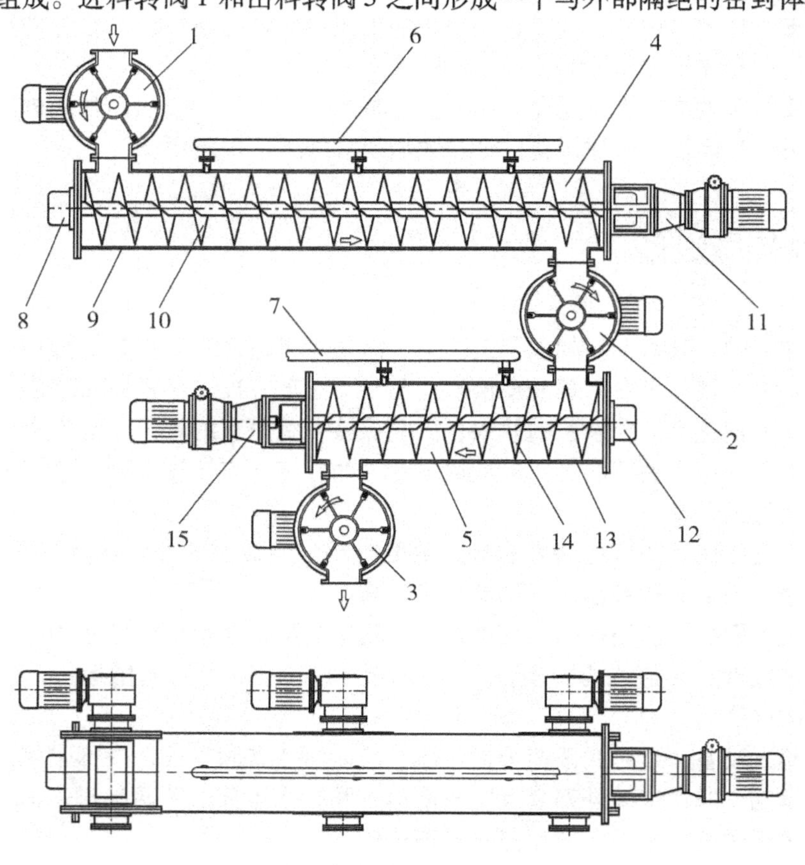

图6－1　螺旋推进式热烫设备总体结构图

1—进料转阀；2—过渡转阀；3—出料转阀；4—蒸汽处理器；5—真空处理器；6—蒸汽管；7—真空管；8—轴承座A；9—筒体A；10—螺旋A；11—减速电机A；12—轴承座B；13—筒体B；14—螺旋B；15—减速电机B

由主视图可见，蒸汽处理器4和真空处理器5上下平行布置。进料转阀1通过法兰联接安装在蒸汽处理器4的入口端(左端)；过渡转阀2的上部法兰与蒸汽处理器4的出口端(右端)联接，其下部法兰与真空处理器5的入口端(右端)联接；出料转阀3通过法兰联接安装在真空处理器5的出口端(左端)。

2. 蒸汽处理器和真空处理器结构

蒸汽处理器4的实质结构是一个螺旋输送器，主体由筒体A 9和螺旋A 10组成。螺旋A 10的芯轴左端安装在轴承座A 8上，右端与减速电机A 11联接，两轴端均带有密封装置。减速电机A 9驱动螺旋芯轴，带动螺旋旋转，实现物料的推进输送。蒸汽处理器的筒体A 9上部设置若干个连接头(图示为3个)连接蒸汽管6。蒸汽由蒸汽管6输入，通过筒体A上布置的连接头喷入，均匀充满筒体内部。

真空处理器5的结构与蒸汽处理器4的结构相似，同样是一个螺旋输送器，其筒体B 13上部设置若干个连接头(图示为2个)连接真空管7。工作时，减速电机B 15驱动螺旋B 14旋转，推进输送物料。而真空泵(图中无标示)则通过真空管7对真空处理器抽真空，使其筒体B 13内部形成真空状态。

3. 转阀结构

本设备配置3个转阀，分别是进料转阀、过渡转阀和出料转阀，结构相同，如图6－2所示。阀体1和前后侧封座4构成一个圆筒内腔，叶轮3在其内旋转。

叶轮3由多个圆周均布的叶片组成(图示为6片)，叶片形状为矩形。叶片顶部与转轴2平行的边缘镶嵌弹性刮板，转动时可与阀体1内圆周壁贴合滑动；侧封座4的内壁平面弹性压合叶片的侧边缘。

由于叶轮3分别与阀体1的内圆周壁和侧封座4的内壁平面贴合滑动密封，因此共同构成若干个截面为扇形的密封腔(如主视图所示)，随着叶轮3转动，密封腔随叶片移动。

物料由转阀上方入口输进，落入叶片之间的空腔，随叶片旋转进入扇形密封腔。叶片转至下方位置时，空腔连通出料口，物料卸出。由此可见，在物料入口和出口过程中，经历半圆周的密封阶段。因此，通过转阀可把入口和出口所处位置分隔为两个独立的空间。

4. 工作原理

如图6－1所示，设备运行时，被处理果蔬经历如下行程：

(1)果蔬由进料转阀1上部的入料口输进，不间断充满转阀叶片之间的空腔，并随转阀逆时针旋转，运行至转阀下部出料口，落入蒸汽处理器4。

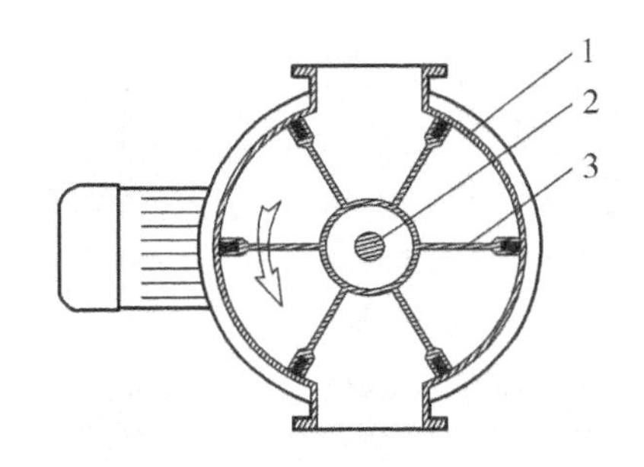

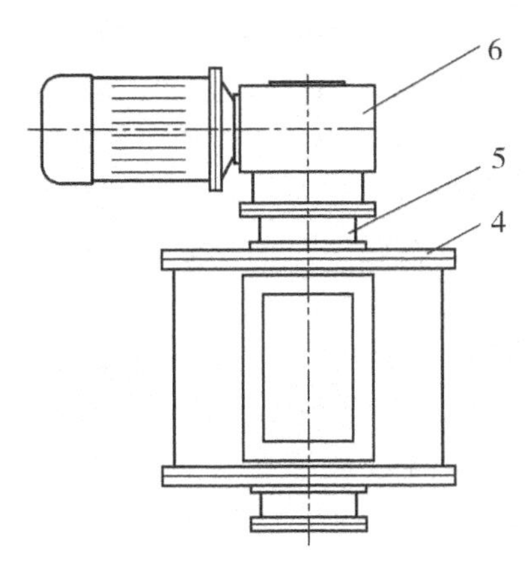

图6－2　转阀结构图

1—阀体；2—转轴；3—叶轮；
4—侧封座；5—轴承座；6—减速电机

(2)在蒸汽处理器4内部，果蔬被螺旋带动，由左至右运行，直至在右端的出料口落入过渡转阀2的内腔。在这一过程，蒸汽管6输入蒸汽，充满蒸汽处理器4内部，使果蔬在运行中接受蒸汽的热烫。由于蒸汽处理器4的入料口和出料口分别安装有进料转阀1和过渡转阀2，因此其内部形成一个密闭的独立的空间，可确保其内的蒸汽不泄漏，维持气压和温度的恒定。

(3)落入过渡转阀2内腔的果蔬，随叶片顺时针旋转至下部出料口，进入真空处理器5。

(4)在真空处理器5内部，果蔬被螺旋带动，由右至左运行，直至在左端的出料口落入出料转阀3的内腔。在这一过程，真空泵系统通过真空管7对真空处理器5抽真空，使其内部处于真空状态，实现果蔬的真空处理。

(5)落入出料转阀3内腔的果蔬，随叶片逆时针旋转至下部出料口。

本设备通过3个转阀的安装联接，使蒸汽处理器和真空处理器内部分别形成相对密闭的处理空间，既满足果蔬的自由进出运行，又可维持其内压力和温度的恒定，使产品的加工质量保持一致。

6.2.2 贮罐内旋式热烫设备

1. 设备总体结构

如图6－3所示，设备主要由处理罐1、进料转阀2和出料转阀3组成。处理罐1是设备的主体，倾斜布置，罐体中心轴线与水平面成45°，由机座4支承。

进料转阀2安装在处理罐1上部，其出口通过法兰联接入料管5；出料转阀3安装在处理罐1下部，其入口通过法兰联接出料管6。由于进料转阀2和出料转阀3的阻隔作用，使处理罐1的内部空间形成一个与外部隔绝的相对密封的体系。

2. 处理罐结构

处理罐的罐体由上罐体7和下罐体8两半部分组成，通过法兰密封联接成一体。

罐体内部固定安装有3块圆形隔板，分别是上隔板12、中隔板14、下隔板16。中隔板14处于罐体中间法兰联接的位置，上隔板12和下隔板16对称安装于中隔板14两侧。上隔板12和下隔板16之间，被中隔板14分隔成两个容积相同的圆柱状空间。

*B—B*视图中，中隔板14在中心水平线位置加工有一个椭圆形通孔M，可连通上下两个圆柱状空间。

*A—A*视图中，上隔板12加工有圆孔K，其位置以中心水平线为基准向上偏离角度α，孔K与入料管5连通。

*C—C*视图中，下隔板16加工有椭圆形孔N，其位置以中心水平线为基准向下偏离角度β，孔N与出料管6连通。

驱动轴11安装在罐体中心线位置，由上而下穿越上隔板12、中隔板14和下隔板16。驱动轴11的下端轴头安装在下轴承座18上，其上端轴头安装在上轴承座10上，并伸出罐体上部，轴端装配有链轮9。上下轴承座均带密封装置。

驱动轴11中部装配两套结构相同的刮板装置，在上隔板12和中隔板14之间，装配有上刮板装置13；在中隔板14和下隔板16之间，装配有下刮板装置15。如截面图所示，刮板装置由12块矩形平板组成，以驱动轴11为中心放射状布置，圆周均匀分布，形成一

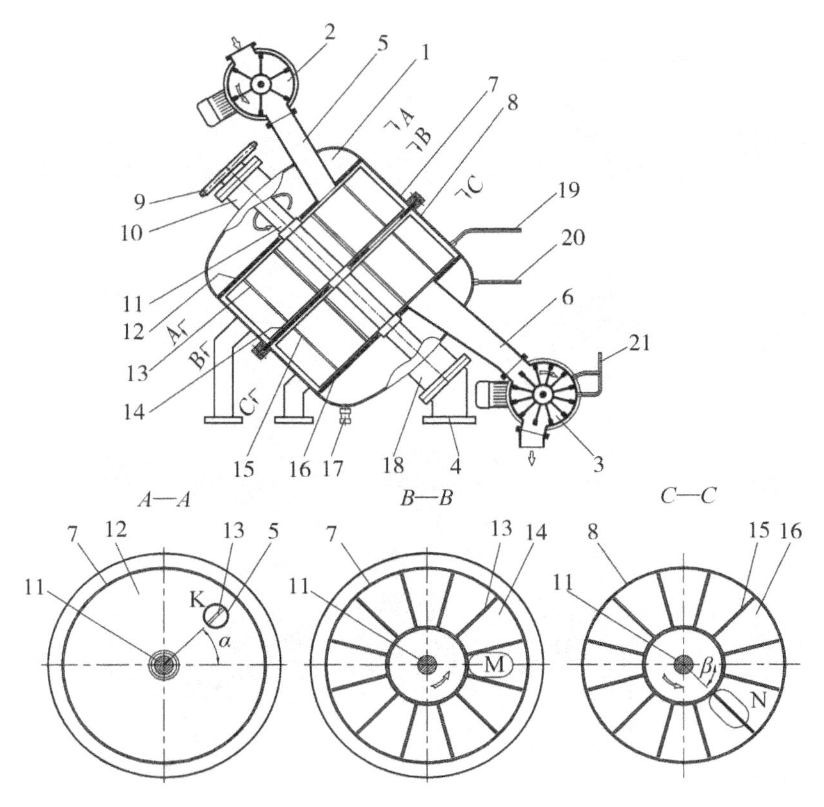

图 6－3 贮罐内旋式热烫设备总体结构图

—处理罐；2—进料转阀；3—出料转阀；4—机座；5—入料管；6—出料管；7—上罐体；8—下罐体；9—链轮；10—上轴承座；11—驱动轴；12—上隔板；13—上刮板装置；14—中隔板；15—下刮板装置；16—下隔板；17—阀门；18—下轴承座；19—进水管；20—蒸汽管；21—真空管

体化的拨轮状结构。刮板装置的高度和外径与隔板之间的圆柱状空间相配合。

驱动轴 11 旋转时可带动上刮板装置 13 和下刮板装置 15 同步回转。驱动轴 11 的动力来源于链轮 9，工作时，减速机通过传动机构带动链轮 9 运转。

通过蒸汽管 20 可对处理罐输入蒸汽，冷却水通过进水管 19 输入处理罐内，阀门 17 的作用主要是调节处理罐内的贮水量。

3. 真空转阀结构

如图 6－3 所示，该设备配置进料转阀 2 和出料转阀 3，结构与前述螺旋推进式设备相似，不同之处是出料转阀还配有真空接头，可连通真空系统，如图 6－4 所示。可见，果蔬在出料转阀的运行过程中，同时可进行抽真空处理。

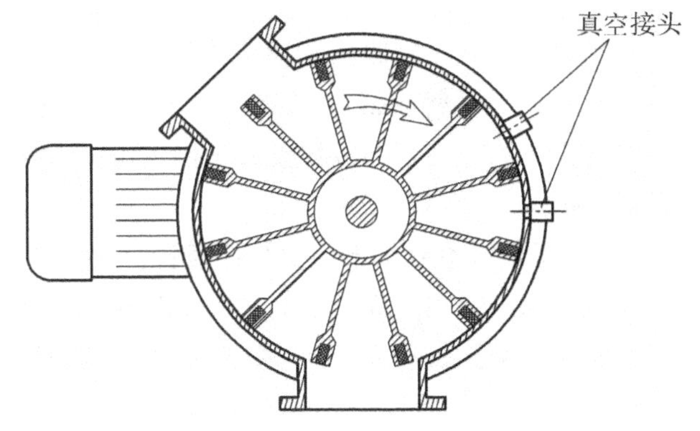

图 6－4 出料转阀

4. 工作原理

图6-5显示处理罐内物料的运行原理。通过进水管把水注入罐内，在罐底部分形成一定高度的液面。蒸汽通过蒸汽管通入处理罐内，形成一定压力和温度的内部环境。由于处理罐的上部入料口和下部出料口分别安装有入料转阀和出料转阀，因此其内部形成一个密闭的独立的空间，可确保充入其内的蒸汽不泄漏，维持其内气压和温度的稳定。

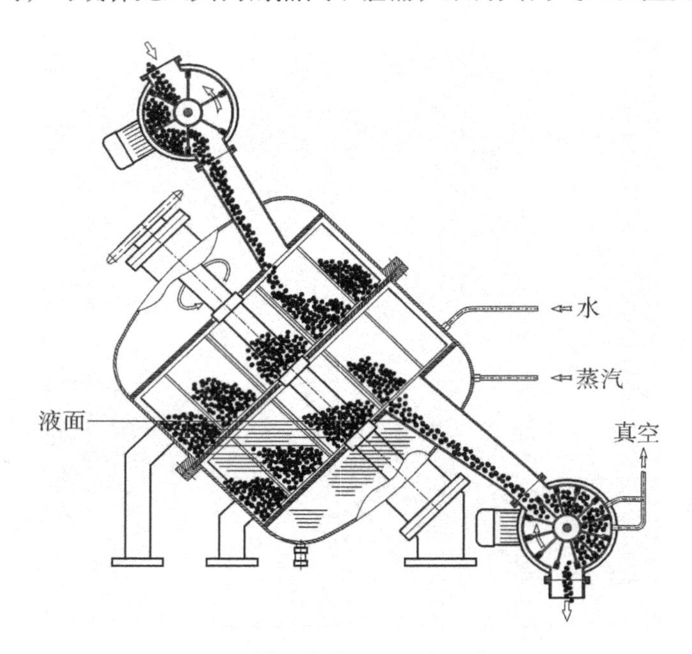

图6-5　贮罐内旋式热烫设备工作原理图

结合图6-3与图6-5进行分析，物料经历如下行程：

(1)果蔬由进料转阀2上部的入料口输进，不间断充满转阀叶片之间的空腔，并随转阀逆时针旋转，运行至转阀下部出料口，流进入料管5，通过上隔板12的圆孔K，落入上隔板12和中隔板14组成的圆柱空间中，均布在上刮板装置13的间隔内，被刮板带动逆时针回转(参看图6-3 *A—A* 截面图)。

(2)果蔬在上刮板装置13带动回转的过程处于蒸汽热烫处理的环境中。果蔬被上刮板带动逆时针回转，自圆孔K对应位置开始，旋转$(360° - \alpha)$角度，到达椭圆孔M位置(参看图6-3 *B—B* 截面图)。在此，果蔬通过椭圆孔M落入中隔板14和下隔板16组成的圆柱空间中，均布在下刮板装置15的间隔内，被刮板带动继续逆时针回转(参看图6-3 *C—C* 截面图)。

(3)果蔬被下刮板带动逆时针回转，自椭圆孔M对应位置开始，旋转约90°后，完全没入过热水中，在液面下运行；果蔬随刮板旋转自M对应位置开始经过$(360° - \beta)$角度后，到达椭圆孔N位置(参看图6-3 *C—C* 截面图)。在此前，果蔬离开液面，完成过热水漂烫，随后通过椭圆孔N流入出料管6，并进入出料转阀3。

(4)落入出料转阀3内腔的果蔬，随叶轮的叶片顺时针旋转，经过真空接头对应的扇形腔室，实现真空处理。随后，果蔬继续旋转至转阀下部出料口卸出。

在整个工作流程中，果蔬在处理罐内从上而下连续流动，在上刮板和下刮板带动下经历两层圆周运行，依次完成蒸汽热烫、过热水漂烫，最后在出料阀中经过真空处理。作为可选加工方案，该设备还有单独蒸汽热烫、单独过热水漂烫两种工艺流程可选择。

6.2.3　热烫设备工艺特点及关键参数

果蔬热烫后即时经过真空处理的加工工艺具有显著的特点：在压差的作用下，表皮与果肉组织之间包含的薄层气体快速膨胀，导致果皮与果肉加速及全面的离解；与此同时，真空处理可实现快速降温，并且有效回收果蔬热烫皮裂后析出的汁液，又可除去其皮屑、残余水分及气体。

螺旋推进式和贮罐内旋式两种热烫设备，共同点是可维持加工时蒸汽压力和温度的恒定，并且均可于热烫后实现真空处理。两种设备相比较，螺旋推进式设备结构较简单，维护较容易；贮罐内旋式设备结构较复杂，维护较困难。相较于螺旋推进式设备，贮罐内旋式设备在实际生产中更显优越性，可适应多种加工工艺方案，其压力、温度、时间等工艺参数调整范围更广更灵活。另外，由于输送物料方式的不同，贮罐内旋式设备对物料的完整性保护更好，即机械损伤更小。

螺旋推进式热烫设备的关键设计参数如表6-1所示。

表6-1　螺旋推进式热烫设备设计关键参数

序号	技术参数	参考值
1	蒸汽处理器驱动功率/kW	3
2	真空处理器驱动功率/kW	2.2
3	蒸汽及真空处理器螺旋转速/(r·min^{-1})	190～1000
4	进料转阀驱动功率/kW	3
5	过渡转阀及出料转阀驱动功率/kW	4
6	转阀回转速度/(r·min^{-1})	12

螺旋推进式和贮罐内旋式两类热烫设备的关键运行工艺参数如表6-2所示。

表6-2　设备关键运行工艺参数

设备类型	适用蒸汽压强/MPa	可调热烫温度/℃	可调热烫时间/s	真空度/(-kPa)	真空时间/s	最大处理量(番茄)/(kg·h^{-1})
螺旋推进	0.1～0.2	105～125	5～10	85～90	3～5	20000
贮罐内旋	0.1～0.3	110～140	6～18	85～90	4	30000

6.3 果蔬去皮设备

在果蔬的初加工中，一些产品要求实施去皮或剥壳工序，如根茎类的蔬菜分切包装前需要去皮；荔枝龙眼打浆制汁前需要剥壳。果蔬表皮的去除是一个关键的工序，其加工效果的好坏将直接影响到产品的最终质量。

传统的机械式果蔬去皮设备主要有两种形式：

1. 筒壁摩擦式去皮设备

筒壁摩擦式去皮设备包括立式转盘式磨皮机、卧式滚筒式磨皮机。这两种设备均有一个圆筒体作为磨皮筒，筒体内壁镶嵌刺板或采用金刚砂磨板结构，当蔬果在筒体内受外力作用翻滚时，不断与筒壁摩擦达到去皮目的。

2. 旋转滚刷式去皮设备

该类设备装配多排毛刷辊，刷毛采用钢丝材质或较粗的尼龙材质。毛刷连续自转，当果蔬落到毛刷表面时，随毛刷运动并翻滚，被刷毛不断擦扫表皮，达到去皮的目的。

以上两类设备在工作时需要喷淋水，不断把擦出的果蔬皮冲洗掉。这两类设备可满足一般的生产要求，但均存在一定的缺陷：前一类设备在磨皮过程不可避免损伤果肉，而且损伤程度难以控制，造成加工原料的损耗较严重；后一类设备同样难以控制损伤果肉，而且刷毛容易脱落并混入果蔬，需要进一步清理。

本章介绍两种技术先进的去皮机，包括果蔬连续式搓皮机和果蔬表皮连续撕脱清除机，可克服传统机械式去皮机易损伤果肉或易混入刷毛等缺陷，确保经表面热烫处理后的果蔬能快速高效去皮。另外，本章以荔枝龙眼为典型案例，介绍其自动剥壳工艺及设备。

6.3.1 果蔬连续式搓皮机

1. 设备总体结构

如图6-6所示，果蔬连续式搓皮机主要由机架1、主动轴及链轮部件2、无级变速机3、搓皮辊4、输送链5、上链轨6、下链轨7、上导轨8、下导轨9，以及侧护板12和被动轴及链轮部件14等组成。

设备的主体是搓皮辊，是果蔬输送的载体和连续搓皮的装置。搓皮棍为辊筒式结构，数量众多，装配在两侧输送链5的中间，按输送方向定间距整齐排列，形成一套循环输送的链辊装置，被输送链带动运行，工作行程的运动方向由右至左。

设备的主动力是无级变速机3，其减速机为孔输出，直连主动轴。电机启动后，减速机直接驱动主动轴，通过主动轴两侧的链轮，带动输送链5，从而带动搓皮辊运行。搓皮辊沿被动链轮、上导轨、主动链轮、下导轨循环往复。

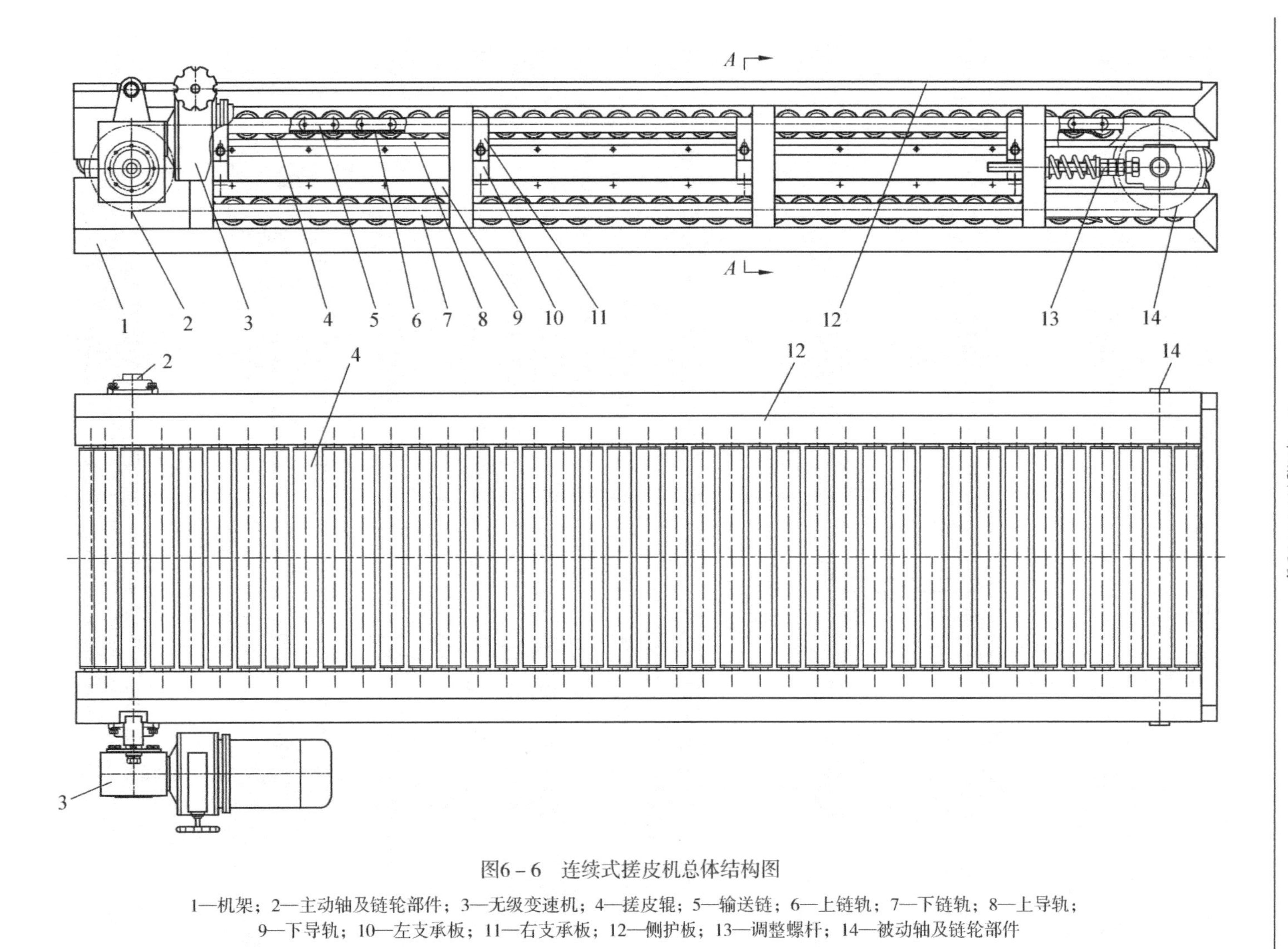

图6－6 连续式搓皮机总体结构图

1—机架；2—主动轴及链轮部件；3—无级变速机；4—搓皮辊；5—输送链；6—上链轨；7—下链轨；8—上导轨；9—下导轨；10—左支承板；11—右支承板；12—侧护板；13—调整螺杆；14—被动轴及链轮部件

2. 搓皮辊结构

图6－7所示是搓皮辊的结构图，其主体是直条纹辊筒3，筒体采用防腐卫生金属管材加工，其表面圆周均布若干纵向直条纹，由管材整体拉伸而成。条纹为凸出圆弧状，其截面如图示为多星型结构。

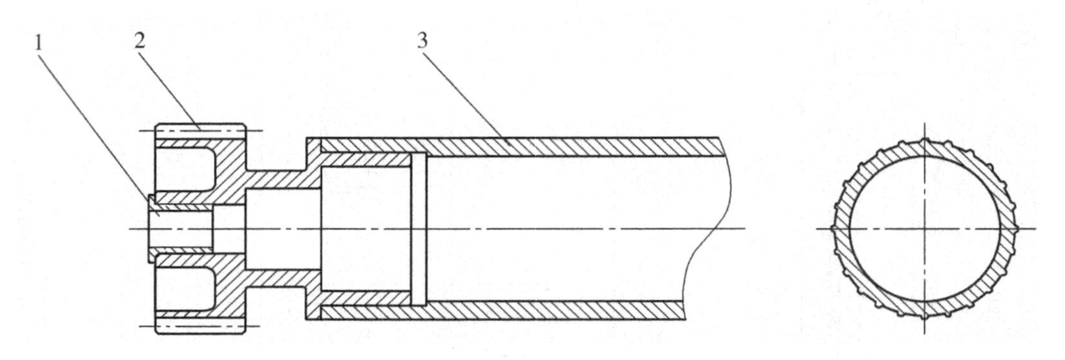

图6－7　搓皮辊结构图

1—塑料轴承；2—齿形滚轮；3—直条纹辊筒

直条纹辊筒的两端紧固装配有齿形滚轮2，在齿形滚轮中心轴端装配有塑料轴承1。

3. 搓皮辊的装配及运行原理

由上述可知，搓皮辊两端装配在输送链上，辊与辊之间定节距装配。输送链是带长销轴的滚子链，按固定的链节距伸出一根长销轴，该长销轴与搓皮辊轴端的塑料轴承滑动配合，装配后，搓皮辊可以长销轴为中心轴进行自转。

如图6－8所示，搓皮辊装配后，输送链5沿上链轨6和下链轨7循环运行。上层搓皮辊处于果蔬输送和搓皮工作状态，其两端齿形滚轮被上导轨8承托；下层搓皮辊处于回程运动状态，其左端齿形滚轮被下导轨9压合。

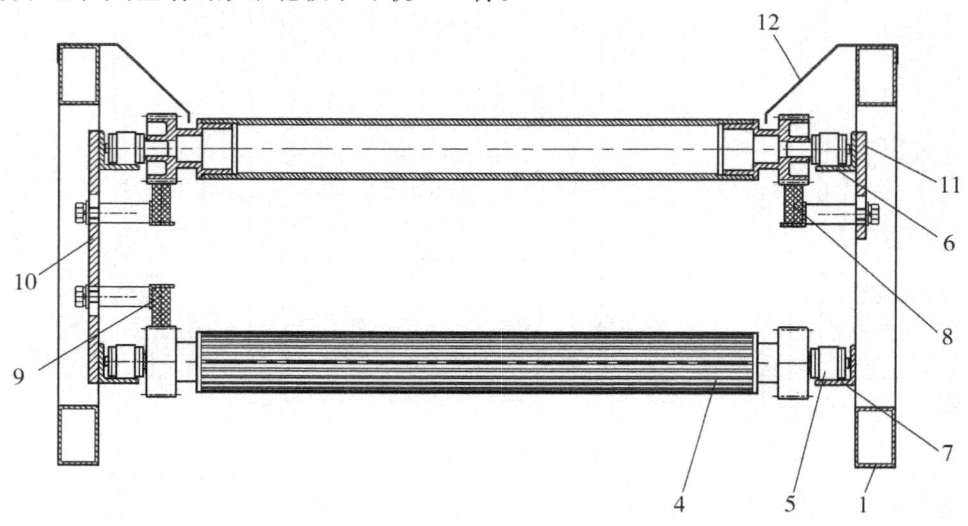

图6－8　搓皮辊装配图（总装图 *A*—*A* 截面视图）

1—机架；4—搓皮辊；5—输送链；6—上链轨；7—下链轨；8—上导轨；9—下导轨；10—左支承板；11—右支承板；12—侧护板

上下导轨的主体是截面为矩形的长条状橡胶材质，装配在长角钢上，通过支撑轴固定在左支承板 10 和右支承板 11 上。导轨的长度处于主动链轮和被动链轮之间。

当搓皮辊被输送链带动循环运行时，在主动链轮和被动链轮之间的行程中，齿形滚轮接触橡胶导轨，并发生滚动摩擦。上层搓皮辊两端的齿形滚轮沿上导轨逆时针滚动前进，从而带动整个搓皮辊在前进运动过程作自转运动。下层搓皮辊在回程过程，由于其左端的齿形滚轮受到下导轨 9 的压合，运行中将沿下导轨作逆时针滚动。

4. 搓擦去皮原理

设备工作时，果蔬物料由设备右端(即被动轴位置处)连续进入，被搓皮辊承载并带动前进。

图 6－9 所示是上层搓皮辊运行示意图，图中搓皮辊被输送链带动自右向左运动，在前进过程不断做逆时针滚动。落入搓皮辊上方的果蔬被搓皮辊带动前进并于辊间连续自转，形成一排排整齐均匀的列队。在运动过程，果蔬被搓皮辊带动翻滚自转，其表面与搓皮辊筒面直纹连续不间断的摩擦，使表皮分解脱离。残皮通过辊与辊之间的间隙向下漏出，跌落到下层回程搓皮辊上。由于下层搓皮辊同样进行滚动式前进运动，将把跌落其上的残皮向下甩出，达到清除残皮的目的。

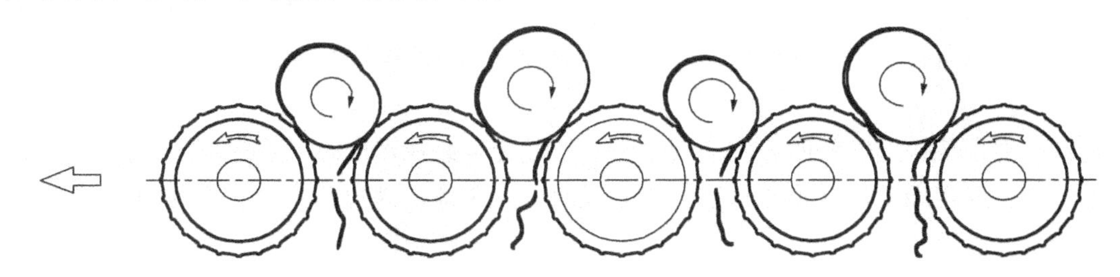

图 6－9　果蔬搓擦去皮原理图

由于搓皮辊采用带直条纹的防腐金属材质辊筒结构，因此去皮效率高，去皮效果好，而且无论蔬果大小，去皮均匀而不会损伤果肉，极大地降低了果蔬原料的消耗率。另外，这种去皮形式可有效避免传统磨皮机易于将刷毛等异物混入果蔬中的缺陷，卫生要求得到有效的保障。

当然，该机应配套热烫设备使用，果蔬先热烫再搓皮，才能达到理想效果。

5. 设备主要设计参数

图 6－6 所示连续式果蔬搓皮机的主要设计参数如表 6－3 所示。

表 6－3　连续式搓皮机主要设计参数

序号	技术参数	参考值
1	搓皮有效宽度 B/mm	860
2	搓皮输送长度 L/mm	2700
3	搓皮辊外径 d/mm	ϕ62

续表 6-3

序号	技术参数	参考值
4	齿形滚轮外径 d_c/mm	ϕ72
5	输送链节距 p/mm	75
6	搓皮辊间距 P/mm	75
7	搓皮辊输送线速度 v/(mm · s^{-1})	280 ～ 1400(无级可调)
8	电机功率 P_0/kW	1.5

6.3.2 果蔬表皮连续撕脱清除机

1. 设备总体结构

如图 6-10 所示，本设备主要由脱皮输送辊链 3、主动轴及链轮部件 1、被动轴及链轮部件 9、驱动电机 2、长齿条 4、短齿条 5、链轨 7，以及侧挡板 8、出料槽 11、螺旋排皮器 13、集皮槽 14、刮板 15、清洗毛刷 18、喷淋管 19 和皮渣导槽 12、16、17 等组成。

脱皮输送辊链 3 是本设备最重要的组件，是实现果蔬表皮连续自动撕脱的执行机构。脱皮输送辊链是由数量众多的脱皮辊平行排列组成，辊轴两端安装在滚子输送链上，形成一套输送链辊机构。脱皮辊被链条带动平行运动，绕主动链轮和被动链轮循环(按图示为逆时针方向)。

脱皮辊在链条上安装时，两支为一组，按固定节距成对安装。在前进行程中，配对的脱皮辊在齿条作用下，将作相对啮合旋转运动，在果蔬输送过程中实现连续撕脱清除表皮的动作。

设备的主动力是驱动电机 2，启动后直接驱动主动轴，通过主动轴两侧的链轮和被动轴两侧的链轮，带动两侧滚子链，从而带动脱皮输送辊链循环往复运行。通过调节螺杆 21 可张紧脱皮输送辊链。

2. 脱皮辊结构

图 6-11 所示是脱皮输送辊链装配图，主要部件是脱皮辊 1，脱皮辊两端轴孔装配有塑料轴承 2，对应套入滚子链 3 的长销轴。滚子链的长销轴与脱皮辊轴端的塑料轴承滑动配合，装配后，脱皮辊可以长销轴为中心轴进行自转。

由图 6-11 可见，脱皮辊的其中一端带有齿轮，另一端没有齿轮。装配时，两支脱皮辊配对成一组，两端反向，交错安装，按 A、B 形式布置。每对脱皮辊中部辊体形成啮合状态，按固定链节距一对一对排列安装。

图 6-12 所示是脱皮辊的截面图，其芯轴 2 为不锈钢材料，轴外圆周面包裹星型橡胶辊套，形成包胶长辊结构。

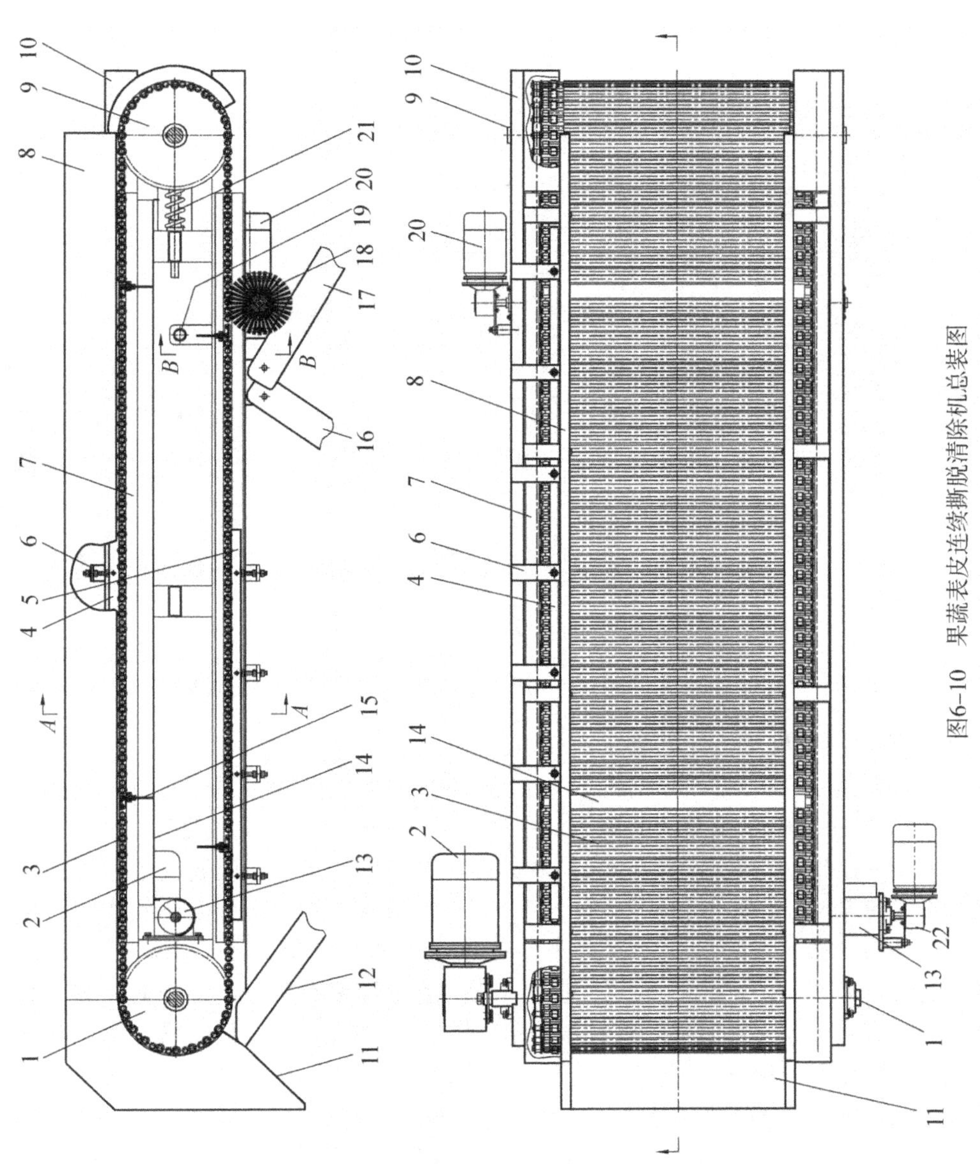

图6-10 果蔬表皮连续撕脱清除机总装图

1—主动轴及链轮部件；2—驱动电机；3—脱皮输送辊链；4—长齿条；5—短齿条；6—齿条安装架；7—链轨；8—侧挡板；9—被动轴及链轮部件；10—机架；11—出料槽；12，16，17—皮渣导槽；13—螺旋排皮器；14—集皮槽；15—刮板；18—清洗毛刷；19—喷淋管；20—毛刷电机；21—调节螺杆；22—螺旋电机

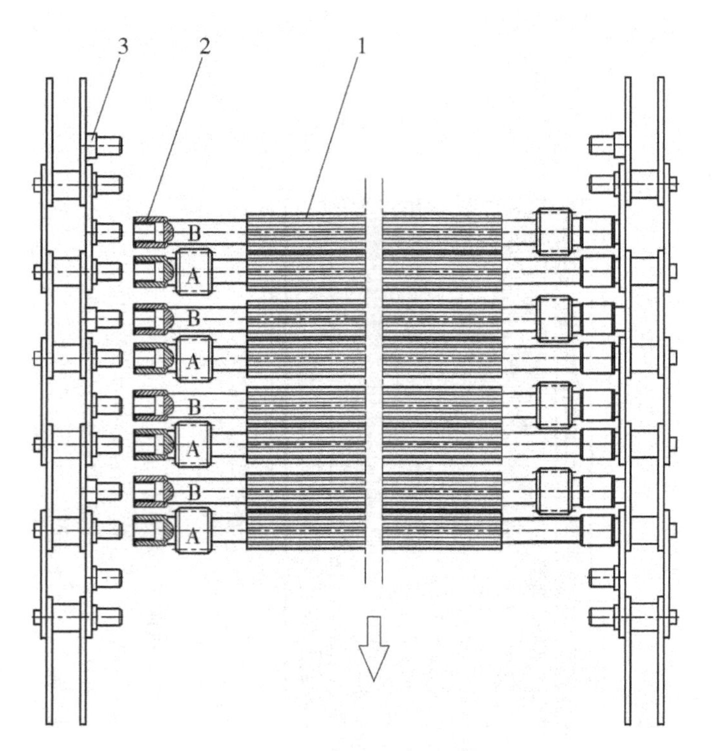

图 6－11　脱皮输送辊链装配图

1—脱皮辊；2—塑料轴承；3—长销轴滚子链

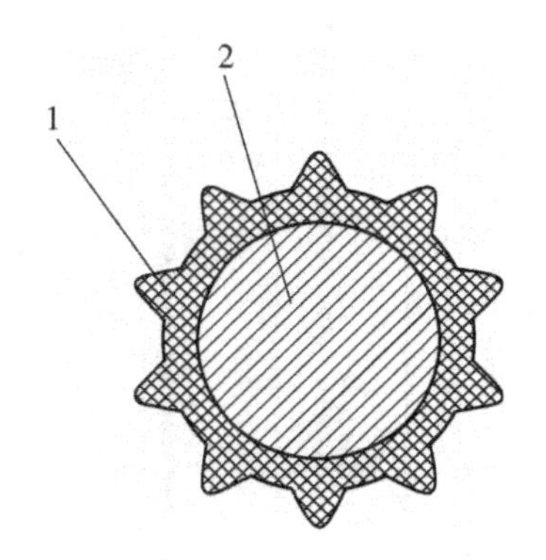

图 6－12　脱皮辊截面图

1—星型橡胶辊套；2—芯轴

3. 脱皮部件的装配及其运行原理

图 6－13 所示是脱皮机装配截面图，即图 6－10 果蔬表皮连续撕脱清除机总装图中的 *A*—*A* 视图。脱皮输送辊链 3 被两侧的滚子链带动，沿上下链轨 7 循环往复运行。

上层脱皮辊处于输送果蔬和行进过程撕脱其表皮的工作状态。上层脱皮辊左端齿轮上方对应安装有长齿条 4，右端齿轮下方对应安装有长齿条 4，左右长齿条尺寸相同，长度处于主动链轮和被动链轮之间。脱皮辊离开被动链轮后，其端部齿轮即与齿条啮合滚动，直至到达主动链轮前为止。结合图 6－11 进行分析，当辊链按箭头方向前进时，脱皮辊 A 左端齿轮与其上方的齿条 4 啮合做顺时针滚动（右视方向观察）；脱皮辊 B 右端齿轮与其下方的齿条 4 啮合做逆时针滚动（右视方向观察）。于是，出现 A、B 配对脱皮辊在前进行程中连续不断做相对啮合滚动的状态。

图 6－13 中，下层脱皮辊处于回程运动状态，其左端齿轮下方对应安装有短齿条 5，右端齿轮上方对应安装有短齿条 5。由上述分析可知，A、B 配对脱皮辊在回程运动中，分别与左右齿条啮合滚动，并且滚动方向为反向啮合状态。

4. 果蔬表皮撕脱及清除的原理

设备工作时，果蔬物料由设备右端（即被动轴位置处）连续进入，被脱皮输送辊链承载并带动前进。图 6－14 所示是果蔬表皮撕脱原理图。前进行程中 A、B 配对脱皮辊相对啮合滚动，回程时 A、B 配对脱皮辊反向啮合滚动。

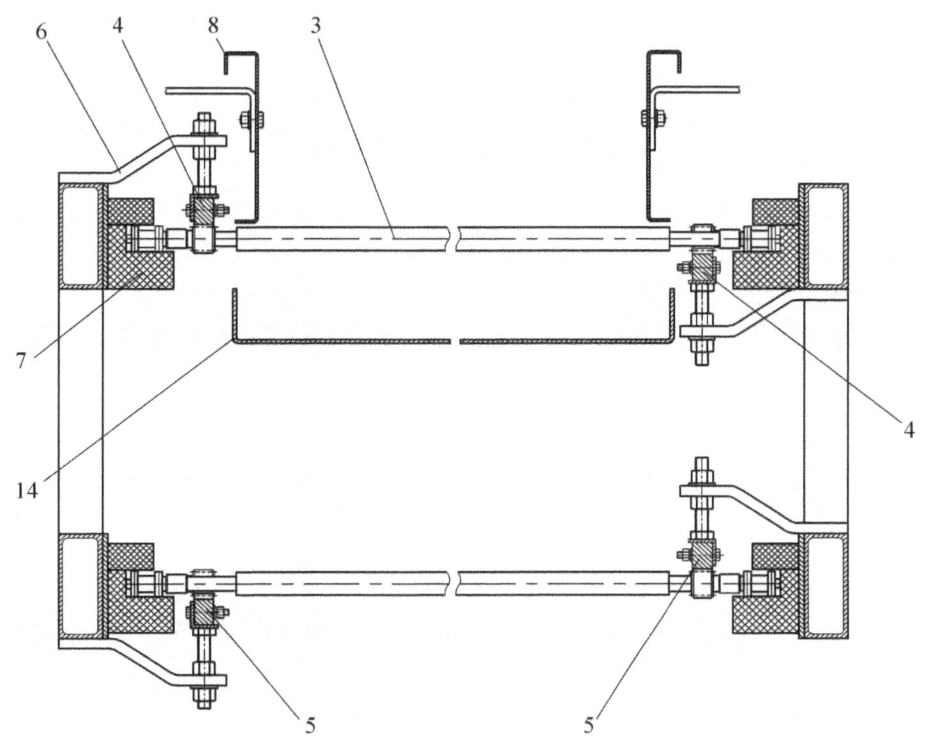

图 6－13　脱皮机装配截面图（*A*—*A* 视图）

3—脱皮输送辊链；4—长齿条；5—短齿条；
6—齿条安装架；7—链轨；8—侧挡板；14—集皮槽

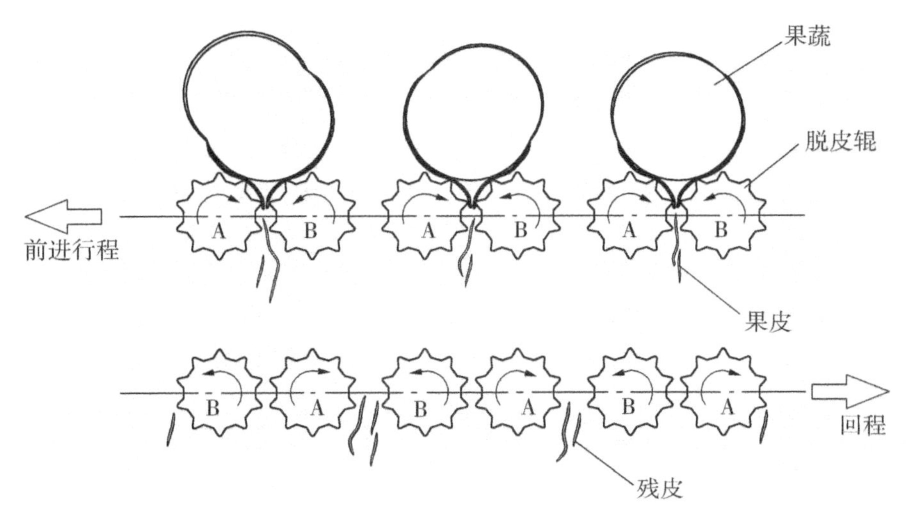

图 6－14　果蔬表皮撕脱原理图

在前进行程中，落入脱皮辊上方的果蔬被带动前进并于辊间旋转，形成一排排整齐均匀的列队。在运动过程，由于A、B配对脱皮辊相对啮合滚动，落入其间的果蔬受到星型胶辊连续的对滚刮擦作用，形成一系列挤压撕扯表皮的动作，果蔬在行进过程不断地翻转，表皮不断被撕扯进入星型胶辊的齿间。这一过程如人工手指捏合撕皮的动作，连续不间断使表皮脱离果体。

如图6－15所示，被撕脱的表皮绝大部分落入装置在上层脱皮辊下方的集皮槽14。结合总装图分析，集皮槽14中的皮渣被刮板15连续向前刮送。刮板15主体材料为橡胶板，长度与集皮槽宽度相匹配，确保能刮净槽内皮渣。刮板装配在脱皮输送辊链上，按一定的间距安装一块，在总装图的图示装配了4块。集皮槽中的皮渣被刮板推送进入螺旋排皮器13，通过螺旋输送到设备侧端出口，排入皮渣导槽。

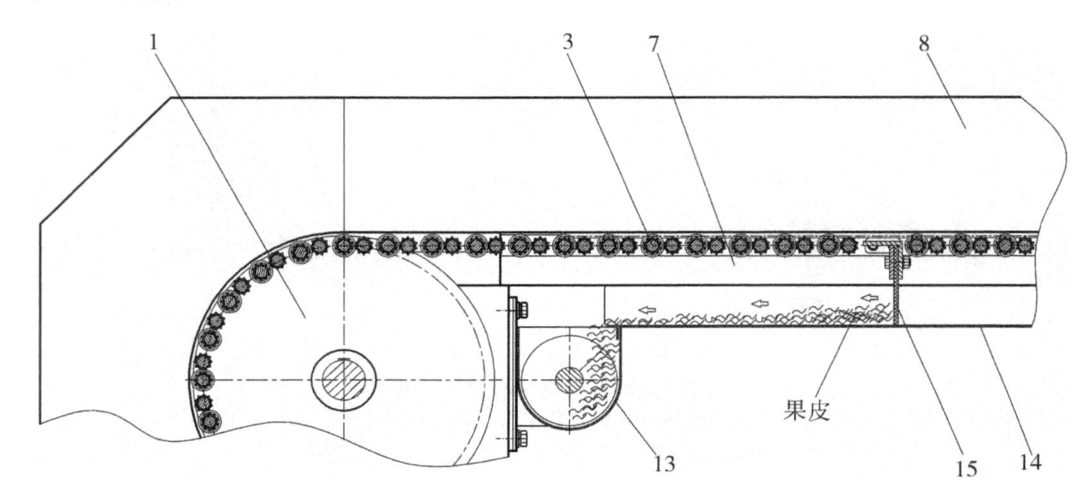

图6－15　果皮排出原理

1—主动轴及链轮部件；3—脱皮输送辊链；7—链轨；
8—侧挡板；13—螺旋排皮器；14—集皮槽；15—刮板

脱皮辊回程时，难以避免有少量的残皮黏附辊面。如图6－14所示，回程时，当脱皮辊在运行于短齿条范围时，做反向啮合滚动，使残皮于辊齿间松脱释放，落入皮渣导槽12、16，汇集排出。

脱皮辊在回程中离开短齿条后，不再滚动，随后进入清洗毛刷18范围。如图6－16所示，清洗毛刷18在毛刷电机20的驱动下做自转运动，喷淋管19通过其上的喷头连续向下喷水。当脱皮辊经过时，接受喷淋和刷洗，彻底清除黏附辊面的残皮，残皮废水通过皮渣导槽17流出。

脱皮辊在回程后段被彻底清洁后，返回上层前进行程，重新开始下一个脱皮工序，如此周而复始，循环运行。

5. 设备主要设计参数

以图6－10所示果蔬表皮连续撕脱清除机为例，其主要的设计参数如表6－4所示。

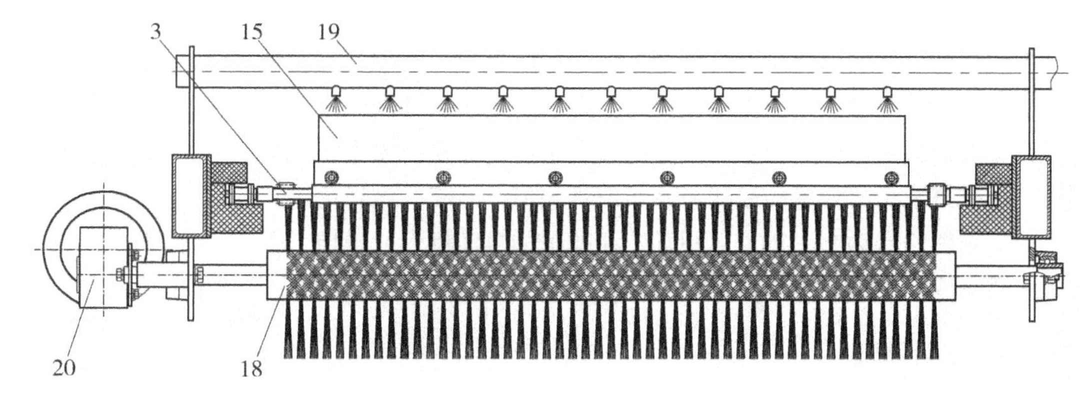

图6-16 脱皮输送辊链清洗原理（B—B视图）

3—脱皮输送辊链；15—刮板；18—清洗毛刷；19—喷淋管；20—毛刷电机

表6-4 果蔬表皮连续撕脱清除机主要设计参数

序号	技术参数	参考值
1	脱皮有效宽度 B/mm	660
2	脱皮输送长度 L/mm	2750
3	脱皮辊包胶外径 d/mm	ϕ22
4	脱皮辊齿轮分度圆直径 d_f/mm	ϕ22.5
5	啮合脱皮辊中心距 a /mm	23
6	输送链节距 p/mm	50.8
7	脱皮辊输送线速度 v/(mm·s^{-1})	475
8	驱动电机功率 P_0/kW	2.2
9	毛刷电机功率 P_m/kW	0.18
10	螺旋电机功率 P_L/kW	0.18

前述两类去皮机均需配合热烫设备使用才能达到理想效果。特别是针对经过表面热烫处理后表皮已松软的蔬果，如番茄、马铃薯、红薯等去皮效果理想。

由结构原理分析可知，两类去皮机中，搓皮机适合大批量高速粗去皮，脱皮机适合连续自动精细的除皮及净化作业。实际生产中，两类设备配合使用，热烫后的果蔬先经过搓皮机粗去皮，再经脱皮机精细撕脱剩皮，工作效率高，而且去皮效果均匀、彻底，果蔬处理后表面光滑而不留残皮。

6.3.3 荔枝自动剥壳机

荔枝是最具岭南特色的水果之一，其成熟上市的时间是炎热的夏天，不耐储藏，传统以鲜销为主，少量制成干制品。近年随着荔枝种植面积和产量的不断增长，鲜销市场已经难以容纳庞大的产量，因此大量的鲜果进入深加工，制成果汁或果酒，从而有效提高鲜果的附加值。

荔枝制汁制酒的前提条件是剥壳去核，提取果肉。其中剥壳是最难处理的工序，传统采用手工作业，效率低，卫生难以保障。因此，要使制汁制酒生产线实现高效运作，自动化的剥壳设备必不可少。至于剥壳后的带核果肉，如果需要去核取肉制汁，可采用打浆机实现。荔枝打浆机与传统的果蔬打浆机原理相似，本节不做讨论。

本节介绍的自动剥壳机，适用荔枝和龙眼的自动剥壳，模仿人手剥壳原理，整个过程自动连续完成，一台处理量为2t/h的机器可有效代替200名工人的劳动量。

6.3.3.1 设计原理

荔枝具有鳞斑状外壳，透明凝脂状带核果肉，外壳与果肉不粘连，可彻底分离。人手剥壳时，可用指甲嵌入外壳，划出一条裂缝，然后手指捏紧果体，把果肉往裂缝方向挤压，内部球状果肉受压会挣破裂缝，滑脱外壳而出。

以上是人手剥壳的基本原理。设计自动化的剥壳机，目的是代替人工，从而提高生产能力，当然其前提是需要保证加工质量，而且剥壳效果要与人工相近。

本设备设计时，正是模仿了以上人工动作，实现同样的效果。

参照人手剥壳动作，可以想象，设计两指机械手，逐个捏紧荔枝，经过切刀划口，然后机械手指加压挤出果肉。这是一个理想化的设计方案，只考虑了机器可实现的功能，但没有考虑生产能力。

实际设计的设备，需要兼顾功能和生产能力，因此要考虑解决以下难题：①如何实现荔枝连续进料、连续剥壳和连续出料；②机构如何准确夹持每个荔枝，并连续运行；③荔枝被夹持运行过程，如何实现快速划口；④荔枝划口后，机构如何实现挤压剥壳；⑤荔枝被剥壳后，如何实现果肉与外壳分离输送。

只有解决以上难题，才能设计一台理想的自动化剥壳机。以下详述荔枝剥壳机的具体结构及运行原理。

6.3.3.2 设备总体结构

如图6－17所示是荔枝剥壳机的总体结构图，为方便表示，视图拆去所有外封板。设备主体部分为轮环7。图中设备有8个独立的轮环，等距整齐排列，相邻轮环之间保持一定的间距，形成7条环形间隙。工作过程，轮环连续旋转，7条环形间隙充当7条输送通道，可夹持荔枝连续输送。

轮环7在设备中没有联接机构和固定装置，其定位和承托依靠3支圆周均布的驱动辊，分别为上驱动辊17和下驱动辊5、27。8个独立轮环被3支驱动辊在圆周方向定心，在轴向定距。

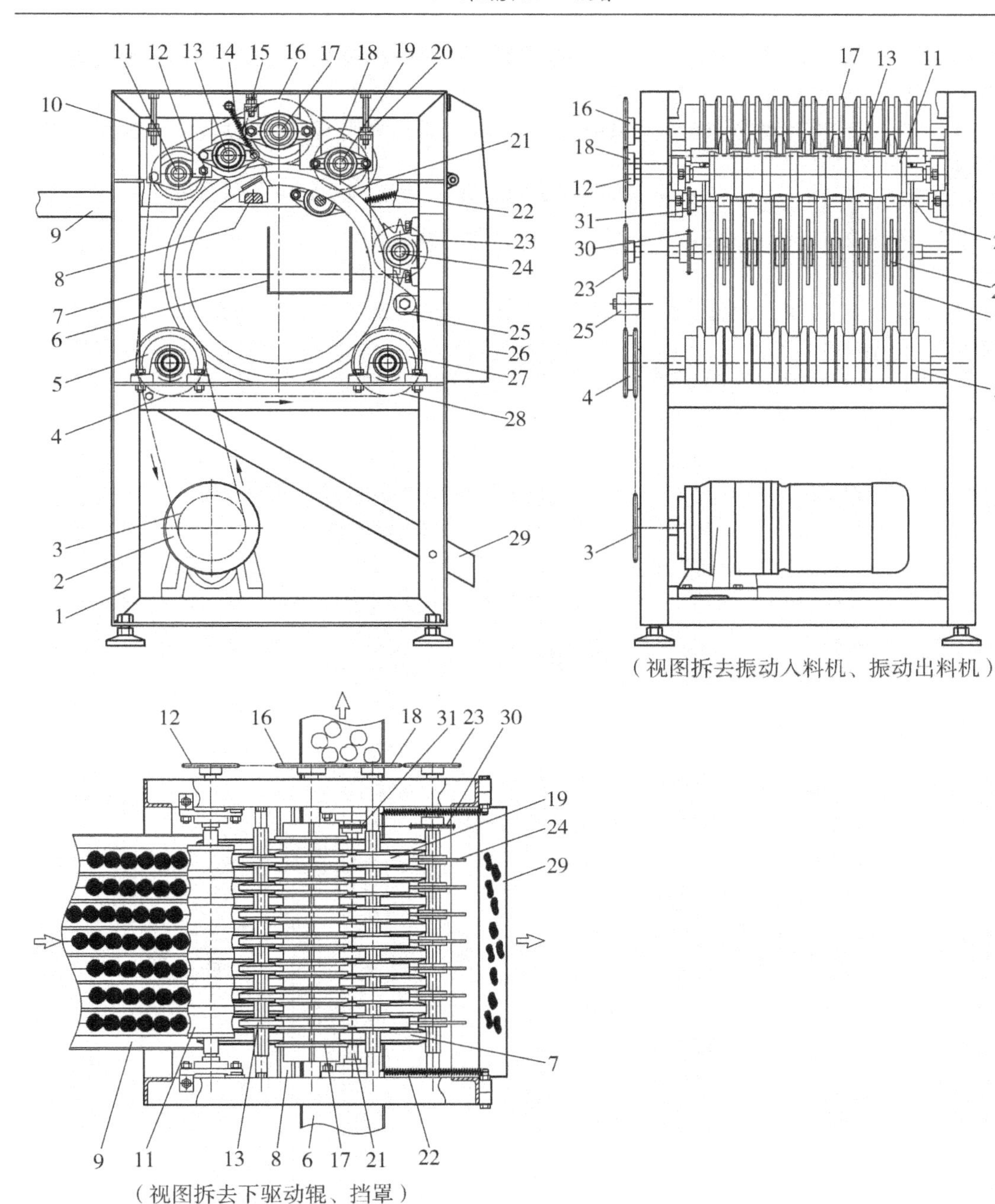

图 6－17　荔枝剥壳机总体结构图

1—机架；2—减速电机；3—链轮 Z_j；4—链轮 Z_0；5—下驱动辊；6—振动出料机；7—轮环；8—切刀；9—振动入料机；10—调节杆；11—导果辊；12—链轮 Z_d；13—压果辊；14—弹簧；15—调节杆；16—链轮 Z_1；17—上驱动辊；18—链轮 Z_y；19—挤压辊；20—调节杆；21—挡果轴；22—弹簧；23—链轮 Z_t；24—剔皮辊；25—导轮 D_L；26—挡罩；27—下驱动辊；28—链轮 Z_2；29—排皮槽；30—链轮 Z_p；31—链轮 Z_g

轮环旋转的动力来自 3 支驱动辊，设备运行时，3 支驱动辊分别被各自轴端的链轮 Z_0、Z_1、Z_2 带动同步旋转，从而驱动轮环连续回转。

观察主视图，轮环上半部分沿外圆周依次装配有导果辊 11、压果辊 13、挤压辊 19、剔皮辊 24；沿内圆周装配有切刀 8、挡果轴 21。其中压果辊 13 和切刀 8 的安装位置上下对应；挤压辊 19 和挡果轴 21 的安装位置上下对应。

导果辊 11 的旋转动力来自其轴端链轮 Z_d，通过调整调节杆 10 可使其上下摆动，微调导果辊与轮环外圆周的距离。

压果辊 13 无动力输入，在弹簧 14 的作用下紧贴轮环外圆周，可弹性浮动。

挤压辊 19 的旋转动力来自其轴端链轮 Z_y，通过调整调节杆 20 可微调其与轮环外圆周的距离。

挡果轴 21 的主体是圆柱光轴，旋转动力来自其轴上链轮 Z_g，在弹簧 22 的作用下，轴面弹性压合轮环内圆周。

调节杆 15 的作用是微调上驱动辊 17 的位置，确保轮环 7 在 3 支驱动辊之间的精确定位，同时，留有合适的径向间隙，以实现轮环的灵活回转。

物料在设备中的流动方向如俯视图所示。待剥壳的荔枝由振动入料机 9 输入，脱壳后的球形果肉由振动出料机 6 输出，果壳残皮掉落入排皮槽 29 排出机外。

振动入料机 9 采用独立动力，输送槽面加工为多排 V 形波纹结构，对应轮环数量配置 7 条 V 形波纹。输送槽振动时，荔枝自然形成 7 行列队，连续送入轮环间隙。

振动出料机 6 也是采用独立动力源，输送槽轴向穿越轮环中心，装置在挡果轴 21 下方，承接脱壳后的球形果肉，并输出机外。

设备主动力源为减速电机 2，通过链传动装置带动整机运转。

6.3.3.3 轮环与驱动辊结构及安装方式

图 6－18 所示是轮环与驱动辊结构，以及相互的安装关系。

轮环是剥壳机的重要部件，荔枝输送和剥壳的全过程都需要在轮环的夹持中完成。轮环是一个空心圆环结构，主体为橡胶材质，一般采用食品级橡胶注压成型，为增强刚性，可于圆环中心加入钢环骨架。轮环的截面形状为梯形，表面密布凹凸纹路，具有摩擦力大且高弹性的特点。

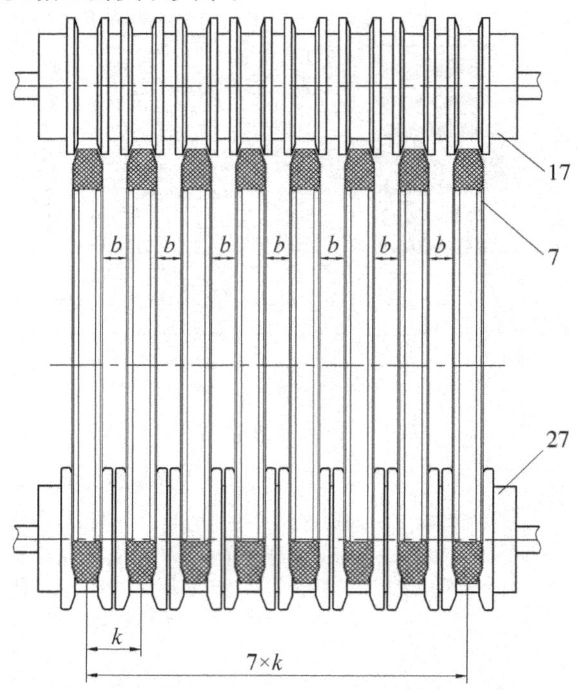

图 6－18　轮环与驱动辊安装图

7—轮环；17—上驱动辊；27—下驱动辊

结合图 6－18 和图 6－17 主视图可见，8 个轮环被 3 支驱动辊径向和轴向定位。

驱动辊结构如图 6－18 所示，两端轴头安装在轴承上，中间为圆柱筒体，其上装配有若干个挡圈，挡圈可在筒体上轴向滑动，通过径向螺钉固定。挡圈的作用有两个：

其一，作为分隔环，定距隔开轮环。通过调整 3 支驱动辊上的各个挡圈位置，并逐一固定，使 8 个轮环平行排列且相

互间距为 k，从而形成 7 个宽度等于 b 的环隙。由图示可见，相邻的轮环之间，在圆周方向形成 V 形槽间隙。轮环回转时，荔枝连续嵌入环隙的 V 形槽中被夹持输送。

其二，作为摩擦轮，驱动轮环回转。挡圈外圆周为锥面状，与轮环梯形面配合。挡圈外圆面嵌入轮环之间，与轮环表面贴合。当驱动辊旋转时，挡圈通过其外侧面与轮环发生摩擦作用，带动 8 个轮环同步回转。

6.3.3.4　主要机构的装配

剥壳机的主要机构均围绕轮环安装，包括导果辊、压果辊、切刀、挤压辊、挡果轴、剔皮辊等。

1. 导果辊

导果辊如图 6-19 所示，导果辊两端轴头安装在轴承上，由链轮 Z_d 输入旋转动力（参照图 6-17）。

导果辊的筒体为钢结构，表面包胶，以增强弹性和摩擦力。辊面加工有弧形凹槽，图示为 7 条凹槽，间距为 k，分别对应轮环 7 个环隙。辊旋转时，经过凹槽连续把荔枝导入对应的轮环的环隙。

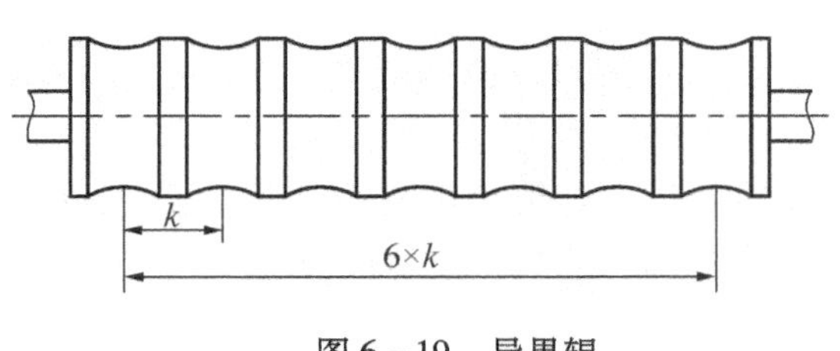

图 6-19　导果辊

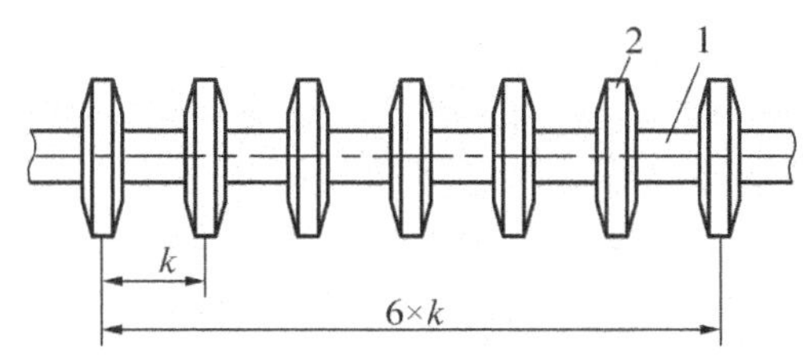

图 6-20　压果辊装配图

1—芯轴；2—压果轮

2. 压果辊

压果辊如图 6-20 所示，由芯轴 1 和压果轮 2 组成。

图示在芯轴上装配有 7 个压果轮，按间距 k 安装，通过径向紧定螺钉固定。

压果辊为无动力辊，安装在轮环外圆周后，弹性压合轮环。其上 7 个压果轮准确对应轮环的 7 个环隙，并嵌入其中。

压果辊的作用是对经过的荔枝施加一个压力，把荔枝压向其下的切刀刃口。

3. 切刀

切刀机构安装在压果辊下方，轮环的内圆周。切刀装配如图 6-21 所示，由刀架 1、刀座 2 和刀片 3 等组成。刀架两端通过螺钉固定在机架上，刀架上定间距 k 装配 7 个刀座，依靠螺钉 4 紧固。每个刀座均镶嵌有刀片，刃口倾斜一定角度布置。

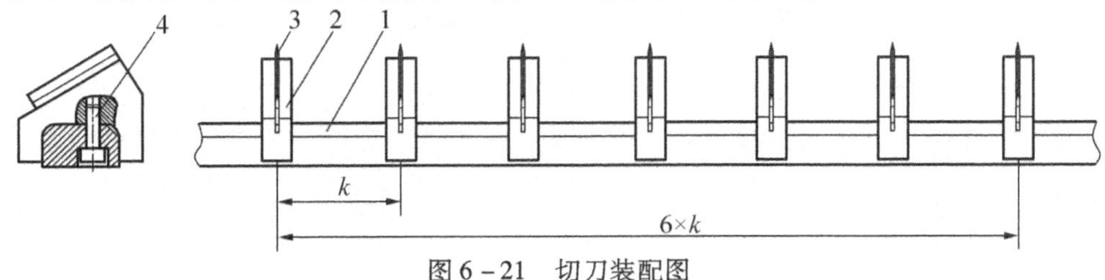

图 6-21　切刀装配图

1—刀架；2—刀座；3—刀片；4—螺钉

安装定位后，7 把刀片分别对正轮环 7 个环隙的中心线，即每把刀片负责一个通道的切割划口工作，可使连续经过的荔枝逐一划口。

4. 挤压辊

挤压辊的装配如图 6－22 所示，由转轴 1 和挤压轮 2 组成。挤压辊两端轴头安装在轴承上，由链轮 Z_y 输入旋转动力(参照图 6－17)。

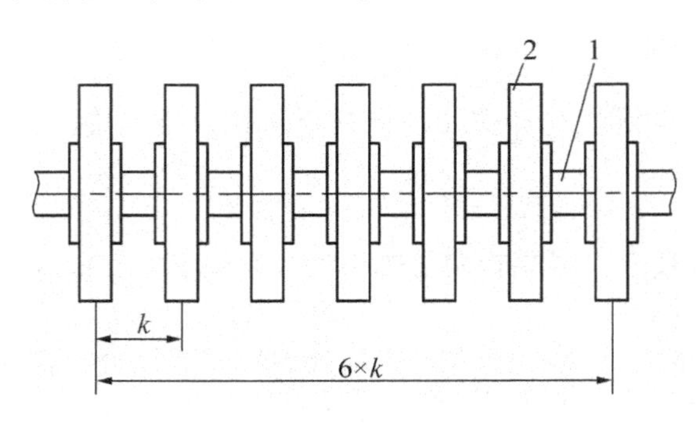

图 6－22　挤压辊装配图

1—转轴；2—挤压轮

转轴上装配有 7 个挤压轮，按间距 k 安装，通过径向紧定螺钉固定。7 个挤压轮对应轮环的 7 个环隙，并嵌入其中。

挤压辊与其下方安装的挡果轴配合(参照图 6－17)，对被轮环夹持运行并经过其中的荔枝逐一进行挤压，使球状果肉挣破划口缝隙破壳而出，从而分离果肉与果壳。

5. 剔皮辊

剔皮辊的装配如图 6－23 所示，由转轴 1 和剔皮轮 2 组成。剔皮辊两端轴头安装在轴承上，由链轮 Z_t 输入旋转动力(参照图 6－17)。

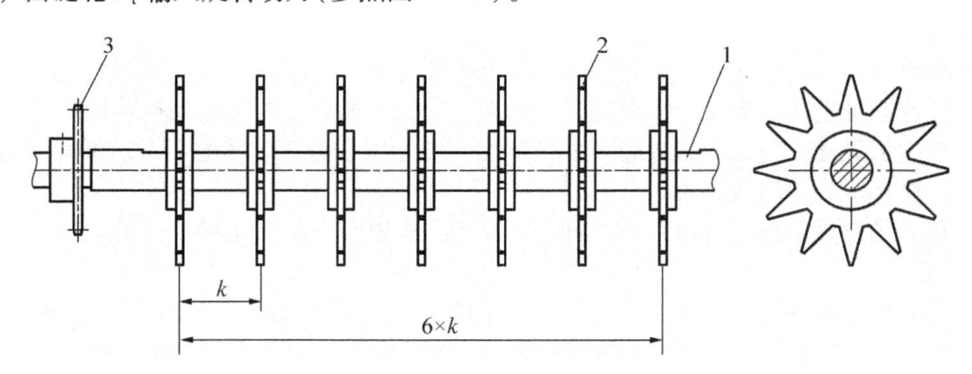

图 6－23　剔皮辊装配图

1—转轴；2—剔皮轮；3—链轮 Z_p

剔皮轮为星状结构，共 7 个，按间距 k 安装在转轴上，通过径向紧定螺钉固定。7 个剔皮轮对应轮环的 7 个环隙，并嵌入其中。剔皮轮旋转时，可把环隙内夹持的皮壳连续挑出并排走。

链轮 Z_p 的作用是通过链传动带动挡果轴旋转。

6.3.3.5 传动系统

设备传动系统如图6－24所示，采用链传动形式。Z_j为减速机输出链轮，逆时针旋转，通过链条带动链轮Z_0。

Z_0为双排链轮，与下驱动辊轴端联接。Z_0旋转时，通过环回形传动链条依次带动链轮Z_d（导果辊）、Z_1（上驱动辊）、Z_y（挤压辊）、Z_t（剔皮辊）、Z_2（下驱动辊）。

链轮Z_p与链轮Z_t均安装在剔皮辊上，即链轮Z_p与Z_t同步旋转，并且通过独立的链传动带动链轮Z_g，从而驱动挡果轴旋转。

传动系统的链条运行方向和各链轮的旋转方向如图所示。

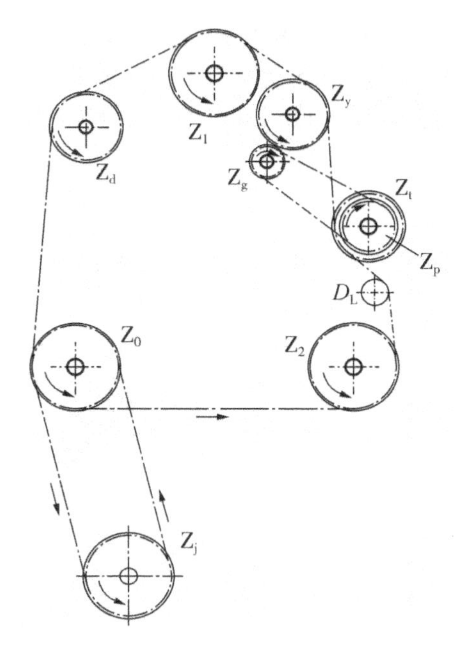

图6－24 传动系统

6.3.3.6 自动剥壳原理

图6－25是荔枝自动剥壳原理图，图6－26是剥壳过程示意图。为易于理解，图中机构部件的标注图号与总体结构图一致。

在传动系统的作用下，3支驱动辊5、17、27同步逆时针旋转，带动轮环7顺时针回转；与此同时，导果辊11、压果辊13、挤压辊19、挡果轴21、剔皮辊24均连续旋转，转向如图所示。

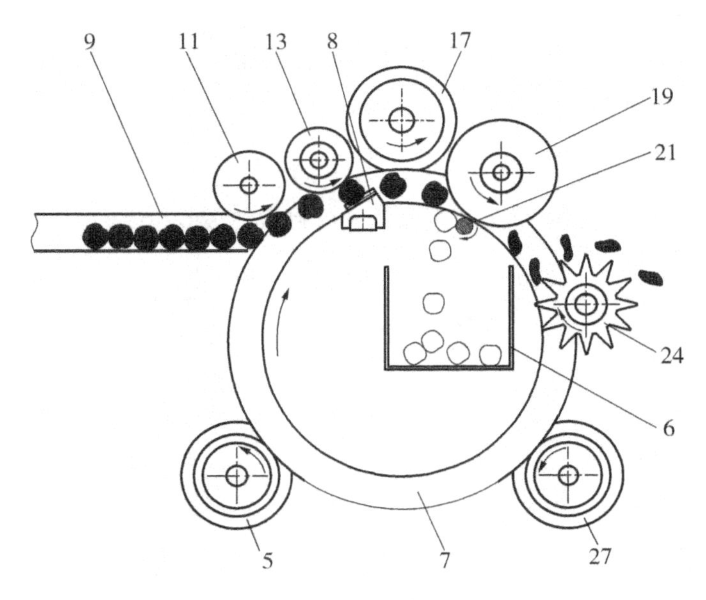

图6－25 自动剥壳原理图

5—下驱动辊；6—振动出料机；7—轮环；8—切刀；9—振动入料机；11—导果辊；13—压果辊；17—上驱动辊；19—挤压辊；21—挡果轴；24—剔皮辊；27—下驱动辊

荔枝自动剥壳过程如下：

(1)进料阶段。荔枝原料通过振动入料机 9 输入，形成分行列队，依次被导果辊 11 导入轮环的 V 形环隙，被轮环夹持输送。

(2)压果切割阶段。荔枝被轮环夹持运行，经过压果辊 13 下方时，受到向下推压力，果体被压向底下切刀 8，被刃口划过表皮，形成一条有一定深度和长度的割裂痕。参看图 6－26a。

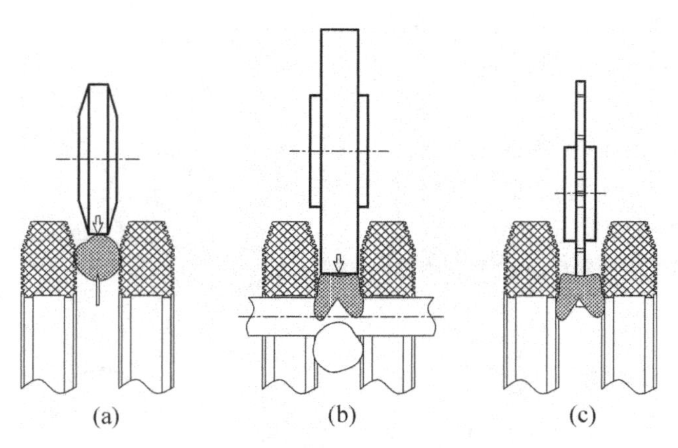

图 6－26　剥壳过程示意图

(a)压果切割　(b)挤压脱壳　(c)剔除皮壳

(3)挤压脱壳阶段。划口后的荔枝被轮环夹持继续运行，到达挤压辊 19 和挡果轴 21 的位置时，荔枝受到挤压辊的进一步推压，果体被推进 V 形槽底部，并受到挡果轴的夹压，导致其内的球状果肉破壳而出，掉落入底下振动出料槽 6；皮壳受到挤压辊和挡果轴的对滚输送，穿越其中间隙，卡在轮环的环隙中继续往前。参看图 6－26b。

(4)剔除皮壳阶段。皮壳卡在轮环环隙中回转到剔皮辊位置时，被旋转的剔皮辊挑离环隙，排出机外。参看图 6－26c。

6.3.3.7　设备主要设计参数

图 6－17 所示荔枝剥壳机机型的主要的设计参数如表 6－5 所示。

表 6－5　荔枝自动剥壳机主要设计参数

序号	技术参数	参考值
1	剥壳通道数	7
2	轮环外径 D/mm	410
3	轮环环隙值 b/mm	22
4	轮环转速 n/(r · min^{-1})	36.6
5	主电机功率 P_0/kW	0.75
6	荔枝处理量 Q/(kg · h^{-1})	2 000

6.4　果蔬分切机

果蔬经过洁净加工后，大多数均保持原状进行合适的包装，然后上市销售。然而，有一些果蔬，主要是根茎类或瓜果类蔬菜，为了方便销售，或满足消费者需要，会实施分割加工，形成块状、片状、条状、粒状等形式，再进行包装上市。此所谓鲜切果蔬。

在自动化生产中，根据鲜切果蔬不同的分割形状，需要配套不同的分切机，因此，果蔬分切机有多种机型。不同类型的分切机，其刀具结构、传动形式等均有所区别，需要按实际要求进行合适选用。

本节选取一种典型的果蔬切片机进行介绍，该机型适用于果蔬的切片、切段，可实现连续进料，自动分切。

6.4.1　果蔬切片机总体结构

图 6－27 所示是果蔬切片机的总体结构图，为直观显示内部结构，视图拆去所有外封板，以及所有门板、盖板等。设备主要由 3 大部分和机架共同组成，分别为输送进料部分、切割部分、传动部分。各部分简述如下。

1. 输送进料部分

输送进料部分主要由进料输送带 1 和压带机构 7 组成。

进料输送带 1 是一套平皮带输送机，结构较简单，由平皮带、主动辊、被动辊、托板，以及安装侧板等组装而成。可通过调节螺杆拉动被动辊，进行平皮带的张紧。

进料输送带设计时，需根据对象果蔬的品种、外观尺寸、处理量等参数，选择合适的宽度和长度。

压带机构 7 同样是一套平皮带输送装置，但结构较为特别，后面将详细介绍。

压带机构 7 与进料输送带 1 上下配置，皮带输送方向相反，相互配合。在出料部位（即进料输送带 1 的主动辊位置），压带机构 7 与进料输送带 1 的皮带形成夹合对滚输送的形式，物料被夹紧并往前输送。

2. 切割部分

切割部分主要由切刀 9、刀座 10、刀轴 14 以及分切罩 8 等组成。

切刀 9 通过刀座 10 安装在刀轴 14 的端部，刀轴 14 通过两个轴承 13 安装在机架上。刀轴 14 旋转时，带动切刀 9 圆周回转，切割进入分切罩 8 的物料。

左视图中，在分切罩 8 的右侧有一个矩形窗口，此窗口背后联接进料输送带 1 的出料端部。待处理果蔬被进料输送带 1 与压带机构 7 夹合连续输入，通过窗口进入切割区域，被高速回转的切刀分切。

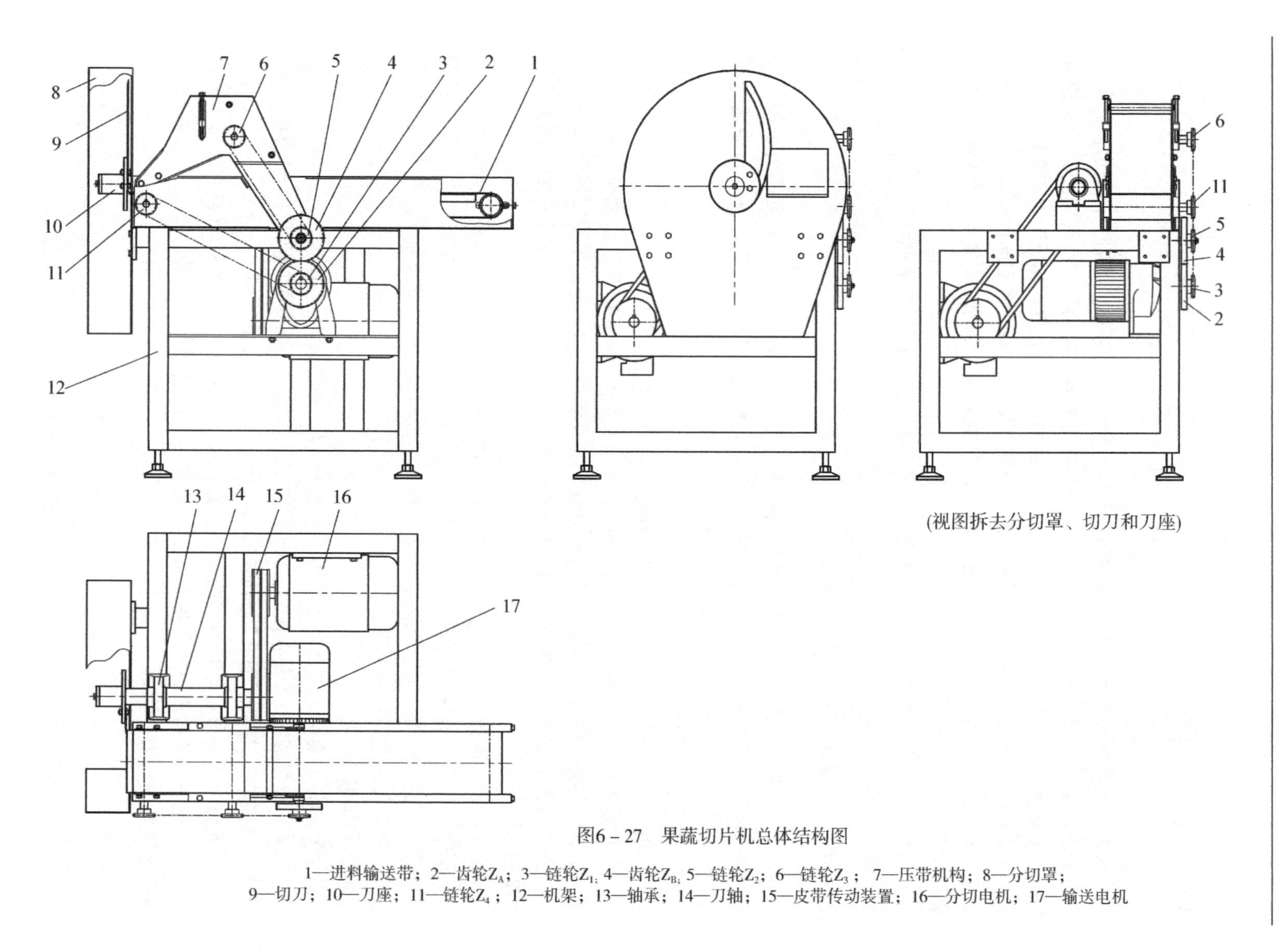

图6-27　果蔬切片机总体结构图

1—进料输送带；2—齿轮Z_A；3—链轮Z_1；4—齿轮Z_B；5—链轮Z_2；6—链轮Z_3；7—压带机构；8—分切罩；9—切刀；10—刀座；11—链轮Z_4；12—机架；13—轴承；14—刀轴；15—皮带传动装置；16—分切电机；17—输送电机

3. 传动部分

本机配备两台电机作为动力来源，分别为分切电机 16 和输送电机 17。

输送电机 17 负责驱动进料输送带 1 与压带机构 7。其减速机输出轴装配齿轮 Z_A 和链轮 Z_1（两者固装一体或一体加工）。电机启动后，齿轮 Z_A 和链轮 Z_1 同步逆时针旋转（主视图），传动分两路进行：

（1）链轮 Z_1 通过链条带动链轮 Z_4 逆时针旋转，由于链轮 Z_4 与进料输送带 1 的主动辊联接，因此驱动进料输送带 1 运行；

（2）齿轮 Z_A 与齿轮 Z_B 啮合传动，使齿轮 Z_B 顺时针旋转。由于齿轮 Z_B 与链轮 Z_2 固装一体，因此链轮 Z_2 亦同步顺时针旋转。链轮 Z_2 通过链条带动链轮 Z_3，由于链轮 Z_3 与压带机构 7 的主动辊联接，因此驱动压带机构 7 运行。

分切电机 16 通过三角皮带和带轮组成的皮带传动装置 15 驱动刀轴 14 旋转，从而带动切刀 9 顺时针旋转（左视图），实现连续切割运动。

6.4.2 压带机构

压带机构的结构及安装方式如图 6－28 所示。

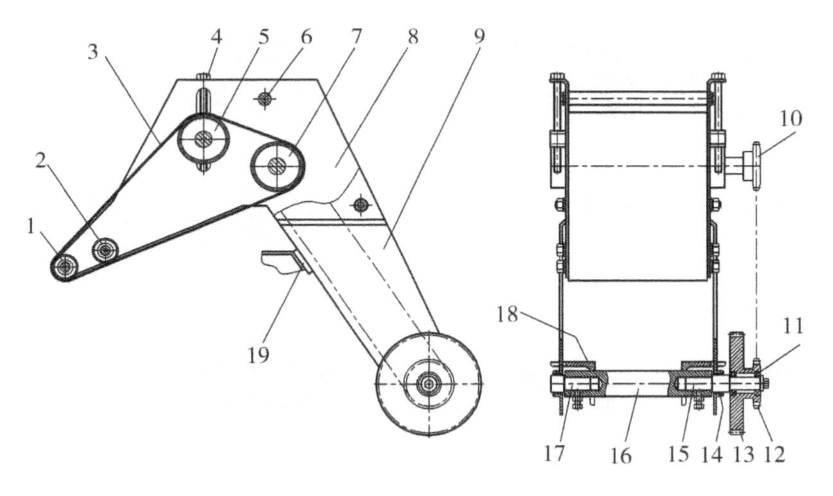

图 6－28 压带机构的结构及安装方式

1—被动辊；2—辅助压辊；3—平皮带；4—调节螺杆；5—张紧辊；6—联接杆；7—主动辊；8—左侧板；9—右侧板；10—链轮 Z_3；11—轴承；12—链轮 Z_2；13—齿轮 Z_B；14—轴套；15—右支轴；16—定轴；17—左支轴；18—机架；19—支撑块

压带机构的架体由两块 7 字形的侧板组成，分别为左侧板 8 和右侧板 9。两侧板对称配置，中间装配被动辊 1、辅助压辊 2、张紧辊 5、主动辊 7，并且由联接杆 6 联接紧固。其中，主动辊 7 穿出右侧板的轴头端部装配有链轮 Z_3。

平皮带 3 环绕主动辊 7、辅助压辊 2、被动辊 1 和张紧辊 5。通过调节螺杆 4 可使张紧辊 5 上下移动，调整皮带的松紧度。

压带机构作为一个整体安装在机架 18 上。如左视图所示，压带机构左右侧板的下部加工有轴孔，分别套入左支轴 17 和右支轴 15，其间装配有塑料轴承轴套 14。左支轴 17 和右支轴 15 分别紧固在定轴 16 两端，而定轴 16 焊牢在机架 18 的角钢座上。

因此，压带机构作为一个整体以支轴(支轴 17 和 15)为安装支承点，并且能够以支轴为原点进行适当的摆动。压带机构安装后的初始位置如主视图所示，受自身重力作用向左倾斜，由支撑块 19 定位(支撑块 19 安装在进料输送带两侧板上)。

由左视图可见，压带机构的动力来源于链轮 Z_2。链轮 Z_2 和齿轮 Z_B 一体化加工，通过轴承 11 装配在右支轴 15 的端部，可绕支轴自转。当齿轮 Z_B 被输送电机的输出齿轮 Z_A 带动旋转时，链轮 Z_2 将作同步旋转，并通过链条带动链轮 Z_3，驱动主动辊 7 旋转，使平皮带 3 按顺时针方向环绕运行。

6.4.3 果蔬分切原理

图 6－29 所示是本机分切果蔬的原理图，以胡萝卜切片为例说明。

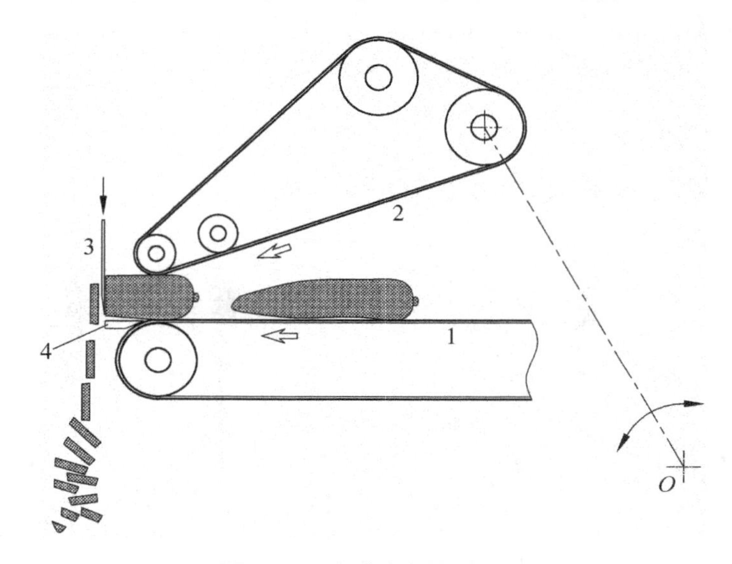

图 6－29 胡萝卜切片原理图

1—进料输送带；2—压带机构；3—切刀；4—底刀

进料输送带 1 和压带机构 2 的运动方向如图中箭头所示。

胡萝卜连续切片过程如下：

(1)胡萝卜通过进料输送带 1 自右而左连续输入。

(2)胡萝卜运行至接近输送带的左端部时，进入进料输送带 1 和压带机构 2 形成的三角区域，被上下同向运动的皮带导进其间的间隙。

(3)由于胡萝卜受到压带机构的压力，因此形成上下皮带夹紧输送的状态。

(4)胡萝卜被上下皮带夹紧输送至底刀 4 位置，突出部分遭遇高速回转的切刀 3。切刀 3 和底刀 4 共同形成剪切作用，把胡萝卜切割分离成一定厚度的片状。

底刀固定安装在输送带出料端，底刀边缘与切刀的间隙控制在 0.5 ～ 1mm 为宜，需精密调整。该间隙太小容易损坏切刀刃口，太大则切割效果不理想。

由上述分切原理可见，物料切片时，不但需要高速回转的切刀，而且需要使物料处于夹紧状态。本机的压带机构非常重要，与进料输送带配合，起到连续输送过程压紧物料的作用。

由于压带机构安装时，整体以原点 O 为支承点，并可绕 O 点摆动，因此对于不同外径的物料进入时，压带机构摆动的幅度也能相适应。也就是说，即使物料外径大小不一也不影响其夹紧输送的状态。

6.4.4 切片机主要技术参数

1. 切片厚度

使用切片机的目的，就是获得一定厚度的片状鲜切果蔬，因此切片厚度是一个重要参数。一般情况下，切片机可实现的切片厚度是可以调整的，以满足不同的生产需求。

根据上述切片机的原理分析，切片厚度与物料输送速度、切刀回转速度、切刀数量均有关系。当切刀数量及其回转速度一定时，物料输送速度越快，切片厚度越大，反之厚度变小；当物料输送速度一定时，切刀回转速度越快，切片厚度越小，反之厚度变大。

切片厚度可按下式计算：

$$\delta = \frac{60v}{kn}$$

式中 δ——切片厚度，mm；

v——进料输送带输送线速度，mm/s；

n——切刀回转速度，r/min；

k——切刀装配数量，把。

图 6－27 所示切片机的刀座装配了 1 把切刀（一般可按实际需要装配 1～3 把切刀，圆周均布）。

2. 主要设计参数

切片机运行时，只有在进料输送带和压带机构的皮带运行线速度相等时，才能确保实现稳定夹紧和同步输送物料。

根据上述传动原理，在进料输送带和压带机构的主动辊直径相等的情况下，为确保两者皮带线速度相等，本机的齿轮和链轮齿数关系如下：

$$Z_A = Z_B$$

$$Z_1 = Z_2 = Z_3 = Z_4$$

图 6－27 所示切片机机型的主要设计参数如表 6－6 所示。

表 6－6 果蔬切片机主要设计参数

序号	技术参数	参考值
1	进料输送带宽度 B/mm	160
2	切刀装配数量	1
3	切刀转速 $n/(\mathrm{r \cdot min^{-1}})$	600
4	切片厚度 δ/mm	1～30
5	输送电机功率 P_S/kW	0.37
6	分切电机功率 P_Q/kW	0.75
7	胡萝卜处理量 $Q/(\mathrm{kg \cdot h^{-1}})$	100～2000

该机切片厚度的调整是通过变频器调节输送电机的输出转速，从而调整进料输送带及压带机构的皮带线速度而实现的。

7 果蔬装箱与搬运设备

7.1 概述

采收后的果蔬经过清洗、保鲜、分级处理后，作为鲜销产品，还需要完成包装工序，包括装箱、码垛、卸垛和搬运等，以方便储存运输。

果蔬的包装以装箱为主，包装箱形式多样，规格不一，包括大容量的木箱、塑料周转箱，以及小容量的纸箱、礼品盒等等，需根据实际情况选用。

果蔬进行大量的仓储及运输时，其包装形式主要采用大型的木箱以及塑料周转箱；当作为商品上市销售时，则以纸箱和礼品盒为主。

传统的果蔬包装以人工为主，专用的自动设备较少。对于小容量小规格的包装，如纸箱式礼品盒、塑料成型盒等，一般采用人工入盒装箱的形式。当采用较大规格容量的木箱、周转箱或纸箱进行包装时，一般是把箱体置于水果输送机的出料口下方，承接由输送机输出的水果，直至满载为止，然后再更换另一个空箱进行装填。

在果蔬装箱后，必须要把一箱箱产品进行堆叠码垛，形成一定数量的立方体组合，如此才能方便及高效搬运、装车、储存。传统的码垛、卸垛等搬运作业，需要采用大量的人工以及叉车辅助。随着工业机器人的普及应用，使果蔬产品的码垛、卸垛等搬运作业实现自动化和高效化。

本章内容分两部分，其一，以一台专用的水果自动装箱机为实例，详述其总体结构、工作原理、设计要点；其二，针对工业机器人技术在产品搬运码垛中的应用，重点介绍适用于果蔬箱装产品的专用的搬运机械手的设计。采用工业机器人技术将是果蔬采后商品化处理的发展趋势。

7.2 水果自动装箱机

传统的装箱方式，采用输送机直接把水果输送进入包装箱。该方式有很多缺陷，主要表现为两方面：其一，输送机出料口到箱体底部有一定落差，箱体规格越大落差越大，前面的水果从出料口直接跌落入箱体底部，后面的水果碰砸前面的水果，均容易造成大量的水果损伤；其二，由于输送机出料口和箱体位置均固定，水果从出料口进入箱体时，落点不变，使得水果堆积在箱体的一侧，造成箱体其中一侧的水果已满至最高位，而另一侧还留有装填空间。因此，在实际生产中，需要工人定时摇动或搬动箱体，尽量使箱体内的水果均匀布置，无形中增加了工人的工作量。

为了保证水果装箱的质量，需设法解决以上的问题。以下介绍的均布落料式水果自动装箱机和自动移位式装箱机均可有效解决前述技术难题。

7.2.1　均布落料式水果自动装箱机总体结构

图7－1所示是均布落料式水果自动装箱机总体结构图。为直观显示内部结构，视图拆去所有链罩、齿轮罩及外封板等。

设备主要由4部分组成，分别为进料输送部分、布料装置、包装箱定位装置、升降和移位机构。各部分简述如下。

1. 进料输送部分

进料输送部分实质是一台倾斜布置的辊筒输送机，由两段组成：斜向上输送段和接近出料口处的向下弯曲输送段，如图7－1主视图所示。

该部分主要由入料槽1、输送机体2、输送辊筒3组成，动力来源为减速电机4。水果由入料槽进入，被运行中的辊筒带动提升，在辊筒间形成均匀排列，依次连续输送。

2. 布料装置

布料装置位于辊筒输送机的出料端，由机头部件5、摆架部件6、均布轮7组成。

机头部件5固定安装在辊筒输送机的出料端，其下部通过铰支形式的支轴联接摆架部件6。摆架部件6的下方装配有均布轮7，均布轮7是一套带橡胶叶片的旋转机构。

由主视图可见，摆架部件6和均布轮7作为一个组合体，悬吊在机头部件5下方，可绕联接支轴自由摆动。由于重力作用，无论输送机体倾斜角度如何变化，摆架部件6和均布轮7均处于图示垂直状态。

水果经过辊筒输送机后，在出料端落入旋转中的均布轮，受橡胶叶片的作用实现均匀布料。布料装置是确保水果能柔缓并均匀装箱的关键装置，其详细结构于后面阐述。

3. 包装箱定位装置

箱体定位机11及其轮轨10等组成包装箱定位装置。

箱体定位机11是一台小型辊筒自转式输送机，带独立动力。箱体定位机底部安装有4个滚轮，嵌入轮轨10中，可沿轮轨滚动。在装填过程，箱体定位机会被齿条Ⅱ牵引，带动整台机体沿轮轨10左右移动，以调整位置(如图7－1主视图)。

包装箱定位装置的作用是使进入的包装箱处于合适的位置，并且在装填过程中随时调整，以确保箱体正确承接落入的水果。

4. 升降和移位机构

在装箱过程中，进料输送机体需要上下摆动，带动均布轮升降，以调整水果至箱体的落差；与此同时，箱体定位机需作出同步的移位调整，确保装箱位置准确。该动作过程通过一套升降和移位机构实现。

升降机构由顶升油缸19及其控制系统等组成；移位机构由连杆18、滑轨17、滑轮16和齿条Ⅰ、齿条Ⅱ、齿轮装置13等组成。动作时，升降和移位同步联动。

由7－1主视图可见，连杆18通过铰支A、铰支B分别与滑轮16和进料输送机体联接；齿条Ⅰ与齿轮装置13的齿轮啮合，其右端与滑轮16铰支联接；齿条Ⅱ与齿轮装置13的齿轮啮合，其左端与箱体定位机11铰支联接。齿条Ⅰ、齿轮装置13、齿条Ⅱ共同组成一个变距传递机构。

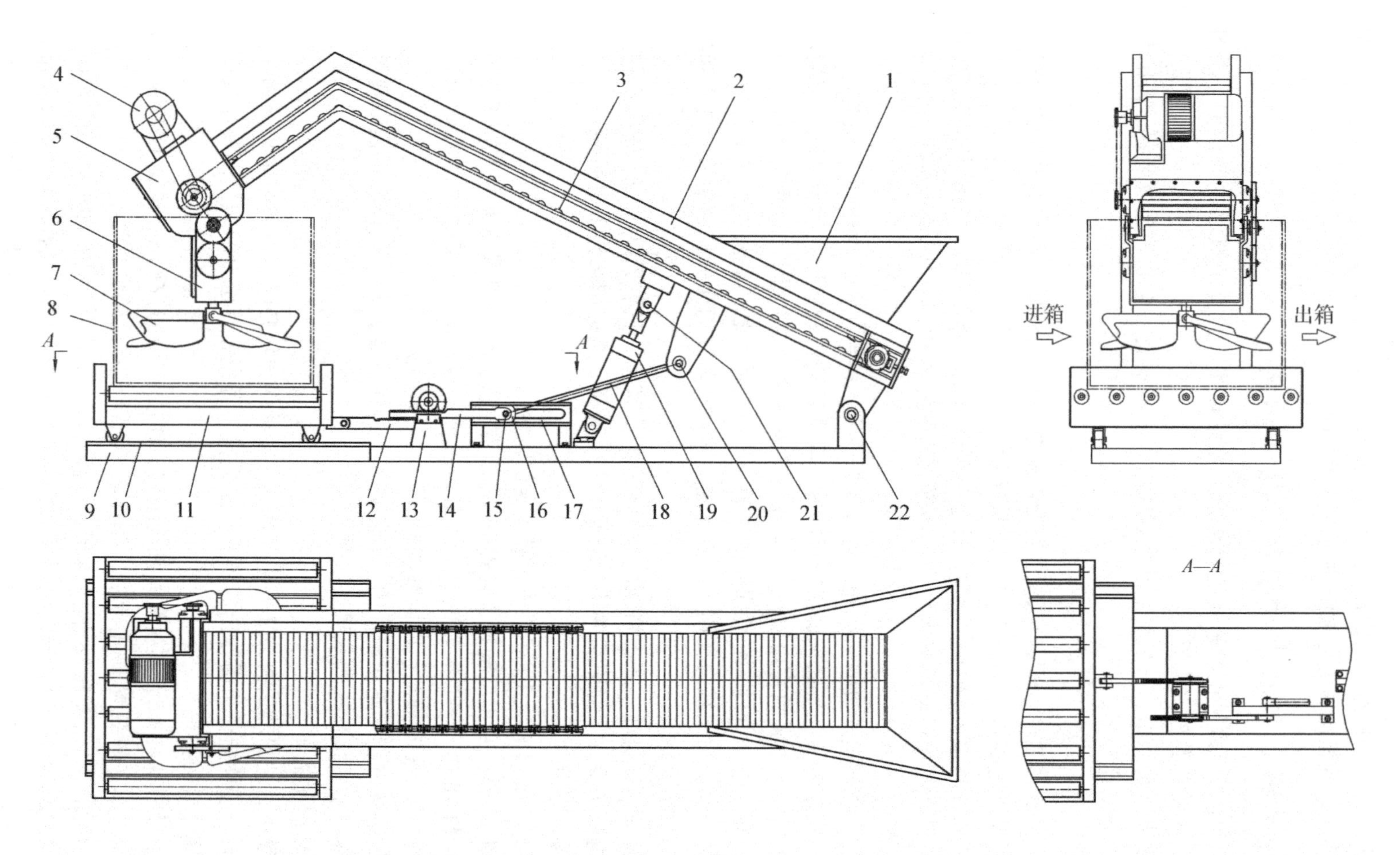

图7－1　均布落料式水果自动装箱机总体结构图

1—入料槽；2—输送机体；3—输送辊筒；4—减速电机；5—机头部件；6—摆架部件；7—均布轮；8—包装箱；9—机座；10—轮轨；11—箱体定位机；12—齿条Ⅱ；13—齿轮装置；14—齿条Ⅰ；15—铰支A；16—滑轮；17—滑轨；18—连杆；19—顶升油缸；20—铰支B；21—铰支C；22-铰支O

顶升油缸 19 通过铰支 C 推动进料输送机体，使机体以铰支 O 为支点上下摆动。

当进料输送机体向上摆动时，通过铰支 B 带动连杆 18，使滑轮 16 在滑轨 17 内向右滚动，从而牵引齿条Ⅰ向右移动；齿条Ⅰ右移时，经过齿轮装置 13 的变距传递，驱动齿条Ⅱ右移，从而牵引箱体定位机 11 向右移动合适的距离。

反之，当进料输送机体向下摆动时，将引起箱体定位机 11 向左移动合适的距离。

由此可见，进料输送机体向上或向下摆动时，同步引起箱体定位机向右或向左移位。

7.2.2　布料装置结构及其传动原理

1. 装置结构

由上述可知，布料装置由机头部件、摆架部件、均布轮等组成，各零部件的具体装配如图 7－2 所示。

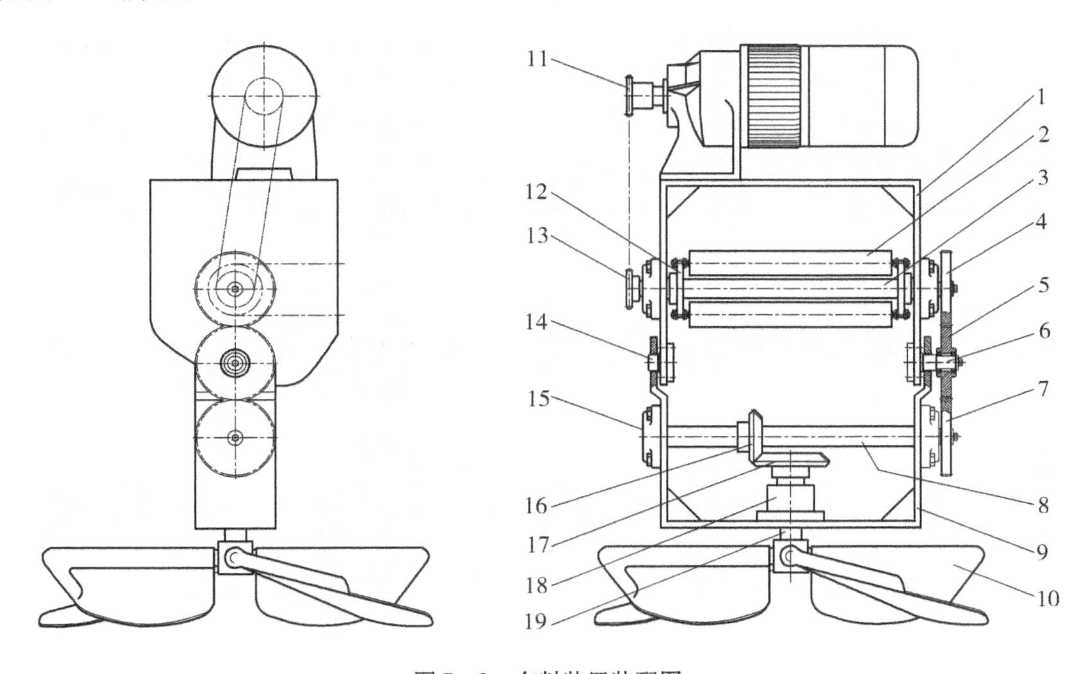

图 7－2　布料装置装配图

1—机头架；2—输送辊筒；3—主动轴；4—齿轮 A；5—齿轮 B；6—右支轴；7—齿轮 C；8—传动轴；9—摆架；10—均布轮；11，12，13—链轮；14—左支轴；15—带座轴承；16—锥齿轮 M；17—锥齿轮 N；18—轴承座；19—立轴

机头架 1 为龙门架形式，作为其他零部件的安装基座。

机头架 1 的顶部平板安装减速电机，左右侧板之间安装主动轴 3。主动轴 3 横向穿越机头架 1 的两侧板，通过侧板上的带座轴承定位，轴左端装配链轮 13，轴右端装配齿轮 A。主动轴 3 旋转时，可通过轴上的两侧链轮 12 带动输送辊筒 2 运行。

机头架 1 的下部与摆架 9 联接，联接点为左支轴 14 和右支轴 6。左支轴 14 和右支轴 6 的外形结构为带法兰盘的轴头，分别通过法兰盘固定安装在机头架 1 的左右侧板，轴头向外伸出，而且处于相同轴线。

摆架9形状如图所示，是一个由左右侧板和下横板固联而成的框架结构，其左右侧板上部带轴孔，分别套入左支轴14和右支轴6的外伸轴头，与轴头滑动配合。因此，摆架9可绕左右支轴的轴心在一定角度范围内摆动。

摆架9的左右侧板之间安装传动轴8，此轴横贯侧板，由带座轴承15定位。传动轴8装配有两个齿轮：轴中部安装锥齿轮M，与锥齿轮N配合；轴右端装配齿轮C，与齿轮B啮合。齿轮B装配在右支轴6上，可绕支轴自转，作为过渡齿轮分别啮合上方的齿轮A和下方的齿轮C。

摆架9的下横板中部位置安装有立式轴承座18，装配有一根立轴19。立轴19的上部装配锥齿轮N，下部装配均布轮10。

均布轮的作用是实现水果的缓冲和均匀落料，其结构如图7-3所示。

图7-3左侧视图显示均布轮的内部骨架结构，由中心套1和支架2焊合组成。支架2由4支L形钢管组合而成，以中心套1为中心圆周均布。

图7-3右侧视图是均布轮装配成型结构。在上述骨架的基础上，采用4张成型橡胶板，分别覆盖套合在4支L形钢管上，形成4瓣轮叶。

4瓣轮叶均扭偏相同的角度，以中心套为中心圆周均布，犹如风扇叶片的状态。

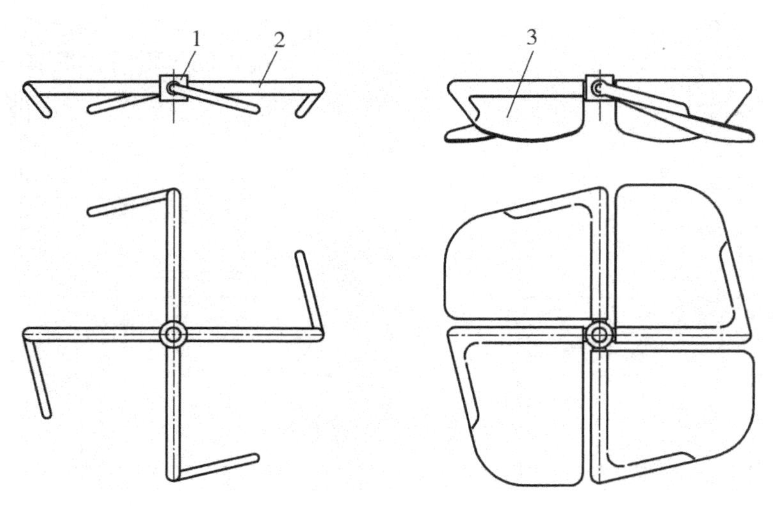

图7-3　均布轮结构

1—中心套；2—支架；3—轮叶

2. 传动原理

利用图7-2分析布料装置的传动原理。

减速电机的输出链轮11通过链传动带动链轮12，驱动主动轴3，分两路传递动力：

其一，通过主动轴3上的两侧链轮12，带动输送辊筒2运行，实现水果原料的连续输送。

其二，主动轴3右端的齿轮A，经过过渡齿轮B，啮合传动齿轮C，从而驱动传动轴

8。传动轴 8 旋转时，通过锥齿轮副 M、N 的啮合传动，使立轴 19 旋转，从而带动立轴下方的均布轮 10 回转，实现物料缓冲和均匀落料。

由此可见，减速电机启动后，可同时驱动进料输送装置和均匀布料装置，实现水果连续入料输送、均匀落料装填。

7.2.3 均布落料式装箱工作原理

水果自动装箱原理如图 7－4 所示，工作过程如下。

(1)图 7－4a：空箱被输送进入箱体定位机。定位机的辊筒自转，直至包装箱运行至机体的中间位置，使箱体中心与均布轮中心线基本重叠，定位机辊筒停止自转。此时包装箱处于正确的装箱位置，等待落料装填。

(2)图 7－4b：升降机构驱动进料输送机下摆，带动均布轮下降至箱体底部(箭头①)；与此同时，移位机构同步联动，推动箱体移位至轮轨左端(箭头②)。在此过程，保持箱体中心对应均布轮中心线。

减速电机启动，驱动进料输送机辊筒运行(箭头③)，以及均布轮自转(箭头④)。水果在辊筒出口端落入旋转中的均布轮，受均布轮橡胶叶片的缓冲，并被圆周均匀散布到箱底。

(3)图 7－4c：升降机构驱动进料输送机逐步上摆，带动均布轮逐步上升(箭头①)；与此同时，移位机构同步联动，牵引箱体逐步向右移位(箭头②)，以确保箱体中心和均布轮中心线保持重合。

进料输送机辊筒继续运行(箭头③)，均布轮继续自转(箭头④)。在均布轮逐步上升的过程，可实现水果逐层均匀装填。

(4)图 7－4d：水果装填满箱后，进料输送机辊筒停止运行，均布轮停止自转。进料输送机上摆使均布轮升至最高位(箭头①)，箱体同步被牵引移位至轮轨右端(箭头②)。

定位机辊筒自转，把满载水果的箱体送出机外。

上述过程循环往复，实现水果自动装箱。

由水果装箱原理可见，本机具有以下优点：

(1)水果装填入箱时，落差不变。水果自输送辊筒出口输出后，并不是直接跌落入箱体，而是落入均布轮，再被卸至箱体内部。无论箱体规格大小，从箱底至箱面的装填过程中，水果的落差均保持不变。

(2)水果入箱时柔缓少冲击，落点分散。水果跌落均布轮，被其橡胶叶片承接，起到缓冲作用；均布轮连续旋转，带动落入的水果圆周回转，均匀散布箱体四周。

(3)水果层层堆叠，均匀不留空隙。由于本机设计了相应的升降机构和移位机构，使均布轮的升降与箱体的移位同步联动，确保均布轮随时处于箱体中心位置。在水果入箱时，均布轮由低位逐步升至高位，形成层层散布堆叠水果的状态。由于均布轮本身的自转，其叶轮连续扫抹其底下的水果，使每层水果平整均匀，不留空隙。

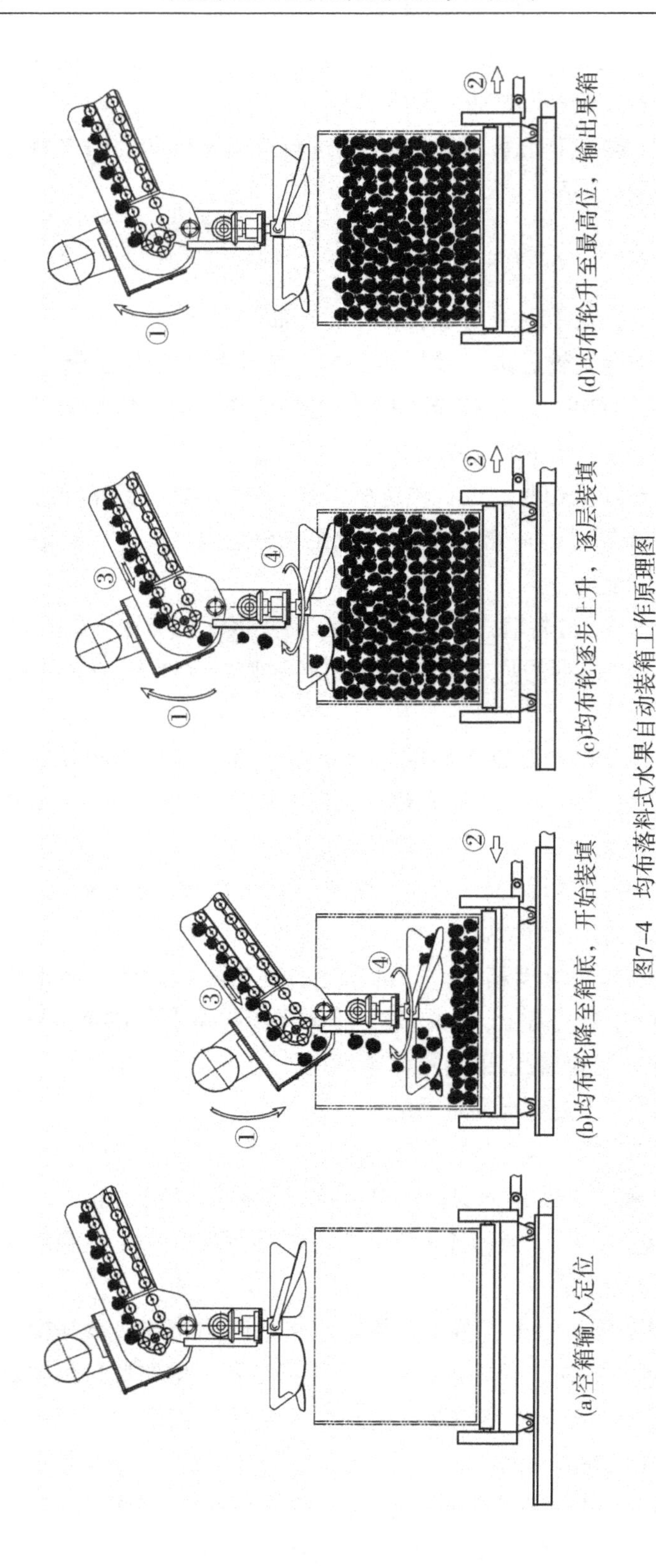

(a)空箱输入定位

(b)均布轮降至箱底，开始装填

(c)均布轮逐步上升，逐层装填

(d)均布轮升至最高位，输出果箱

图7-4　均布落料式水果自动装箱工作原理图

7.2.4 均布落料式装箱机关键设计参数的分析

水果自动装箱机工作时，其升降机构和移位机构同步联动，随时调整，自始至终都需要确保处于定位机中的包装箱的中心与均布轮的中心线重合。也就是说，在装填过程，均布轮下降左移，包装箱也随之左移；均布轮上升右移，包装箱随之右移。而且要保证两者平移距离一致。

要达到上述目的，需要合理设计升降和移位机构。

图7－5所示是装箱机的动作机构变化原理图。本机设定铰支O(点O)、铰支B(点B)和安装摆架的支轴点M成一直线，而且$OB = AB$。

当进料输送机由初始位置向上摆动任意角度δ时，将引起均布轮上升并右移，承载包装箱的定位机也随之右移。各机构连线的位置状态将发生变化：

铰支点O至支轴点M的连线OM，摆动至OM'；

连杆AB移位至$A'B'$；

箱体的中心线位置由MN移位至$M'N'$。

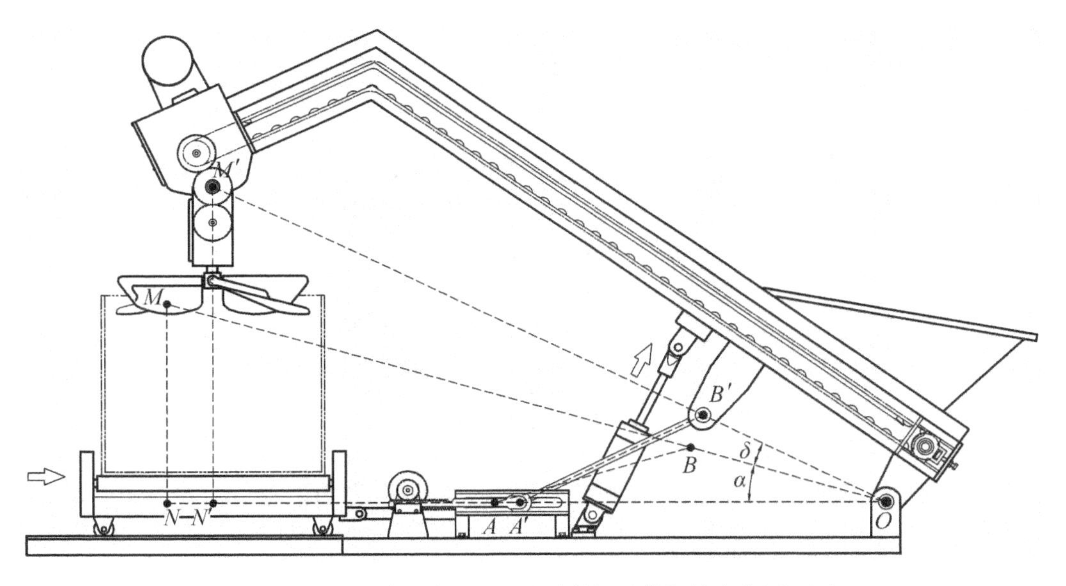

图7－5 均布落料式水果自动装箱机动作机构变化原理图

前已述及，定位机的移位是通过连杆AB的作用，经由变距传递机构(齿条Ⅰ、齿轮装置、齿条Ⅱ共同组成)而带动的。

图7－6所示是变距传递机构的装配图。图中，齿条Ⅰ与齿轮Ⅰ啮合，齿条Ⅱ与齿轮Ⅱ啮合。齿条Ⅰ平移时，经过齿轮Ⅰ、齿轮Ⅱ的传递，带动齿条Ⅱ同向平移。齿条Ⅰ、齿条Ⅱ的移位距离之比等于齿轮Ⅰ、齿轮Ⅱ的齿数之比。

图7－5中，连杆由AB移位至$A'B'$时，滚轮位移距离为AA'，导致箱体中心线移动NN'。AA'即齿条Ⅰ的移位距离，NN'即齿条Ⅱ的移位距离。

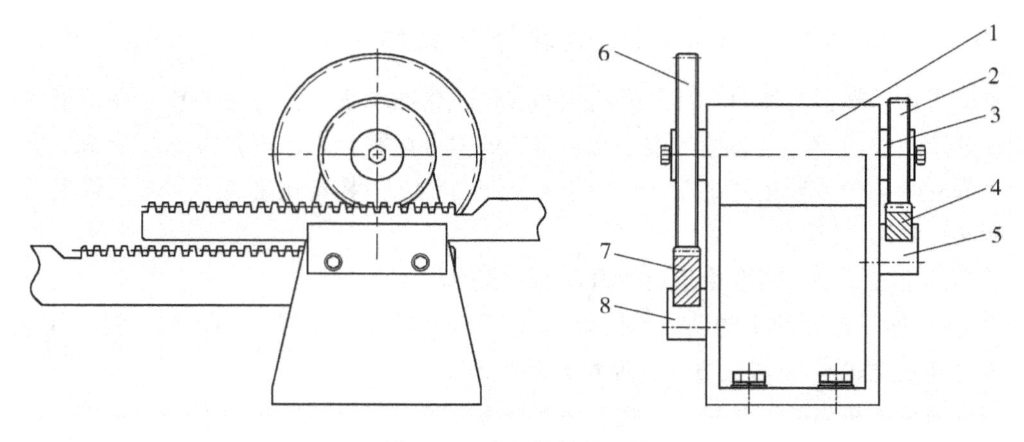

图 7-6　变距机构装配图

1—轴承座；2—齿轮Ⅰ；3—轴；4—齿条Ⅰ；5—滑轨Ⅰ；6—齿轮Ⅱ；7—齿条Ⅱ；8—滑轨Ⅱ

因此

$$\frac{AA'}{NN'} = \frac{Z_{\mathrm{I}}}{Z_{\mathrm{II}}} \tag{7-1}$$

设 $OM = L$，$OB = AB = S$

则

$$\begin{aligned} AA' &= OA - OA' \\ &= 2S\cos\alpha - 2S\cos(\alpha + \delta) \\ &= 2S[\cos\alpha - \cos(\alpha + \delta)] \end{aligned} \tag{7-2}$$

$$\begin{aligned} NN' &= ON - ON' \\ &= L\cos\alpha - L\cos(\alpha + \delta) \\ &= L[\cos\alpha - \cos(\alpha + \delta)] \end{aligned} \tag{7-3}$$

因此

$$\frac{AA'}{NN'} = \frac{2S}{L} = \frac{Z_{\mathrm{I}}}{Z_{\mathrm{II}}} \tag{7-4}$$

按式(7-4)进行参数确定，可满足本机设计要求，实现顶升和移位机构的协调动作。

7.2.5　自动移位式装箱机

自动移位式装箱机可实现水果自动供料、装箱、称重，并且在装箱过程能使包装箱自动移位以适应物料均匀充填，适用于柑橘、柠檬等水果采用周转箱或纸箱的包装。

1. 总体结构

如图 7-7 所示是自动移位式装箱机总体结构图。

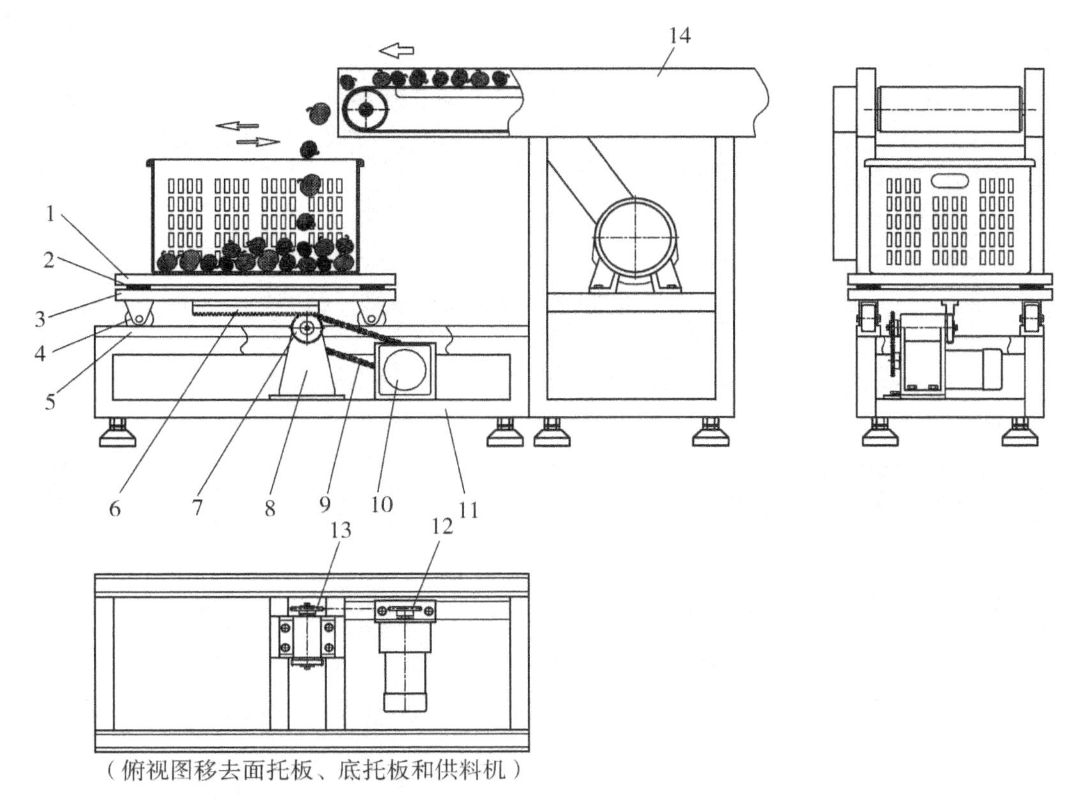

图 7－7　自动移位式装箱机总体结构图

1—面托板；2—压力传感器；3—底托板；4—滑轮；5—轮轨；6—齿条；7—齿轮；8—轴座；9—链条；10—驱动装置；11—架座；12，13—链轮；14—供料机

设备由两大部分组成，除了供料机 14 外，主要部分是箱体承托称重装置。

箱体承托称重装置的组成零部件包括：面托板 1、压力传感器 2、底托板 3、滑轮 4、轮轨 5、齿条 6、齿轮 7、轴座 8、链条 9、驱动装置 10、架座 11、链轮 12 和 13。

架座 11 是一个方钢管焊合的安装基座，其上表面固定安装两条凹槽式平行轮轨 5，轮轨上放置一个承载平台。承载平台主要由面托板 1 和底托板 3 组成，两托板的联接平面之间装配有压力传感器 2。底托板 3 的底面中部固定装配有齿条 6，两侧各装配一对滑轮 4，分别与两条轮轨 5 配合。因此，整个承载平台可通过滑轮沿轮轨方向移动。

架座 11 内部固定安装轴座 8 和驱动装置 10。

轴座 8 内部装配有轴承和转轴，转轴两端伸出，一端装配齿轮 7，另一端装配链轮 13。齿轮 7 与上方承载平台的齿条 6 啮合；链轮 13 通过链条 9 与驱动装置 10 的输出端链轮 12 连接。

驱动装置 10 可以输出正反转动力，有两种配置方式，其一是单纯的减速电机，通过控制电机正反转实现链轮 12 的正反转；其二是减速电机与正反转离合器配合，实现输出端链轮 12 的正反转。

2. 箱体承托称重装置的传动原理

驱动装置 10 启动时，可带动链轮 12 旋转；链轮 12 转动时，通过链条 9 带动链轮 13；

链轮 13 通过轴座 8 内部转轴传动使齿轮 7 同步旋转；齿轮 7 啮合传动齿条 6，从而驱动承载平台水平移动。

由主视图可见，当链轮 12 顺时针旋转时，可实现承载平台向右移动；链轮 12 逆时针旋转时，可实现承载平台向左移动。左右移动距离通过设置限位开关即可控制。

3. 装箱工作过程

(1)包装箱被送入，置于面托板 1 上定位。

(2)供料机 14 启动，连续输送水果，充填入箱。

(3)驱动装置 10 启动，输出正反转动力，使承载平台带动包装箱左右往复移动，实现均匀装料。

(4)水果装箱的重量由压力传感器 2 检测，达到设定值后，输出信号，控制供料机 14 停运，驱动装置 10 停转。

(5)撤出满载水果的箱体。

上述过程循环往复，实现水果均匀装箱。

7.3 箱装果蔬搬运机械手

果蔬采后经过洁净加工和保鲜分级等处理后，绝大部分需要采用纸箱或塑料周转箱进行包装，以便储存和周转运输。

传统作业中，对于果蔬箱装产品的储存和周转，大多数企业主要采取人工辅助的方式进行搬运和码垛，工作繁重而且效率低下。

随着工业机器人在各行业的普及应用，在果蔬采后处理中应用机器人技术的条件渐趋成熟。特别是机器人搬运及码垛、卸垛设备可有效降低企业生产工人的劳动强度，大大提高生产效率，适应现代化大规模生产的需要。

实现搬运码垛功能的工业机器人类型基本相同，但配备的机械手的抓取方式有多种多样。针对不同的箱体类型，工业机器人需配套不同的机械手，才能顺利抓取、搬运产品，并按规定形式进行码垛。

相关机械手设计时，需要解决的技术难题是：确保机械手爪能快速定位、准确着力，用最小的力和最稳定的状态抓取和释放箱装产品，过程中还需防止箱体变形挤坏果蔬。

本节针对果蔬包装用的纸箱和塑料周转箱的特性，分别深入研究最优抓取方式，介绍几种典型的专用机械手，包括夹持式机械手、组合式机械手、侧提底托式机械手、缩放式机械手等。

所介绍的机械手均可配套于工业机器人，在果蔬自动包装生产线上实现高速高效的搬运及码垛、卸垛作业。

7.3.1 夹持式机械手

1. 总体结构

图 7－8 所示是适用于纸箱包装产品的夹持式机械手，主要由联接座 1、基座 2、夹持气缸 3、固定夹板 4、托爪 5、气缸 6、活动夹板 7、导杆 8、导杆座 9 组成。

基座2是型钢框架式结构，作为零件安装的架体。基座2下方对称装配两支平行导杆8，各由两个导杆座9固定。

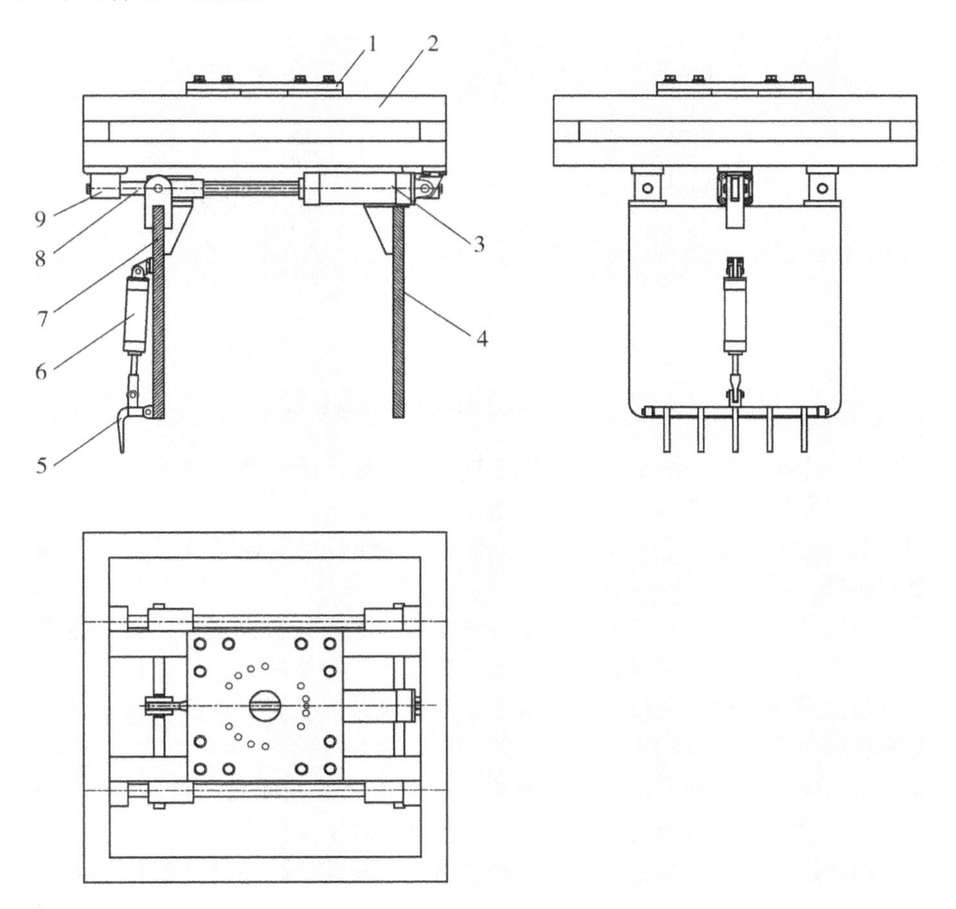

图7－8 夹持式机械手总体结构图

1—联接座；2—基座；3—夹持气缸；4—固定夹板；5—托爪；
6—气缸；7—活动夹板；8—导杆；9—导杆座

活动夹板7和固定夹板4形成一个夹持组件。活动夹板7通过滑套装配在导杆上，可沿导杆左右滑动。固定夹板4固定安装在导杆的右侧。

两支导杆中间安装有一个夹持气缸3。夹持气缸的缸体端部通过铰支座安装在基座2右下方；其活塞杆端部通过铰支联接活动夹板4中部。因此，气缸的活塞杆伸缩时，可推拉活动夹板左右移动，配合固定夹板，则可实现对箱体的夹持动作。

另外，在活动夹板7的底部边沿，通过铰支联接，装配有一套托爪5。该托爪由多个L形钩指组成，形成一个耙爪式结构，在气缸6的推拉下，可绕支轴上下翻转。

夹持式机械手的顶部有一个联接座1，与工业机器人的手腕配套，相互间采用螺纹固定联接。

2. 夹持箱体工作原理

夹持式机械手抓取箱体的动作过程如图7－9所示。

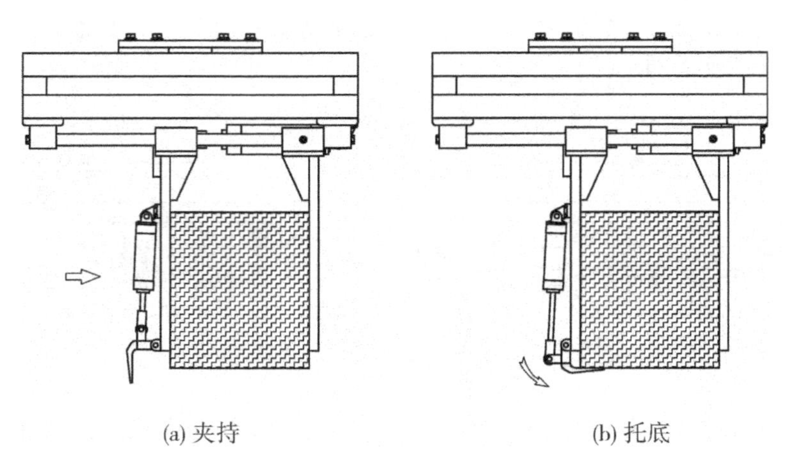

(a) 夹持　　(b) 托底

图7－9　夹持式机械手动作示意图

(1)夹持。当箱体置于活动夹板和固定夹板之间时，活动夹板在夹持气缸驱动下，沿导杆向右移动，即向固定夹板靠拢，夹紧箱体；

(2)托底。托爪气缸活塞杆向下伸出，推动托爪绕铰支轴逆时针翻转一定角度，扣紧并承托箱体底部。

由于纸箱的外表是光滑的平面，如果没有托爪，单靠夹板夹紧箱体时，需要有足够大的夹紧力。只有当箱体与夹板接触面产生的摩擦力大于箱体的重量时，机械手才能可靠抓紧箱体。但在实际操作中，夹板的夹紧力太大易造成箱体变形，进而损伤其内水果，因此夹紧力需适度。

为解决以上问题，机械手设置托爪机构，在适度夹紧箱体后，再对其进行底部承托。如此则可减少夹紧力，并有效避免质量较大的箱体出现下滑的现象。

带托爪的夹持式机械手在工作时，需要避免托爪及其气缸与其他机构装置或包装箱的相互干涉。

3. 夹持式机械手与输送设备的配套应用

由前述工作原理可知，机械手在抓取包装箱时，需要对箱体两侧面进行夹持，同时利用活动夹板下沿的托爪扣紧并承托箱体底部。箱体底部必须要留有空隙，才能让托爪插入箱体底部。只有当托爪托紧箱体底部后，机器人才能驱动机械手抬升，提起包装箱，搬运至指定地方。

在实际的包装生产线上，包装箱一般通过辊筒式输送机进行输送，如图7－10所示。当包装箱依次进入机械手活动范围时，通过限位装置定位，使每个包装箱都定位在固定的位置，即取料位置。在此位置，机器人驱动机械手夹持箱体并托底，提升并搬离。如此，循环往复，一个一个地搬运到达取料位置的包装箱。

图7－10显示机械手在取料位置抓取包装箱的状态。在取料位置，机械手的托爪插入箱底时，每一个钩指均处于辊筒之间的间隙，不会与辊筒产生干涉。因此，设计时，应确保钩指间距 L 与辊筒间距 P 相等，即 $L = P$；另外，要确保钩指厚度 t 小于辊筒之间的间隙 b，即 $t < b$。

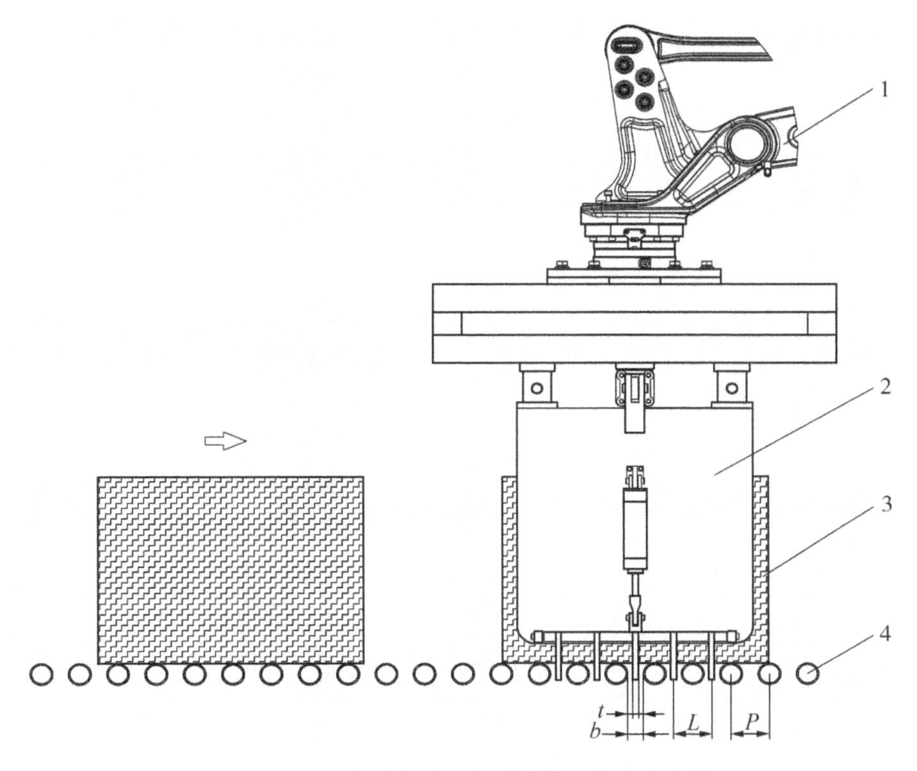

图 7－10　夹持式机械手与输送设备的配套应用

1—工业机器人；2—机械手；3—纸箱包装产品；4—辊筒输送机

7.3.2　组合式码垛机械手

果蔬装箱后，必须要把一箱箱产品进行堆叠码垛，形成一定数量的立方体组合，如此才能方便搬运、装车、储存。图 7－11 所示是其中一种纸箱包装的码垛形式。

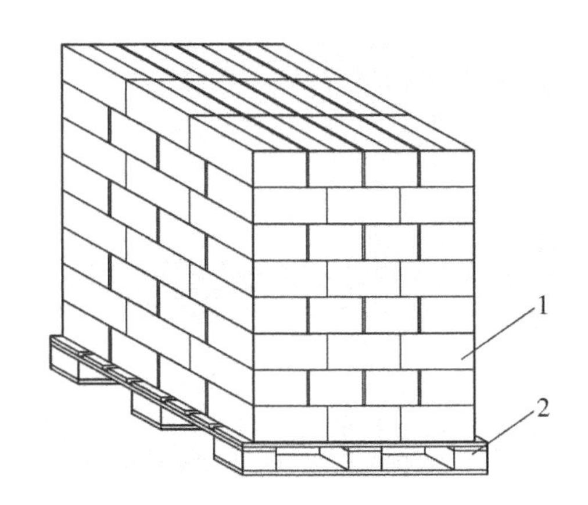

图 7－11　箱装产品码垛形式之一

1—纸箱包装产品；2—托板

传统的码垛作业需要人工及叉车辅助。现在由于工业机器人的加入，使生产效率及效果得到改善。

采用机器人码垛，首先要明确托板已经置于合适位置并且定位，然后才能把一箱箱产品抓取并搬到托板上堆叠。由此可见，机器人进行码垛作业时，需要面对两个目标对象，其一是包装箱，其二是托板。因此，必须要给机器人配套型式结构不同的机械手，才能分别适应这两个对象。

为解决上述问题，在大多数机器人码垛生产线中，抓取包装箱和抓取托板均采用独立的机器人进行工作，即要求两台机器人分别装配结构形式不同的机械手。工作时，其中一台机器人负责定时抓取托板定位，另一台机器人负责抓取包装箱，依次堆叠到托板上。虽然这种方法可行，但使生产线复杂化，并大幅增加设备成本。

要解决上述技术问题，就需要通过优化组合，设计多功能的机械手，既可以适应抓取托板定位，又可以一次抓取多个包装箱进行堆叠，从而减少生产线上机器人的配置量，节省生产线设备成本，有效提高生产效率。

7.3.2.1　总体结构

图 7 – 12 所示是组合式码垛机械手的总体结构，主体由两大部分组成，分别是夹持抓箱组件、勾夹托板组件。所有零部件均以基座 1 为基础进行装配，装置整体通过联接座 2 与机器人手腕联接。

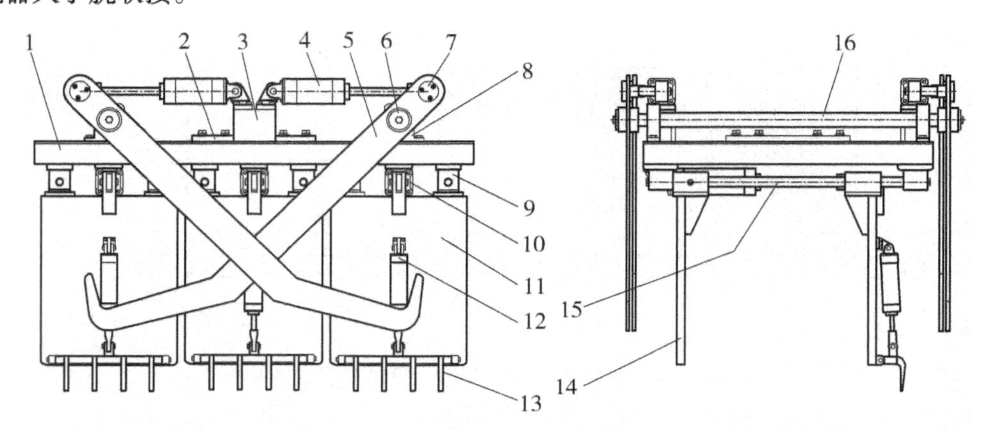

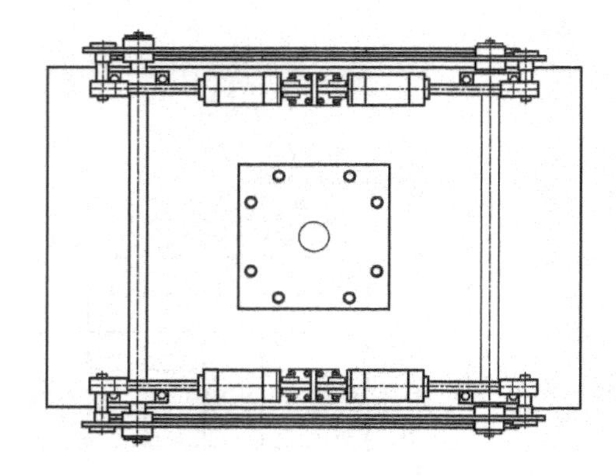

图 7 – 12　组合式码垛机械手总体结构图

1—基座；2—联接座；3—气缸座；4—钩板气缸；5—钩板；6—轴承套；7—铰支；8—支轴座；9—导杆座；10—夹持气缸；11—活动夹板；12—托爪气缸；13—托爪；14—固定夹板；15—导杆；16—支轴

1. 夹持抓箱组件结构

图示基座 1 为长方形框架结构，其长度尺寸与托板长度相近。基座下部并排装配了 3 套结构相同的夹持抓箱组件。

每套夹持抓箱组件均由导杆座 9、夹持气缸 10、活动夹板 11、托爪气缸 12、托爪 13、固定夹板 14、导杆 15 组成。

夹持和抓取包装箱的执行机构是两块夹板，分别是活动夹板 11 和固定夹板 14，安装在两支平行导杆 15 上。导杆 15 两端套入导杆座 9，并固定装配在基座 1 下方。

两块夹板安装时，固定夹板 14 由螺钉紧固在导杆左侧(如左视图示)，而活动夹板 11 则可以沿导杆 15 水平左右滑动，其动力源来自夹持气缸 10。夹持气缸 10 安装在两支导杆中间位置，缸体端部通过铰支座固定在基座，而活塞杆则与活动夹板中部铰支联接。

活动夹板下端边沿装配有一个托爪 13，托爪与夹板之间铰支联接，在托爪气缸 12 的驱动下，托爪可绕铰支翻转一定角度。

2. 勾夹托板组件结构

基座长度方向两侧，装配有 4 支 L 形的钩板 5。按主视图所示，钩板前后对称，前两支后两支。

每支钩板的上部，均通过轴承套 6 装配在支轴 16 的轴端部。支轴 16 横向布置在基座 1 上表面，并由两个支轴座 8 固定。因此，钩板可以轴承套 6 为中心绕支轴 16 摆动。

每支钩板均配置 1 个气缸作为动力源。如图示，气缸 4 的缸体端部通过铰支座固定在气缸座 3 上，其活塞杆与钩板上的铰支 7 联接。气缸 4 的活塞杆伸缩时，可通过铰支 7 驱动钩板以轴承套 6 为中心左右摆动。

7.3.2.2 工作原理

组合式码垛机械手通过联接座与机器人手腕联接，被机器人驱动进行工作，可根据生产的实际情况进行抓取包装箱或抓取托板的动作，灵活转换。

1. 抓取搬运包装箱原理

组合式码垛机械手有 3 套夹持抓箱组件，分别由独立气缸驱动，即每一套夹持抓箱组件均可独立工作。

机械手工作时，可同时抓取并排布置 3 个箱体，或者多个箱体(只要并排的箱体总长度处于夹板的有效夹持范围内)。另外，机械手也可以随意抓取 1 个独立的箱体。

如图 7－13 所示，辊筒输送机把纸箱包装件依次送至取料位置。当有 3 个包装箱进入取料位置，并被限位机构定位后，机械手接受指令开始抓取包装箱，此时钩板静止不动(处于图示状态)。抓箱搬运过程如下：

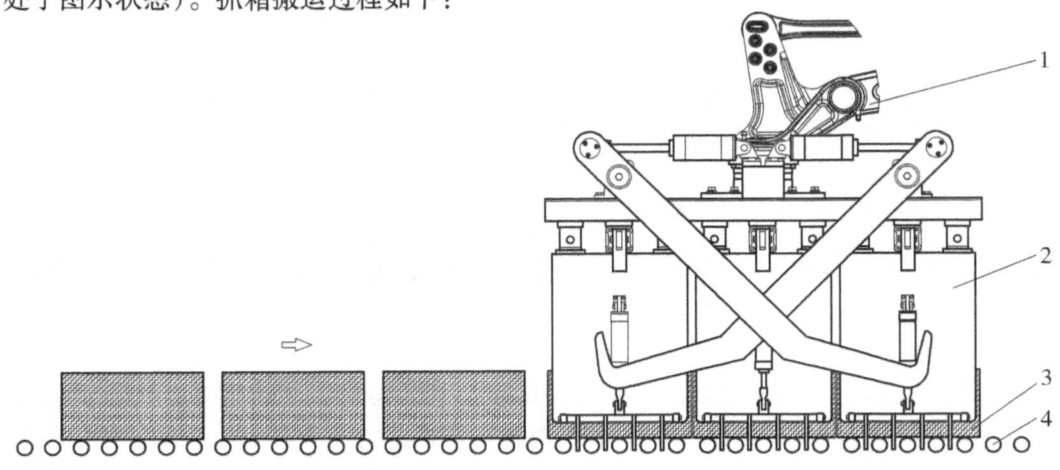

图 7－13 组合式码垛机械手在箱体搬运中的应用

1—工业机器人；2—组合式机械手；3—纸箱包装产品；4—辊筒输送机

(1)夹持。3套夹持抓箱组件同时动作，活动夹板在气缸拉动下，向固定夹板靠拢，夹紧箱体。

(2)托底。托爪被托爪气缸推动翻转，插入并承托箱体底部。

(3)机器人驱动机械手提升，稳固抬起包装箱，按要求搬运到托板上方。

(4)托爪气缸拉动托爪翻转，松开箱底。

(5)夹持气缸推动活动夹板，松开箱体。使包装箱准确叠放在指定位置。

2. 抓取搬运托板原理

如图7－14所示，当机械手接受指令抓取托板时，则抓箱组件静止不动。钩板气缸启动，驱动4支钩板同步开合(如图示箭头所示)，抓取搬运过程如下：

(1)钩板气缸的活塞杆收缩，拉动钩板张开至与托板长度尺寸适合的位置。

(2)机械手稍下降，钩板气缸的活塞杆慢慢伸出，推动钩板合拢，使其下端勾头插入托板两则中空位置，直至夹紧。

(3)机械手稳固抬起托板，按要求搬运到指定的码垛位置放下。

(4)钩板气缸拉动钩板张开，松开托板。

(5)机械手上升，钩板气缸推动钩板合拢，回复原位，处于交叉状态。

由于4支钩板分别由独立气缸驱动，因此可确保在4个夹持点位置勾头与托板均能紧密接触，而且力度相等。这样的设计使装置不但适应注塑形成的结构匀称的塑料托板，而且适应用木板装订制作的尺寸偏差稍大的托板。

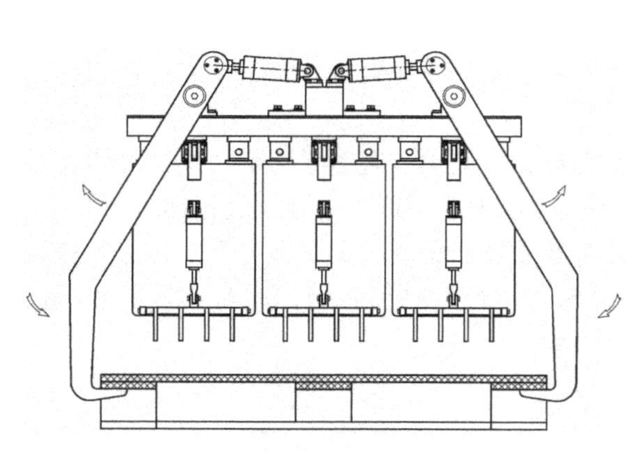

图7－14　组合式码垛机械手搬运托板原理图

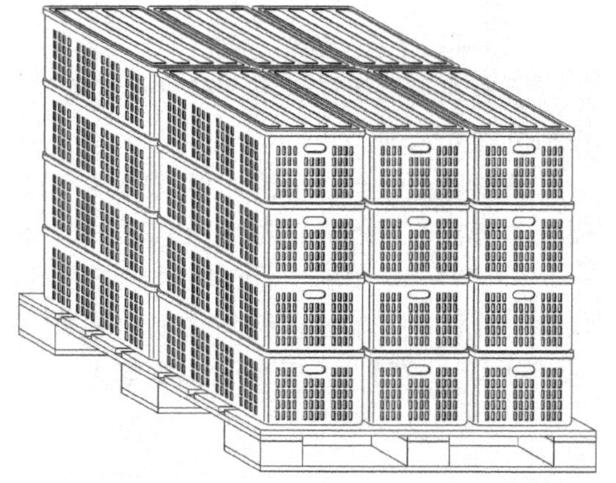

图7－15　周转箱码垛形式之一

7.3.3　侧提底托式搬运机械手

果蔬的包装方式，除了上述的纸箱包装外，大量采用塑料周转箱。采用周转箱包装后，也需要进行码垛，形成一定数量的立方体组合，以方便储运。图7－15所示是一种塑料周转箱码垛形式之一。

产品码垛后，在有需要时就要求进行卸垛。无论码垛卸垛，都是繁重的搬运工作。当采用工业机器人对周转箱进行搬运时，需要针对不同形式的周转箱配套相适应的机械手。

因此，相关的机械手有多种设计方案，本节介绍的侧提底托式搬运机械手是一种适用性较广的机械手，特别适用于对如图7－15所示的 周转箱垛堆进行拆解，可方便地从紧密排布的箱体组合中搬出目标箱体。

7.3.3.1　总体结构

如图 7－16 所示是侧提底托式周转箱搬运机械手总体结构图。为了视图清晰，避免混淆，俯视图无显示基座下方的机构，左视图无显示托架背面的机构。

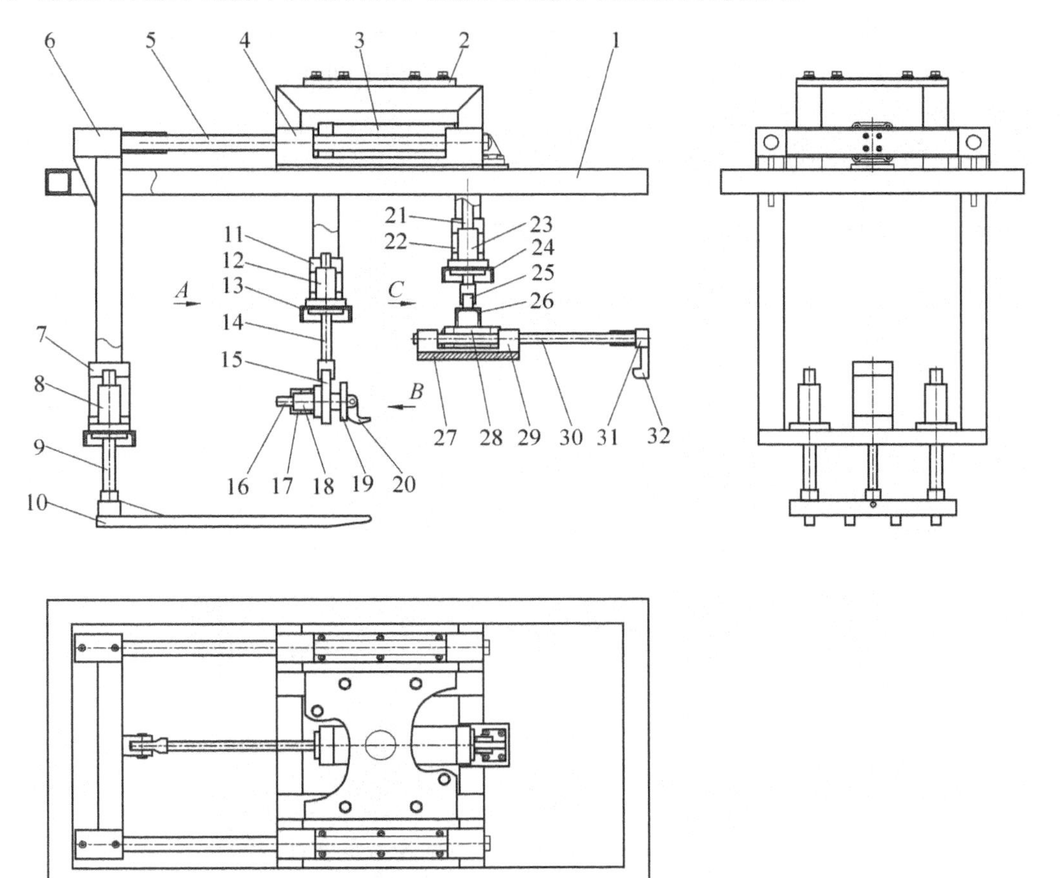

图 7－16　侧提底托式周转箱搬运机械手总体结构图

1—基座；2—联接座；3，7，11，17，22，28—气缸；4—直线导轨；5，9，14，16，21，30—导杆；6—托架；8—直线轴承；10—底托板；12—直线轴承；13—支架；15—支板；18—直线轴承；19—侧提板；20—提钩；23—直线轴承；24—支架；25—联接块；26—联接架；27—压板；29—直线导轨；31—钩边板；32—边钩

机械手主体由三大部分组成，分别是插入底托机构、侧提机构、压合钩边机构。所有零部件均以基座 1 为基础进行装配。基座 1 为长方形框架结构，其顶部为联接座 2，整体通过联接座 2 与工业机器人的手腕联接。

1. 插入底托机构

插入底托机构主要由气缸 3、直线导轨 4、导杆 5、托架 6、气缸 7、直线轴承 8、导杆 9、底托板 10 等组成。

气缸 3 安装在基座 1 上表面中间位置，其两侧分别安装一套直线导轨 4，平行布置。

气缸 3 的活塞杆端部与托架 6 的上横梁中部铰支联接。托架 6 的上横梁两侧各固定装配一支与直线导轨 4 配合的导杆 5。

气缸 3 动作时，可拉动或推动托架 6 沿直线导轨 4 的方向水平移动。

托架 6 是一个门框型结构，其上横梁与气缸 3 联接，而在其下横梁的中部则安装有气缸 7。气缸 7 的左右对称安装有直线轴承 8 及与其配合的导杆 9。

底托板 10 是梳状结构，由若干支叉杆和一支固定横杆组成。若干支叉杆(图示为 4 支)平行定距布置，左端部均固定联接在横杆上。底托板 10 的横杆中部铰支联接气缸 7 的活塞杆，两侧固定装配导杆 9。

因此，气缸 7 动作时，可驱动底托板 10 上下升降。

2. 侧提机构

侧提机构如图 7－16 主视图和图 7－17 所示。

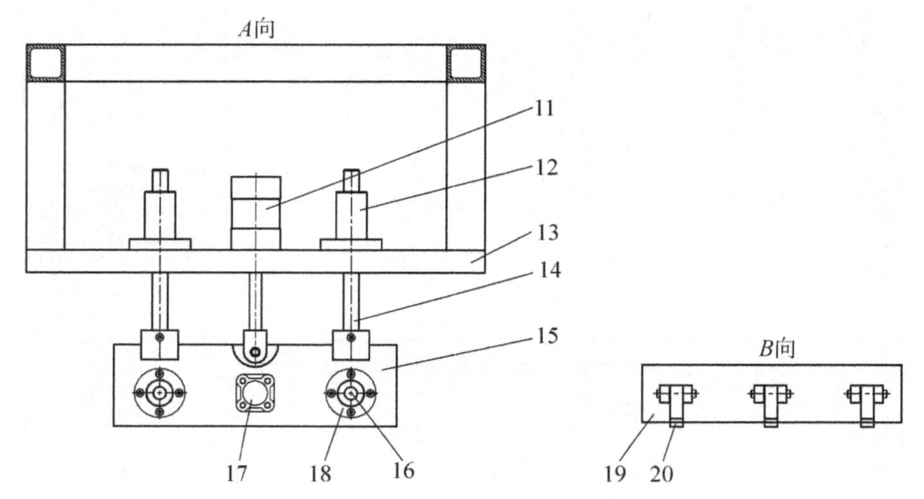

图 7－17　侧提机构 A 向和 B 向视图

11，17—气缸；12—直线轴承；13—支架；14—导杆；15—支板；
16—导杆；18—直线轴承；19—侧提板；20—提钩

侧提机构主要由气缸 11、直线轴承 12、支架 13、导杆 14、支板 15、导杆 16、气缸 17、直线轴承 18、侧提板 19、提钩 20 等组成。

气缸 11 安装在支架 13 中部，其左右对称安装有直线轴承 12 及与其配合的导杆 14。

支板 15 上部中间与气缸 11 的活塞杆端部铰支联接，上部两侧装配导杆 14。

气缸 11 动作时，可驱动支板 15 上下升降。

支板 15 中部，水平安装气缸 17，两侧对称安装直线轴承 18 及与其配合的导杆 16。侧提板 19 左侧面中部与气缸 17 的活塞杆端部铰支联接，两侧装配导杆 16；右侧面排列装配若干个提钩 20(图示为 3 个)。

气缸 17 动作时，可推拉侧提板 19 水平左右移动。

3. 压合钩边机构

压合钩边机构如图 7－16 主视图和图 7－18 所示。

压合钩边机构主要由导杆 21、气缸 22、直线轴承 23、支架 24、联接块 25、联接架 26、压板 27、气缸 28、直线导轨 29、导杆 30、钩边板 31、边钩 32 等组成。

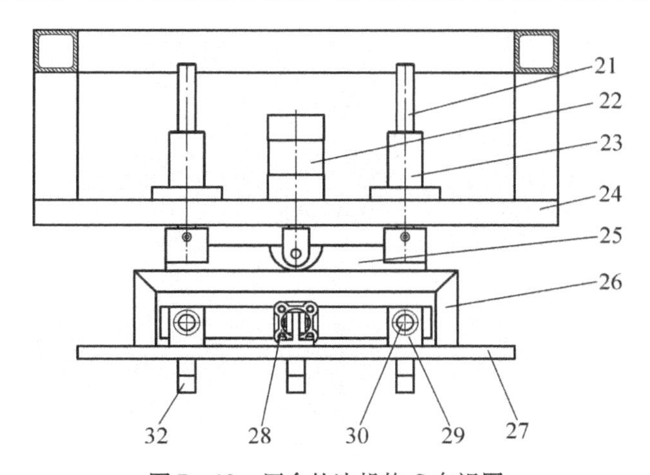

图 7 - 18　压合钩边机构 C 向视图

21—导杆；22，28—气缸；23—直线轴承；24—支架；25—联接块；
26—联接架；27—压板；29—直线导轨；30—导杆；32—边钩

气缸 22 安装在支架 24 中部，其左右对称安装有直线轴承 23 及与其配合的导杆 21。

联接块 25 中部与气缸 22 的活塞杆端部铰支联接，两侧装配导杆 21。联接架 26 与联接块 25 固定联接成一体。联接架 26 下方装配有水平布置的压板 27。

压板 27 的上表面中间位置安装有气缸 28，气缸 28 两侧平行安装直线导轨 29 及与其配合的导杆 30。

钩边板 31 中部与气缸 28 的活塞杆端部铰支联接，两侧装配导杆 30。钩边板 31 的下方排列装配若干个边钩 32(图示为 3 个)。

当气缸 22 动作时，可驱动压板 27 及其上的机构上下升降；当气缸 28 动作时，可驱动钩边板 31 水平左右移动。

7.3.3.2　工作原理

机械手通过联接座与工业机器人手腕联接，被机器人驱动进行工作，动作过程如图 7 - 19所示。

图 7 - 19a：机械手被机器人驱动接近周转箱垛堆，在面层目标周转箱位置定位。机器人静止不动，机械手待命。

图 7 - 19b：机械手获得指令，侧提机构动作。气缸 17 推动提钩 20 靠近周转箱的翻边下方，如图示箭头①。

当提钩接触周转箱时，气缸 11 动作，拉动提钩上升，从侧面把周转箱提升，倾斜成一定的角度，如图示箭头②。

根据实际情况，可控制提钩钩住周转箱翻边或直接插入箱体侧面的提手孔。

图 7 - 19c：插入底托机构动作。气缸 3 启动，拉动底托板 10，由左至右水平移动，插入周转箱倾斜的底部，直至接触箱底为止，如图示箭头③。

图 7 - 19d：插入底托机构与压合钩边机构同时动作。气缸 7 启动，拉升底托板 10，抬起周转箱一定的高度，如图示箭头④；与此同时，气缸 22 启动，推动压板 27 压合周转箱表面，如图示箭头⑤。

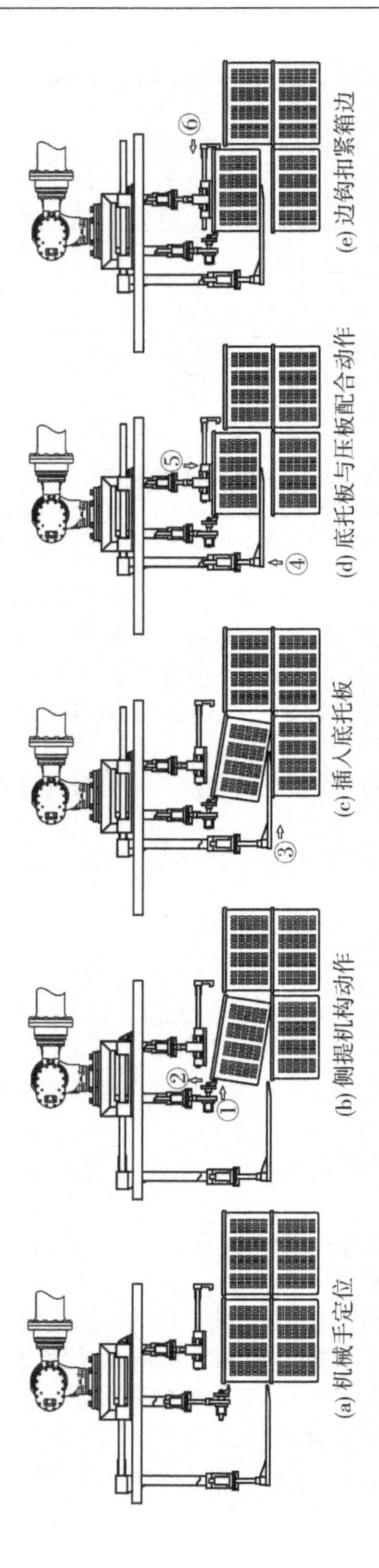

图7-19　机械手搬运周转箱动作过程

图7－19e：压合钩边机构动作。气缸28启动，拉动边钩32由右至左水平运行，直至接触周转箱的箱边为止，并处于扣紧箱体的状态，如图示箭头⑥。

至此，目标周转箱已被机械手单独抬离垛堆，并被稳固夹持。其后，机器人按指令动作，驱动机械手把箱体搬运至指定的地方。

上述过程循环往复，通过机械手依次有序地拆解周转箱垛堆。

7.3.4 缩放式搬运机械手

夹持式机械手大多数属于框架式结构，一般由固定夹板、活动夹板和驱动机构等组成。由于这类机械手工作时只有活动夹板的直线移动动作，因此会有一些缺点：其一，机械手外形尺寸必须比待搬运对象要大，才能包容并夹取待搬运对象，由此造成其机构庞大，因而难以适应狭窄的工作场所。其二，机械手只能适应一个方向（活动夹板直线移动方向）的尺寸变化，对长宽尺寸均变化较大的物品适应性稍差。

本节介绍的缩放式搬运机械手可有效解决上述技术问题，这是一种灵活紧凑的适用于带翻边的箱体和对平板物品进行夹持搬运的机械手。缩放式机械手既可以收缩折叠，又可以舒张伸展，不但结构紧凑，而且能大范围适应物品外形尺寸的变化，在果蔬周转箱包装产品的搬运中效果良好。

7.3.4.1 总体结构

图7－20是缩放式搬运机械手总体结构，图示为折叠收缩状态。

机械手主要由摆臂和横臂等构件组成，以基座2为基础进行装配，基座2为长方形框架结构，其顶部为联接座1，装置整体通过联接座1与机器人手腕联接。

1. 摆臂结构

如图7－20所示，机械手有两个摆臂6，左右对称布置（主视图）。

摆臂6顶部与摆轴5固联。左右两支摆轴5平行布置，各通过两端的轴承4安装在基座2下方。因此，左右摆臂可分别绕左右摆轴的轴心摆动。

两支摆轴的轴端均安装有同样规格的齿轮3，并且相互啮合。

摆臂摆动的动力来源于减速电机19。减速电机的输出端直接联接左摆轴，当减速电机输出动力时，可直接驱动左摆轴旋转，并带动其下的摆臂摆动。由于齿轮3的啮合传动，因此左右摆臂的摆动是同步进行的，而且方向相反，相互分离或相互合拢，实现开合状态。

2. 横臂结构

如图7－20所示，左右摆臂分别安装有两个横臂11。横臂11通过底部的铰支10与摆臂联接。

横臂11为槽式结构，内部安装有伸缩气缸12。伸缩气缸12的缸座固定在横臂槽内底部，其活塞杆端部联接旋转气缸13。旋转气缸13可于槽内沿导轨14滑动。旋转气缸13的活塞杆与导杆15固联，导杆15与导套16滑动配合，其端部安装卡爪17。

由图7－20左视图可见，摆臂槽内上方垂直安装有气缸7，气缸7的活塞杆通过铰支18与连杆8联接，连杆8通过铰支9与横臂联接。

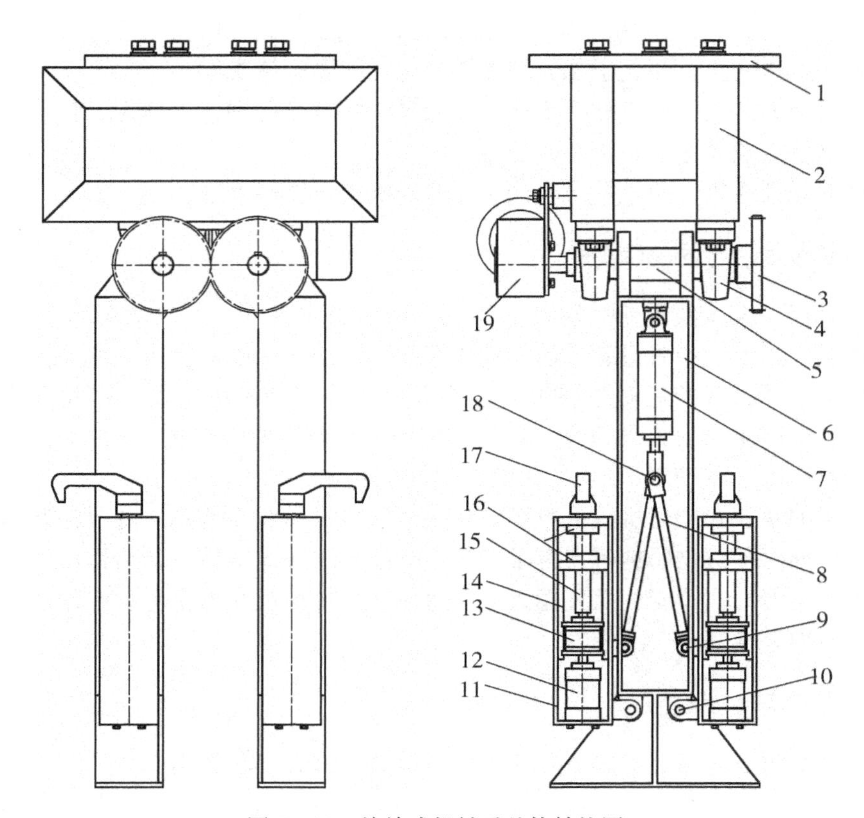

图 7－20　缩放式机械手总体结构图

1—联接座；2—基座；3—齿轮；4—轴承；5—摆轴；6—摆臂；7—气缸；8—连杆；9，10—铰支；11—横臂；12—伸缩气缸；13—旋转气缸；14—导轨；15—导杆；16—导套；17—卡爪；18—铰支；19—减速电机

7.3.4.2　工作原理

缩放式机械手通过联接座 1 与工业机器人手腕联接，被机器人驱动工作。

机械手的摆臂和横臂先后依次动作，过程如图 7－21和图 7－22 所示。待搬运物品以塑料周转箱为例。

图 7－21 显示摆臂工作状态。接受工作指令后，机械手根据待搬运周转箱的长度(或宽度)尺寸，在减速电机 19 的驱动下，控制摆臂张开一定角度。其后，机械手被机器人驱动靠近待搬运物品表面。

图 7－22 显示横臂工作状态。

图 7－22a 中，气缸 7 活塞杆下行，通过连杆 8 推动左右摆臂向下翻转，分别以铰支 10 为支点，转动 90°，形成如图所示的张开状态。

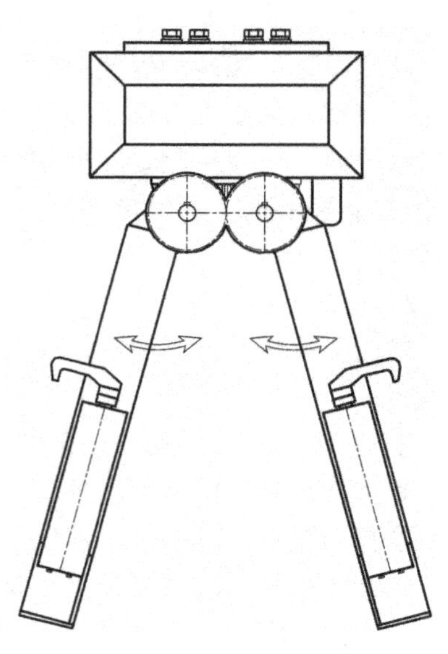

图 7－21　摆臂开合动作

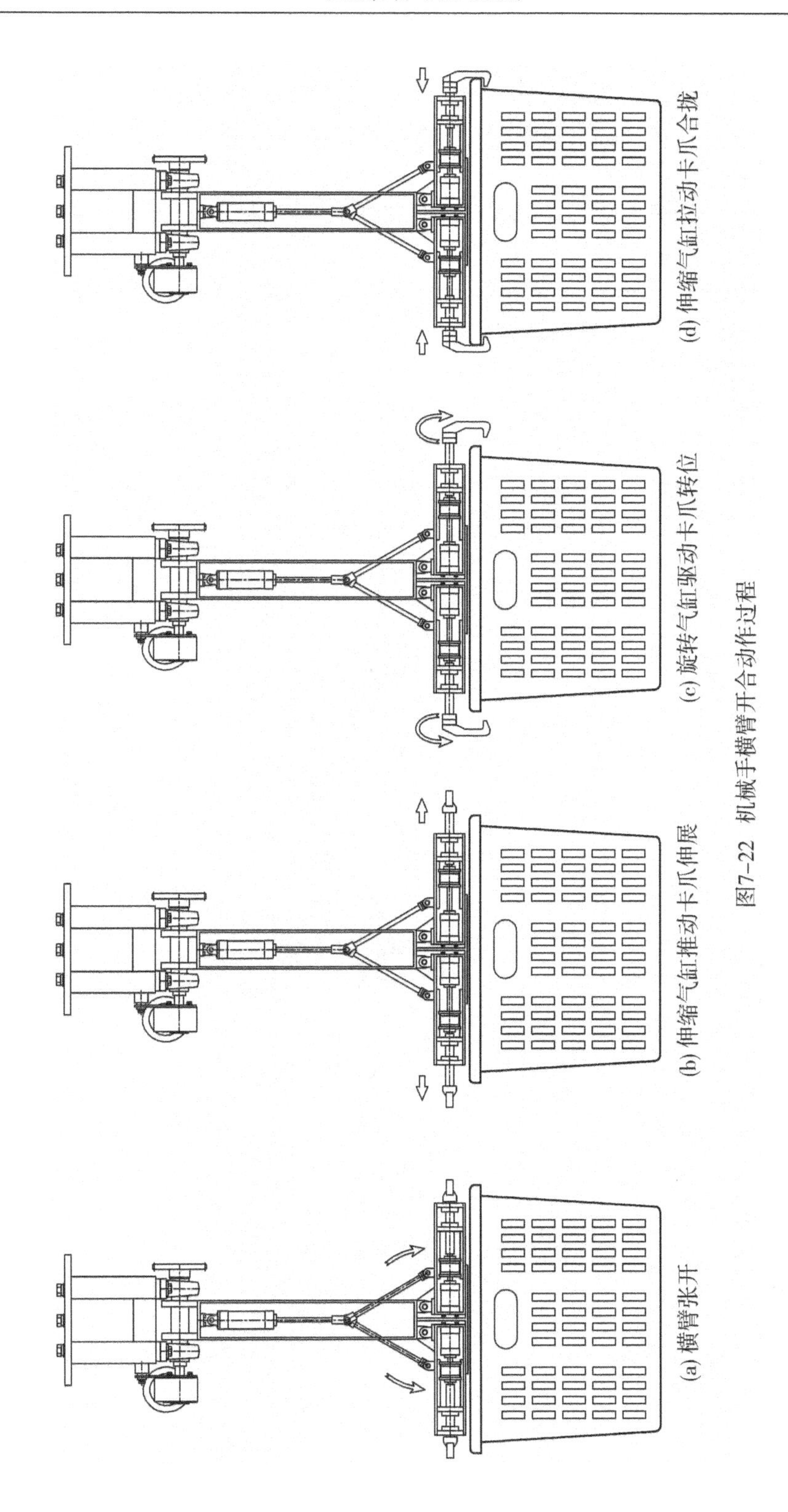
(a) 横臂张开
(b) 伸缩气缸推动卡爪伸展
(c) 旋转气缸驱动卡爪转位
(d) 伸缩气缸拉动卡爪合拢

图7-22 机械手横臂开合动作过程

图7－22b中，伸缩气缸12活塞杆伸出，推动旋转气缸13直线移动，从而使导杆15分别沿图示箭头方向伸展，使两侧的卡爪17超越待搬运周转箱的宽度。

图7－22c中，旋转气缸13动作，通过导杆15驱动卡爪17转位一定角度，使其钩边与箱体边沿底面平齐。

图7－22d中，伸缩气缸12活塞杆收缩，拉动旋转气缸13，带动导杆15，从而使左右卡爪向内合拢，卡紧箱体边沿。

最终，机械手的4个卡爪抓紧箱体，形成如图7－23所示状态。随后，机器人就可以驱动机械手，把箱体抬起并搬至目的地。

机械手释放物品的动作顺序与上述相反。

缩放式机械手通过控制摆臂的开合度和横臂的伸展度，以适应待搬运包装箱的外形尺寸，即在长度和宽度方向均可调节，其调整灵活且范围宽广，彻底克服了传统框架式夹持机械手结构庞大可调范围窄的缺陷。另外，本机械手可随时收缩合拢，结构精简而紧凑，体积小，移动灵活，即使在空间狭窄的场所也能适应。

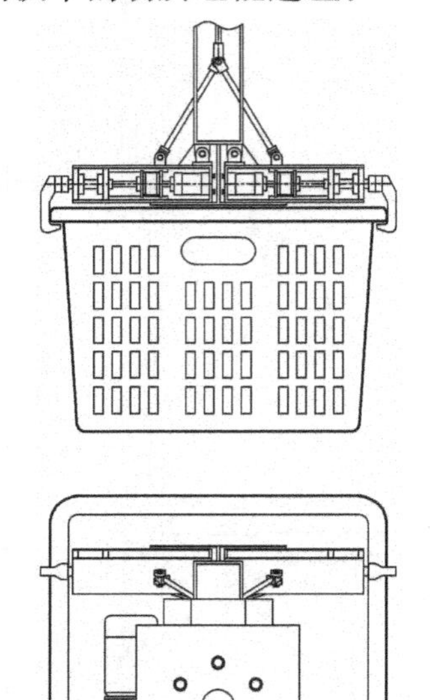

图7－23　机械手抓取周转箱状态

8 果蔬采后处理自动生产线

8.1 概述

果蔬采后处理需要经过多个工序，包括清洗、保鲜、分级、包装，以及初加工、预冷、贮藏等等。为保证果蔬处理的质量，上述各个工序都需要采用合适的自动化设备。而且，在规模化生产中，为提高生产效率，集合多工序处理的自动化生产线必不可少。

果蔬种类繁多，其处理及加工工艺各不相同，因此对应的自动生产线各式各样。概而述之，果蔬采后处理自动生产线主要分两大类：

（1）果蔬商品化处理自动生产线，用于对果蔬进行洁净保鲜和分级包装，提高果蔬质量档次，有效延长保质期，从而扩大鲜销范围，实现商品增值。

（2）果蔬初加工自动生产线，用于对果蔬进行连续自动的热烫、去皮或脱壳、切片等处理工序，以方便果蔬进一步的深加工。

本章以几类典型的果蔬作为分析对象，包括叶类蔬菜、柑橘、荔枝、番茄等，介绍其采后处理加工工艺及其生产线配套设备，通过实例详述相关自动生产线的结构形式、运行原理、性能特点等等。

8.2 叶类蔬菜洁净加工生产线

叶类蔬菜在生长过程中，叶面及菜梗夹缝处黏附聚集着泥土灰尘等污垢，洗净并不容易。而且，为了不伤及菜叶，不能采取刮刷等强制清洗手段。一般较为理想的清洗方式是采用水气浴或超声波清洗，以水气浴清洗方式应用最广泛。

8.2.1 技术方案

在净菜加工车间，为了实现叶类蔬菜的规模化连续清洗，需要设计合理的工艺流程，按加工工序配备合适的设备，组成自动生产线。

在设计自动生产线前，首先必须明确蔬菜洁净加工的目的，据此确定生产线应具备的基本功能。叶类蔬菜洁净加工的主要目的如下：

（1）去除杂物残叶；

（2）清洗蔬菜表面污迹；

（3）最大限度分解农药残留，确保卫生安全；

（4）卫生包装，方便上市，从而减少对生活环境的二次污染。

根据上述目的，自动生产线必须具备去杂、清洗、消毒等功能，最终产出净化的蔬菜产品。叶类蔬菜洁净加工生产工艺流程如图 8－1 所示。

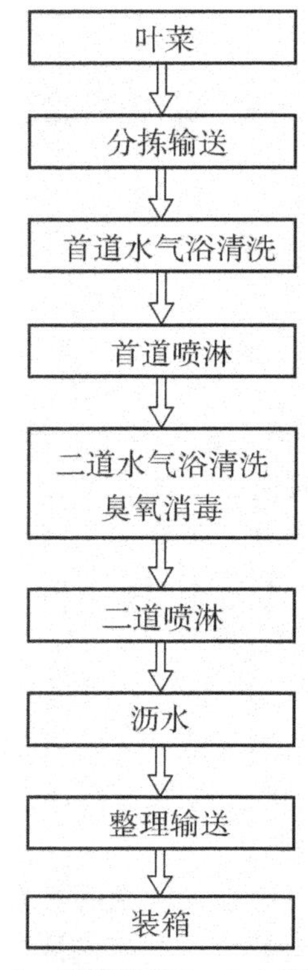

图 8－1　叶菜洁净加工工艺流程图

由图 8－1 可见，蔬菜进入生产线后，先后经过以下工序处理：

1. 分拣

在此工序，操作工检查进入生产线的蔬菜，剔除蔬菜中的残叶、烂梗及杂物。

2. 清洗和消毒

设定两道清洗，使蔬菜依次经历两个清洗阶段，达到完全洁净的目的。每一个清洗阶段都包含水气浴清洗和喷淋处理。在第二阶段的水气浴清洗过程中，充入臭氧，形成臭氧化水，使蔬菜在清洗过程完成消毒处理。

3. 沥水

蔬菜经历两道清洗后，菜叶带有大量的水分，因此，需采取合理的方式，一般以风力为主，除去其表面水分，以利于装箱储运。

4. 整理装箱

由于叶类蔬菜形态不规则，经过清洗和沥水后，处于比较混乱的状态，因此，需要采取人工方式对蔬菜进行整理排布，以方便整齐装箱。

8.2.2　生产线设计

根据叶类蔬菜洁净加工工艺流程，配置合适的处理设备，设计自动化生产线如图 8－2 所示。全线主要由 4 台设备组成，分别为分拣输送机、双道连续清洗机、沥水机、整理输送机等。4 台设备的结构形式及功能分述如下。

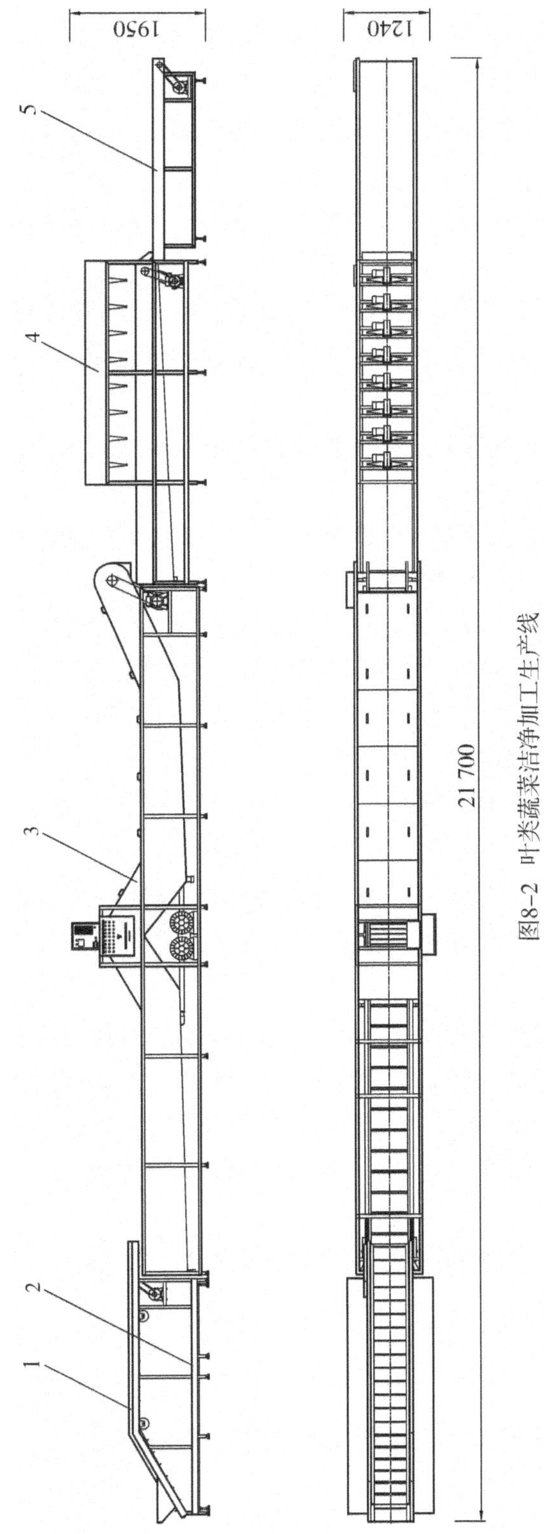

图8-2　叶类蔬菜洁净加工生产线

1—分拣输送机；2—分拣踏台；3—双道连续清洗机；4—沥水机；5—整理输送机

1. 分拣输送机

分拣输送机是一台带入料框和提升段的刮板皮带输送机，输送速度可调。蔬菜被送入分拣输送机的料框，提升至水平运行段，连续均匀地输送。操作工站在两侧踏台，检查蔬菜，把烂叶、杂物等分拣剔除。其后，蔬菜被匀速定量送入清洗机。

2. 双道连续清洗机

双道连续清洗机主要采用水气浴加喷淋的清洗方式，配合臭氧消毒对蔬菜进行彻底的洁净加工。

双道连续清洗机根据工艺流程而设计。设备采用不锈钢刮板网带的输送方式，由前后两段清洗槽组成，其间通过一个上下坡道联接，形成一体化结构。蔬菜进入清洗机后依次完成以下工序：

(1)首道水气浴清洗。蔬菜经分拣输送后自动送入清洗机水槽，并被网带刮板带动运行，接受水气浴初步清洗。

(2)首道喷淋。蔬菜经过首道水气浴清洗后，在清洗机中间坡道提升过程中接受水流喷淋，然后过渡进入第二道清洗槽。

(3)二道水气浴清洗和臭氧消毒。在第二道清洗槽中，配合水气浴充入臭氧气体，形成臭氧化水，实现蔬菜在清洗过程中的消毒和稀释分解残留农药。

(4)二道喷淋。蔬菜完成二道水气浴清洗后，被提升离开水槽送出机外。在提升阶段，蔬菜再次接受喷淋，达到彻底洁净的目的。

由上述可见，蔬菜在双道连续清洗机内部的运行过程中，对应工艺流程的要求，一一实现了相关工序的处理。

另外，为提高蔬菜清洗质量，可以在首道清洗槽的前端配置循环筛板隔滤装置，有效滤去蔬菜中的漂浮杂质，使蔬菜洁净更彻底。

3. 沥水机

蔬菜清洗后需要通过沥水机除去表面的水分。沥水机类型有多种，本生产线采用气幕式沥水除湿机，定间距配置8套气幕发生器，输送载体为不锈钢网带。

叶菜在清洗机中提升输出后，落入沥水机的输送网带，在运行中先后接受多次气幕喷射处理，使表面水滴分离沥干，达到一个理想的状态，以便于其后的装箱贮运。

4. 整理输送机

整理输送机是一台平皮带输送机，蔬菜通过平皮带匀速输送，由操作工整理排列，定量分配，最后进入包装箱。

8.2.3 生产线主要技术参数和指标

图8-2所示叶类蔬菜洁净加工生产线的主要参数和指标如表8-1所示。

表 8－1 叶类蔬菜洁净加工生产线主要技术参数和指标

序号	技术参数	参考指标
1	处理量 $Q/(\mathrm{kg \cdot h^{-1}})$	500(菜心)
2	耗电量 $W/(\mathrm{kW \cdot h \cdot t^{-1}})$	11.1
3	耗水量 $H/(\mathrm{t \cdot h^{-1}})$	1.6
4	洗净率 k /%	99.6
5	损伤率 S /‰	17
6	总功率 P/kW	10

8.2.4 生产线主要参数检测和计算

1. 处理量的计算

本生产线的设备包括分拣输送机、双道连续清洗机、沥水机和整理输送机，各设备均可于一定范围内无级调速。生产线在满足蔬菜洗净率的前提下，处理量主要与双道连续清洗机的输送刮板网带线速成正比：

$$Q = \frac{3600vM}{p} \tag{8-1}$$

式中 Q —— 处理量，kg / h；

v —— 输送网带线速，mm / s；

p —— 刮板间距，mm；

M —— 刮板间蔬菜平均填充量，kg。与刮板之间面积和蔬菜品种相关。

2. 洗净率的计算

$$k = \frac{F_1}{F_1 + F_2} \times 100\% \tag{8-2}$$

式中 k —— 洗净率,%；

F_1—— 清洗干净的蔬菜质量，kg；

F_2—— 没有清洗干净的蔬菜质量，kg。

3. 损伤率的计算

$$S = \frac{G_1}{G_1 + G_2} \times 1000‰ \tag{8-3}$$

式中 S ——损伤率,‰；

G_1—— 清洗后损伤蔬菜的质量，kg；

G_2—— 清洗后无损伤蔬菜的质量，kg。

8.3 柑橘保鲜分级生产线

柑橘类水果包括柑、橙、橘子、柠檬等等。由于柑橘类水果的表皮具有一定的弹性和韧性，因此在自动生产线上处理时，相较于其他水果，没那么容易出现机械损伤，这是其一大特点。设备的输送速度以及生产线处理量均可相应提高。

柑橘采摘后进行商品化处理，需要经过清洗、保鲜、除湿、分级等工序，各工序配置的处理设备有多种类型选择，可按实际生产需要组成形式各异的自动生产线。本节以采用滚筒孔径式分级的自动生产线以及机器视觉分级的自动生产线两类典型的自动生产线为例进行详述。

8.3.1 技术方案

8.3.1.1 柑橘清洗、保鲜处理的形式

清洗与保鲜处理对柑橘的商品品质影响重大。对于柑橘类水果，首先要完全清除其表面污迹，然后才能进行喷涂保鲜液处理。

清洗的目的，其一，是为了除去柑橘表皮污迹，杀灭细菌、害虫等；其二，是确保在后续的保鲜工序中，保鲜液能良好地附着于柑橘表面。针对柑橘类水果的特性，宜采用喷淋加旋转毛刷清洗技术，可达到迅速彻底洁净表皮的目的。

柑橘的保鲜，通常采用专用的保鲜剂喷涂表皮，然后均匀抛光的方式。常用的柑橘保鲜剂可分为三大类：苯并咪唑类、咪唑类、双胍盐类，各类均包含多个品种，俗称果蜡或保鲜蜡。

要达到良好的保鲜效果，取决于两点：其一，是确保所采用的保鲜蜡液的质量，这是根本；其二，需采用性能优良的喷涂打蜡技术，确保保鲜蜡液有效附着外表，这不但影响水果外观质量，而且影响其保鲜时间。

因此，柑橘经过喷淋毛刷清洗干净后，紧接着需要进行喷涂保鲜液处理，最后进行表面连续抛光，形成一层均匀的保护膜覆盖表皮。柑橘表面越洁净，保鲜液附着效果越好，保鲜时间越长。

8.3.1.2 柑橘表面除湿的形式

清洗打蜡后的柑橘需要马上进行表面除湿，以确保快速干燥固化其表面附着的蜡膜，使果体达到一个理想的状态，以便于以后的贮藏保鲜及包装运输。

柑橘的除湿方式以热风干燥为主，可保证快速彻底除去其表面水分。在处理过程中，需确保柑橘平布均匀输送，然后配合温控气流，使每个果体在一定的行程范围和一定的时间内接受气流的吹干。

8.3.1.3　柑橘分级的形式

应用于柑橘分级的形式主要有三种，分别为滚筒孔径式分级、机器视觉识别分级、在线电子称重分级。

滚筒孔径式分级属于机械分级形式，简易实用，设备投资少，因此应用广泛。但相较于机器视觉识别分级和在线电子称重分级形式，机械分级存在效率较低，以及较易造成表皮损伤的缺点。由于机器视觉分级和电子称重分级具有高速、高效、精确、稳定的优点，因此已越来越受到大中型果蔬加工企业的欢迎，成为设备生产厂商重点开发的产品。

8.3.1.4　柑橘保鲜分级工艺流程

无论采用哪一种类型的自动生产线对柑橘进行保鲜分级处理，所经过的工艺流程基本一样，如图8－3所示。

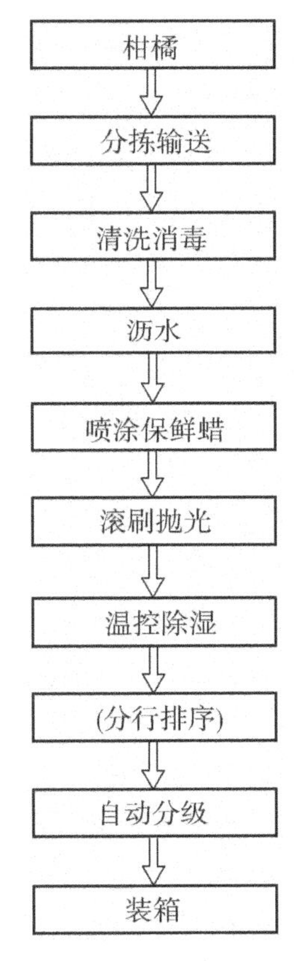

图8－3　柑橘保鲜分级工艺流程图

由图8－3可见，柑橘进入生产线后，先后经过以下工序处理：

1. 分拣

在此工序，操作工检查进入生产线的柑橘，剔除残次水果。

2. 清洗消毒

采用喷淋加滚刷清洗技术，按需在喷淋水中添加消毒剂。柑橘在连续运行中完成外表清洗和消毒处理。

3. 沥水

采用滚刷清扫或海绵辊吸湿的模式，除去柑橘表面水分，以利于其后喷涂保鲜蜡液。

4. 喷涂保鲜蜡

主要有两种方式，①蜡液发泡滚涂方式，在蜡液槽中通入压缩空气，形成泡沫状，果体经过泡沫区时自然黏附蜡液；②蜡液雾化喷涂方式，蜡液通过泵送等形式，经过喷嘴喷射形成雾化状态，可令果蜡均匀附着于柑橘表皮。

5. 温控除湿

一般采用热风干燥技术，干燥气流被加热并调控至合适的温度，带走柑橘表面水分，固化其表面蜡液，形成保鲜膜层。

6. 自动分级及包装

按需配套合适的分级设备，按大小或重量把柑橘分成多个级别，以划分商品等级，并且进行相应的装箱等包装处理。当采用机器视觉识别或在线电子称重分级设备时，柑橘在进入分级工序前，还需要进行分行排序处理，以形成整齐的队列进入分级设备。

8.3.2 生产线设计

根据柑橘保鲜分级工艺流程设计相应的自动生产线，图8－4是采用滚筒孔径式分级的自动生产线，图8－5是采用机器视觉识别分级的自动生产线。

两条生产线可实现的工艺流程都一样，但所配套的设备各有不同。组成生产线的设备的结构形式及功能分述如下。

1. 分拣输送机

分拣输送机采用链条带动的辊筒式输送结构。前段是料框提升段，后段为水平分拣段。柑橘由料框进入后，被辊筒带动上升至分拣段，在辊筒的滚动作用下形成一排排队列依次输送，并不断自转，方便站立在设备两旁的操作工观察并进行有效的分拣，剔除质劣、残次的水果。

2. 滚刷式清洗保鲜机

为了使工艺流程紧凑、高效与节能，设备将清洗与保鲜处理进行一体化设计，在一台机上依次完成如下工序：清洗消毒→沥水→喷涂保鲜蜡→滚刷抛光。

设备从进料端到出料端布满毛刷辊筒，定距排列，同步自转。柑橘在毛刷辊筒的自转带动下不断滚动，后排推前排，依次连续向前递进，在送进过程中完成清洗消毒、沥水、喷涂保鲜液和抛光工序。

整机由前至后，划分为四个功能区：

(1)清洗功能区。滚刷上方配备喷淋水管，柑橘在这一阶段运行中，不断被喷淋刷洗，洁净外表皮。按需要可在清洗区后段增设消毒液喷淋区，在循环水箱中加入杀菌剂，即可以实现对柑橘的消毒处理。

(2)沥水区。在此区域不再有喷淋水，柑橘在这一阶段运行中被滚刷清扫表面水分。按实际要求，可采用海绵辊筒吸湿的设计方式。

(3)喷涂果蜡区。该区配备自动喷雾装置，进出口设置软胶门帘，形成一个半封闭喷雾室。柑橘经过此室时，在滚动中被喷上一层保鲜蜡液。

(4)抛光区。柑橘离开喷雾室后表面已涂满保鲜蜡液，但并不均匀，因此其后还需经过毛刷辊筒的不断刷涂抛光，使其表面形成一层厚薄均匀的蜡膜，确保达到最佳保鲜效果。

3. 温控除湿机

温控除湿机连接在清洗保鲜机与分级机之间，其作用是确保快速干燥固化柑橘表面蜡膜，以利于保鲜效果和后道分级。

图8－4的生产线采用吊篮式热风除湿机，而图8－5的生产线则采用隧道式热风除湿机。两者效果一致，但各有优缺点。吊篮式热风除湿机占地面积小，但安装高度较高，而且结构相对较复杂；隧道式热风除湿机占地面积较大，但结构相对简单，易维护。

除湿机的气流加热方式一般采用电加热或燃气加热，自动测温调控，把干燥温度控制在35～40℃之间，确保能迅速除湿而又不影响柑橘品质。

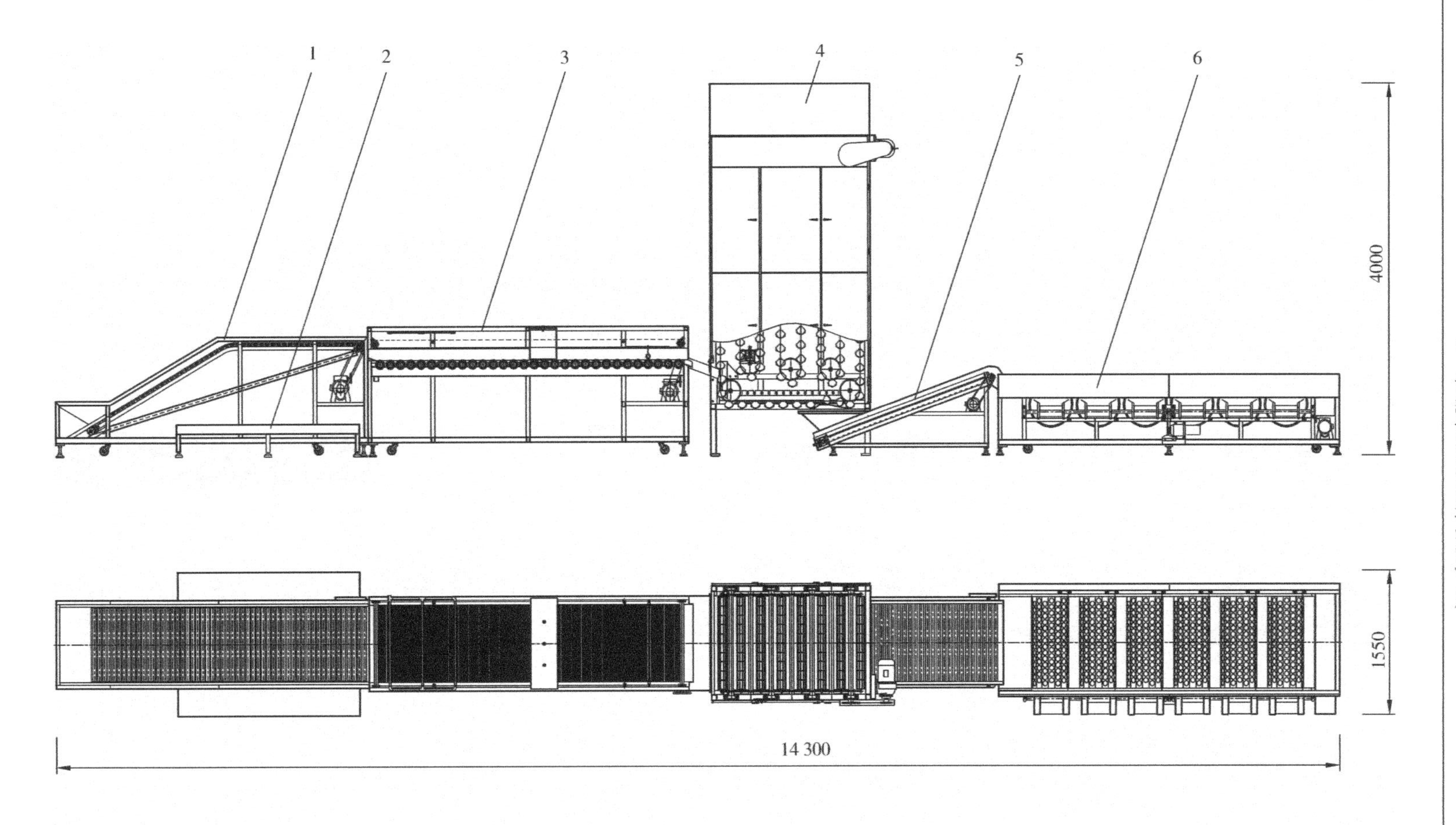

图8－4　柑橘保鲜分级生产线（滚筒孔径式分级）

1—分拣输送机；2—分拣踏台；3—滚刷式清洗保鲜机；4—吊篮式热风除湿机；5—辊筒输送机；6—滚筒孔径式分级机

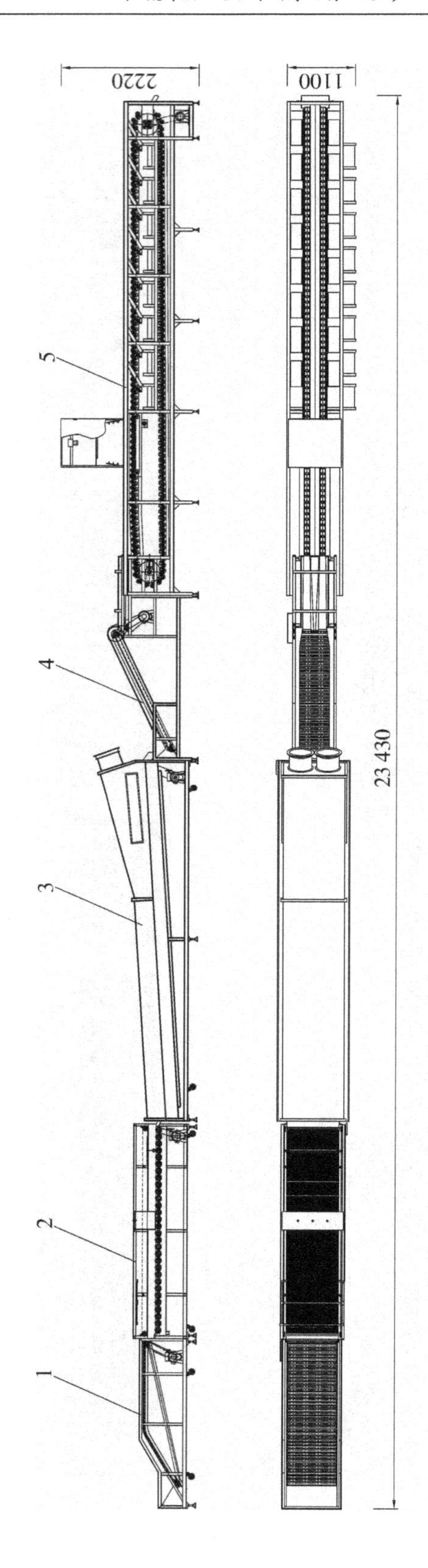

图8－5　柑橘保鲜分级生产线（机器视觉分选）

1—分拣输送机；2—滚刷式清洗保鲜机；3—隧道式热风除湿机；4—分行输送机；5—机器视觉识别分选机

4. 辊筒输送机和分行输送机

柑橘打蜡除湿后，通过输送设备输送到后面的分级机。在图 8 -4 的生产线中，从吊篮式热风除湿机出来的柑橘，经过一台辊筒输送机直接进入其后的滚筒孔径式分级机。

在图 8 -5 的生产线中，柑橘进入机器视觉识别分选机前，需通过一台分行输送机进行排列。分行输送机采用滚筒提升和平皮带输送模式，结合 V 形槽装置，使柑橘形成两行队列，均匀送入分选机的果杯。

生产线运行时，需调整分行输送机的运行速度，确保其与分选机果杯运行速度同步，使柑橘定间距依次落入分选果杯。

5. 自动分级机

图 8 -4 的生产线采用滚筒孔径式分级机，进行机械筛选分级，配置 6 个分级滚筒，可按大小分 7 个级别。

图 8 -5 的生产线采用机器视觉识别分选机，双通道 8 个分选出口。该机可按需对柑橘进行形状、大小、颜色等特性的综合分选处理。例如，可设置进行 8 级大小分级，或设置进行 4 级大小分级同时每个级别分选两种颜色等。

8.3.3　生产线主要技术参数和指标

图 8 -4 所示柑橘保鲜分级生产线的主要技术参数和指标如表 8 -2 所示。

表 8 -2　柑橘保鲜分级生产线(滚筒孔径式分级)主要技术参数和指标

序号	技术参数	参考指标
1	生产率 $Q/(\mathrm{kg \cdot h^{-1}})$	3000 ～ 5000(柑、橙)
2	耗电量 $W/(\mathrm{kW \cdot h \cdot t^{-1}})$	6.5
3	耗水量 $H/(\mathrm{t \cdot t^{-1}})$	0.4 ～ 0.5
4	耗蜡量 $L/(\mathrm{kg \cdot t^{-1}})$	1.2 ～ 1.5
5	串级率 C /%	5
6	损伤率 S /‰	≤2
7	总功率 P/kW	28

图 8 -5 所示柑橘保鲜分级生产线的主要技术参数和指标如表 8 -3 所示。

表 8 -3　柑橘保鲜分级生产线(机器视觉识别分选)主要技术参数和指标

序号	技术参数	参考指标
1	生产率 Q/(个 · $\mathrm{h^{-1}}$)	20 000 ～ 30 000(橙)
2	耗电量 W/(kW · h/10 000 个)	7.7
3	耗水量 H/(t/10 000 个)	0.49
4	耗蜡量 L/(kg/10 000 个)	1.46
5	按大小分选串级率 C_1/%	4.8
6	按颜色分选串级率 C_2/%	4.5
7	损伤率 S /‰	≤1
8	总功率 P/kW	30

8.4 荔枝采后处理自动生产线

荔枝是最具岭南特色的水果之一，采后大部分进行鲜销处理，另外还有相当一部分进行深加工。

对于鲜销荔枝，随着市场流通的扩大，特别是为了满足出口条件，荔枝必须要经过洁净加工、保鲜处理、分级包装等现代商品化处理工序。对于大中型水果经销和出口企业，必须配备具有相应工艺要求的自动生产线，才能适应大规模生产处理。

对于荔枝的深加工，其最终产品主要是果汁饮料，以及利用果汁酿造的果酒。无论是生产果汁或果酒，其前提条件是进行荔枝制汁，而荔枝制汁必须要配备自动剥壳和除核打浆生产线。

以下针对荔枝保鲜分级生产线和荔枝自动剥壳生产线进行详细讨论。

8.4.1 荔枝保鲜分级生产线

8.4.1.1 技术方案

荔枝是最难保鲜的水果之一，其保鲜技术及工艺各式各样，除了冷冻处理外，各式保鲜剂层出不穷。传统的荔枝出口贮运技术主要有两种，一是防腐剂结合自发气调包装的常规冷藏技术；二是熏硫浸酸技术，荔枝经二氧化硫熏蒸处理后，再进行浸酸复色，能有效防止荔枝褐变，保持果皮红色。

以熏硫浸酸技术为例，荔枝保鲜分级工艺流程如图8－6所示。熏硫属于前处理工序（以0.6%的二氧化硫熏蒸15min，果肉硫残留不高于0.006‰），在荔枝进入自动生产线前完成。

经熏硫处理后的荔枝进入生产线后，按图8－6的工艺流程，先后经过以下工序处理：

1. 分拣

由操作工检验进入生产线的荔枝，剔除残次及腐败果实。

2. 清洗

采用喷淋加毛刷清洗方式，有效清除荔枝表皮的污迹。

3. 浸药保鲜

经过熏硫和清洗后的荔枝，需要进行浸酸处理（一般是30s左右），以恢复果皮红色强度。当然，也可以浸泡其他特定的防腐剂，以达到保鲜的目的。

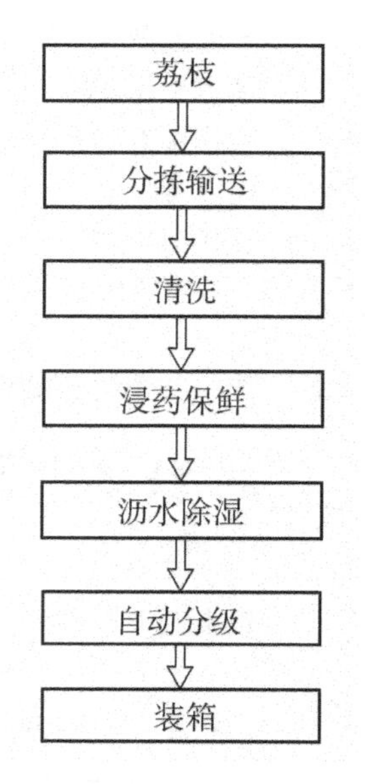

图8－6 荔枝保鲜分级工艺流程图

4. 沥水除湿

荔枝经浸药后，果皮带有大量的水分，因此，需要采用气流干燥的方式除去其表面水分，以利于后道的分级包装和储运。

5. 自动分级及包装

荔枝的分级以机械式分级设备为主，一般按大小来划分商品等级。分级后需进行相应的装箱等包装处理。

8.4.1.2 生产线设计

根据图 8 -6 荔枝保鲜分级工艺流程，配置合适的处理设备，设计自动化生产线如图 8 -7所示。全线主要由 5 台主机组成，分别为分拣输送机 1、毛刷清洗机 3、浸药保鲜机 4、沥水除湿机 5、浮辊式分级机 6。各设备的结构形式及功能分述如下：

1. 分拣输送机

和前述的柑橘分拣输送机一样，同样是采用链条带动的辊筒式输送结构。设备前段是料框提升段，后段为水平分拣段。荔枝在输送过程中，在辊筒间排列、自转，接受操作工的检验，以剔除残次、腐败的果实。

2. 毛刷清洗机

荔枝表皮布满鳞刺，最理想的清洗方式是采用旋转滚刷配合水力喷淋，清洗快速且效率高。图示生产线采用弧面纵置式毛刷清洗机，荔枝连续进料、连续出料，在运行过程中接受喷淋刷洗。

3. 浸药保鲜机

浸药保鲜机的结构是药液槽中配置全程运行的不锈钢刮板网带。刮板网带在药液槽中循环运行，于前段水平输送，至末端则提升输出。

荔枝经清洗进入药液槽，被刮板网带连续输送，浸泡在药液中运行，使表皮充分吸收药液，达到保鲜目的。调整刮板网带的输送速度，可改变荔枝在药液中的浸泡时间，从而满足保鲜工艺要求。

4. 沥水除湿机

生产线采用气幕式沥水除湿机，整体结构为一台辊筒输送机，辊面上方沿输送行程定距配置若干套气幕发生器(图示为 12 套)。

荔枝被提升至离开药液槽后，进入沥水除湿机，被辊筒带动前进，在辊筒滚动的作用下形成分排并有规律地不断自转。荔枝在输送过程中经过一个个风幕，接受高强度、大气流的吹击，使表面沾附的水分快速去除，最后实现表皮沥干。

5. 浮辊式分级机

对于荔枝等小果品，可采用简易而高效的间隙式分级形式。因此，生产线配套了一台浮辊式分级机，按大小分 3 个级别。

8.4.1.3 生产线主要技术参数和指标

图 8 -7 所示荔枝保鲜分级生产线的主要技术参数和指标如表 8 -4 所示。

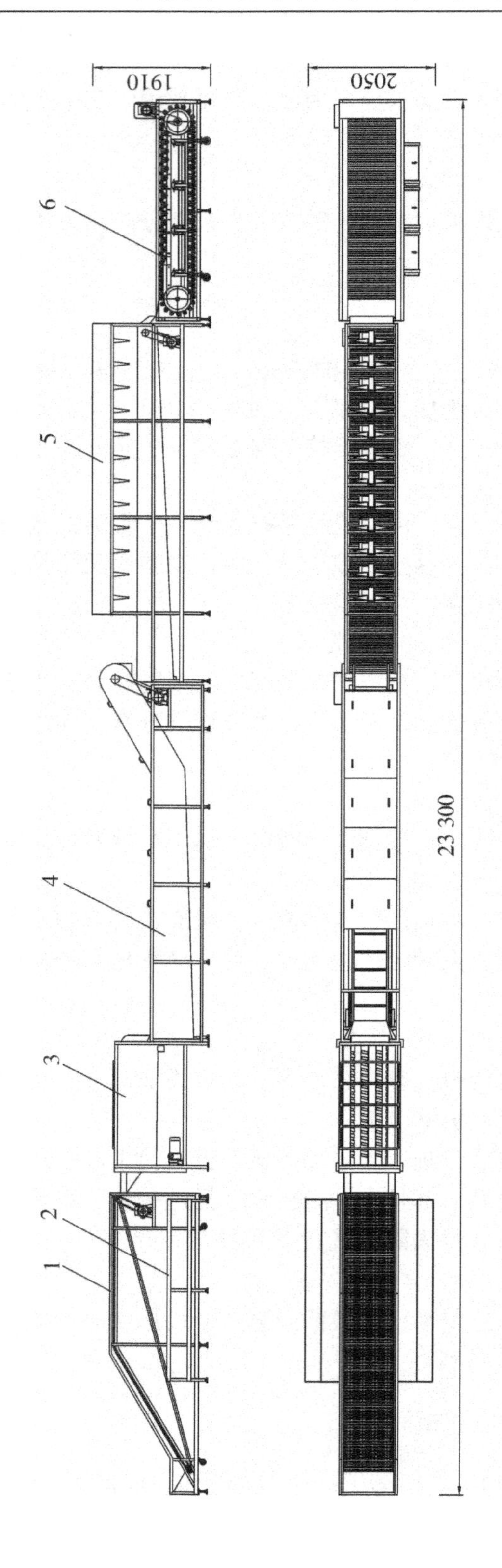

图8-7　荔枝保鲜分级生产线

1—分拣输送机；2—分拣踏台；3—毛刷清洗机；4—浸药保鲜机；5—沥水除湿机；6—浮辊式分级机

表 8－4 荔枝保鲜分级生产线主要技术参数和指标

序号	技术参数	参考指标
1	生产率 $Q/(\mathrm{kg}\cdot\mathrm{h}^{-1})$	2 000
2	耗电量 $W/(\mathrm{kW}\cdot\mathrm{h}\cdot\mathrm{t}^{-1})$	2
3	耗水量 $H/(\mathrm{t}\cdot\mathrm{t}^{-1})$	0.4～0.5
5	串级率 C /%	≤8
6	损伤率 S /‰	≤1
7	总功率 P/kW	8.6

8.4.2 荔枝自动剥壳生产线

8.4.2.1 技术方案

荔枝加工过程中，剥壳是技术难度最高的工序，只有具备自动剥壳技术，才能设计合理的自动生产线。图 8－8 所示是荔枝自动剥壳工艺流程图。

荔枝进入生产线后，按图 8－8 的工艺流程，先后经过以下工序处理：

1. 分拣

由操作工检验进入生产线的荔枝，剔除残次及腐败果实。

2. 清洗

采用喷淋加毛刷清洗方式，有效清除荔枝表皮的污迹，避免剥壳时产生污水混入果肉。

3. 沥水

采用气流或振动等方式除去荔枝清洗后表皮带有的水分。

4. 分行供料

迫使荔枝在输送过程形成多行队列，一一对应进入剥壳机的轮环间隙。

5. 自动剥壳

连续进料，自动剥壳，实现果肉与果壳分离。

6. 果肉、皮渣输送

荔枝剥壳后，分离的果肉和果壳分别由输送机输出至相应的目的地。

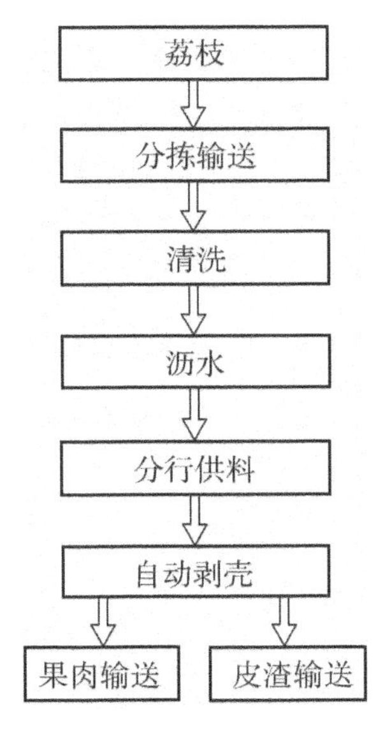

图 8－8 荔枝自动剥壳工艺流程图

8.4.2.2 生产线设计

根据图 8－8 荔枝自动剥壳工艺流程，配置合适的处理设备，所设计的自动化生产线如图 8－9 所示。全线主要由 7 台主机组成，分别为分拣输送机 1、毛刷清洗机 3、振动沥水机 4、分行供料机 5、自动剥壳机 6、果肉输送机 7、皮渣输送机 8。各设备的结构形式及功能分述如下：

1. 分拣输送机

采用链条带动的辊筒式输送结构，具备料框提升段和水平分拣段。荔枝在输送过程中，在辊筒间排列、自转，接受操作工的检验，以剔除残次、腐败的果实。

2. 毛刷清洗机

采用旋转滚刷配合水力喷淋的清洗模式。图示生产线配备弧面纵置式毛刷清洗机，荔枝连续进料、连续出料，在运行过程中接受喷淋刷洗，清洗快速且效率高。

3. 振动沥水机

荔枝进入剥壳机前，需要尽可能地清除其表面的水分，否则剥壳时大量水分混入果肉，会影响质量。生产线采用振动式沥水机，其振动输送槽由上层筛板和下层导水槽组成。清洗后的荔枝落入沥水机，在振动中前进，并使表皮水分离解流入底下导水槽。

4. 分行供料机

分行供料机采用振动输送模式，振动输送槽的槽面加工为多排(图示为7排)并列的V形导槽结构，一一对应剥壳机的轮环间隙。输送槽振动时，荔枝自然形成7行队列，连续送入剥壳轮环间隙。

5. 自动剥壳机

这是生产线的核心设备。图示配备的自动剥壳机为7通道剥壳机型，可实现自动进料，连续剥壳，壳肉分离输出。

6. 果肉、皮渣输送机

可采用平皮带输送机，机体结构为不锈钢长槽中配置输送带。平皮带在槽中运行，把剥壳机分离出的果肉输送至打浆机，把皮渣排出生产线外。

8.4.2.3 生产线主要技术参数和指标

图8－9所示荔枝自动剥壳生产线的主要技术参数和指标如表8－5所示。

表8－5 荔枝自动剥壳生产线主要技术参数和指标

序号	技术参数	参考指标
1	生产率 $Q/(\mathrm{kg\cdot h^{-1}})$	2000
2	耗电量 $W/(\mathrm{kW\cdot h\cdot t^{-1}})$	1.2
3	耗水量 $H/(\mathrm{t\cdot t^{-1}})$	0.4～0.5
4	剥壳率 B /%	96.7
5	果肉损失率 S /%	2.2
6	总功率 P/kW	4.1

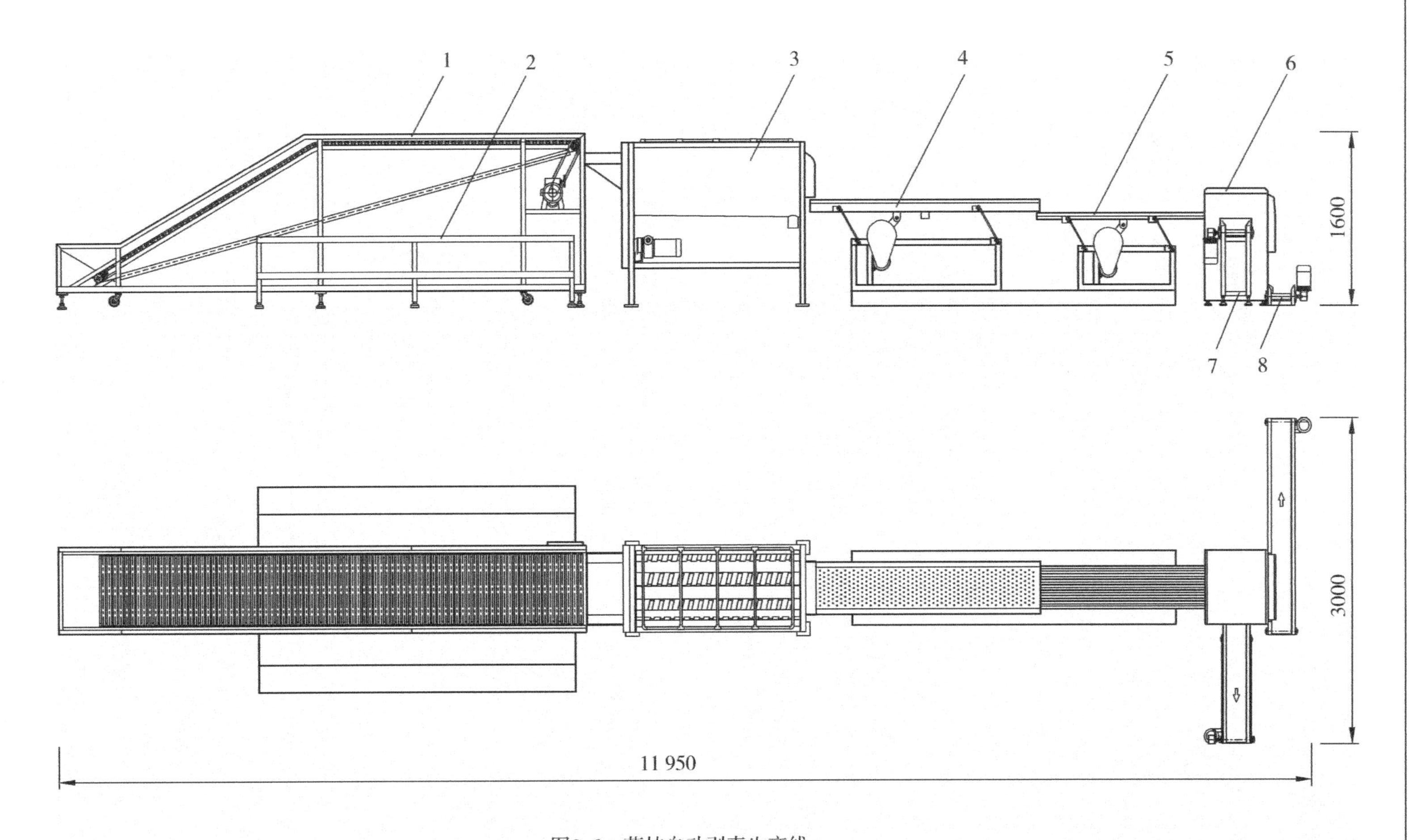

图8-9 荔枝自动剥壳生产线

1—分拣输送机；2—分拣踏台；3—毛刷清洗机；4—振动沥水机；5—分行供料机；6—自动剥壳机；7—果肉输送机；8—皮渣输送机

8.5 番茄自动去皮生产线

番茄的深加工产品包括各类酱、汁，以及整果罐头和丁块罐头。在番茄的整果罐头和丁块罐头的生产过程中，需要彻底去除表皮。要实现番茄表皮的自动化去除，需要经过一系列加工工序，包括清洗、分拣、热处理等，然后才能彻底撕脱和清除表皮。

因此，去皮是番茄加工中的关键工序，也是瓶颈工序，只有设计科学合理的去皮工艺和配备自动化去皮生产线，才能实现番茄产品的工厂化大规模生产。

8.5.1 技术方案

新鲜的番茄，表皮与果肉粘连紧密，要完整撕脱非常困难。但是，当番茄受热烫处理时，其表皮会出现松软状态，与内部果肉组织离解，则较易撕脱表皮。

传统的番茄去皮工艺主要是通过热水漂烫和蒸汽热烫两种方式实现。热水温度介于85～98℃之间，漂烫时间一般为10～40s，最长到60s；蒸汽压力30～60kPa，热烫时间10～20s。实现该工艺的传统设备加工质量并不高，而且耗能低效。

针对传统技术的不足，采用新型的工艺技术和设备，设计科学合理的番茄自动去皮工艺流程如图8－10所示。

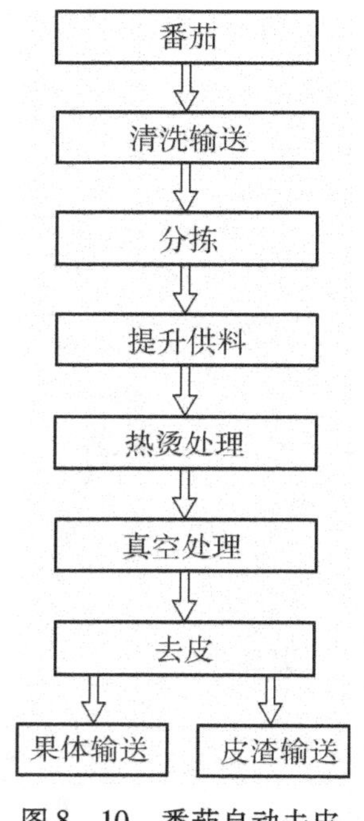

图8－10 番茄自动去皮工艺流程图

番茄进入生产线后，按图示工艺流程，先后经过以下工序处理：

1. 清洗输送

为避免番茄去皮时果皮污迹污染内部果肉，需要对番茄进行彻底的洁净处理。番茄表皮光滑，较易清洗，可采用水中漂流和气浴清洗模式。

2. 分拣

由操作工检验进入生产线的番茄，剔除残次及腐败果实。

3. 提升供料

采用提升机把清洗分拣后的番茄，按一定的速度和流量输送至热烫设备。

4. 热烫及真空处理

番茄进入热烫设备后，在设定的蒸汽压力下热处理一段时间。随即经过真空处理，使表皮与果肉组织之间全面离解。

5. 自动去皮

番茄在连续输送过程中，接受搓擦，撕脱表皮，使果皮与果肉彻底分离，并被清除。

6. 果体、皮渣输送

番茄去皮后，分离的果体和果皮分别被输送至相应的目的地。

8.5.2 生产线设计

根据图8－10番茄自动去皮工艺流程，配置合适的处理设备，所设计的自动化生产线如图8－11所示。组成全线的主要设备包括漂流槽1、分拣机2、刮板提升机3、螺旋推进

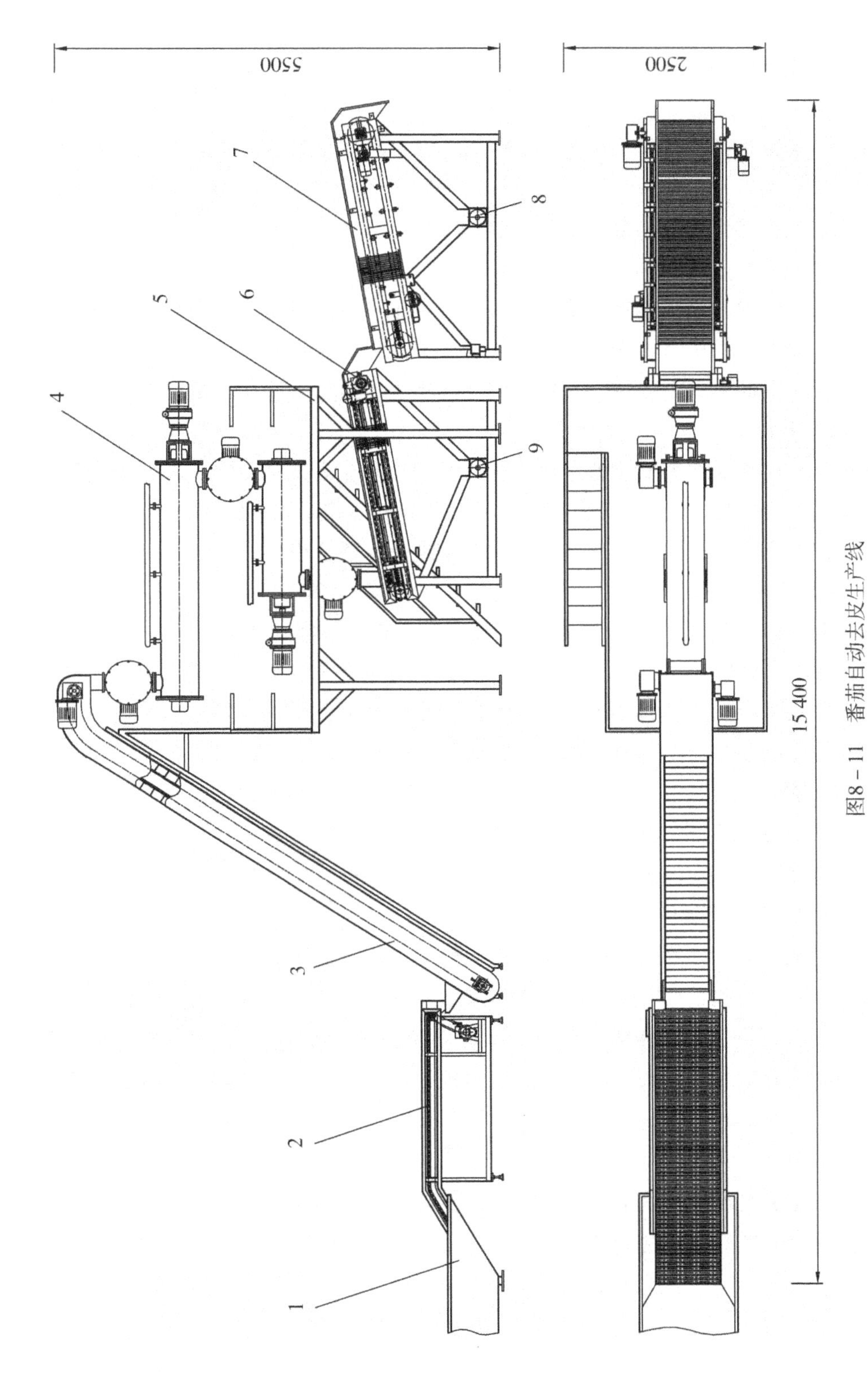

图8-11　番茄自动去皮生产线

1—漂洗槽；2—分拣机；3—刮板提升机；4—螺旋推进式热烫设备；5—高架平台；6—连续搓皮机；7—表皮连续撕脱清除机；8，9—螺旋输送机

式热烫设备4、连续搓皮机6、表皮连续撕脱清除机7。其中，螺旋推进式热烫设备安装在高架平台上。各设备的结构形式及功能分述如下。

1. 漂流槽

漂流槽具备输送和清洗功能。漂流槽中的水在循环水泵的作用下，自左向右流动。漂流槽分段配置旋涡气泵，产生水气浴。番茄由加工车间外进入漂流槽，被水流连续输送和漂洗，并在水气浴的作用下，彻底清除表皮污迹。

2. 分拣机

分拣机采用辊筒输送机形式，前段提升，后段水平输送分拣。提升段伸入漂流槽，没入水中。番茄在漂流槽中被流送至末端，被提升分拣机的辊筒提升，离开水面，并进入水平段输送，在辊筒间排列、自转，接受操作工的检验，以剔除残次、腐败的果实。

3. 刮板提升机

番茄清洗后需要送至热烫设备。由于热烫设备安装在高架平台上，有一定的高度，所以需要配套一台提升机。生产线配备的是一台刮板提升机，其输送载体为不锈钢刮板网带，可在一定范围内无级调速，使番茄均匀定量地送入热烫设备。

4. 螺旋推进式热烫设备

生产线配备螺旋推进式热烫设备，前已述及，该设备集热烫、真空处理等工序于一体，加工过程中可维持蒸汽压力、加热温度、真空度等工艺参数的可调可控，适应番茄热烫处理的规模化生产。从螺旋推进式热烫设备出来的番茄，虽然外观还是一个整体，但其表皮已经软化、起皱并与内部果肉离解。

5. 连续式搓皮机

番茄从热烫设备输出后直接落入其下的连续式搓皮机，被搓皮辊带动前进，并受搓皮辊筒面直纹连续不间断地搓擦，使表皮撕裂并与果肉分解。

6. 表皮连续撕脱清除机

番茄经过搓皮机处理后，表皮基本与果肉分解，但还不能完全分离，大多数果皮还混合粘连在果体上，因此，还需要经过一台表皮连续撕脱清除机处理。番茄由搓皮机输出，进入表皮连续撕脱清除机，在连续运行过程中，受到机上的星形胶辊连续的对滚刮擦作用，表皮不断被撕扯并脱离果体，达到彻底去皮的目的。去皮后的果体被输送至切粒或整果灌装工序。

7. 螺旋输送机

从搓皮机和表皮连续撕脱清除机分离出的皮渣，以及番茄汁液，分别流落至下方的螺旋输送机，然后汇集并被输送到其他处理工序(一般是送至酱汁加工生产线的打浆机中)。

8.5.3 生产线主要工艺参数和技术指标

图8-11所示的番茄自动去皮生产线在实际运行中，其主要工艺参数和技术指标如表8-6所示。

表8-6 番茄自动去皮生产线主要工艺参数和技术指标

序号	技术参数	参考指标
1	生产率/($kg \cdot h^{-1}$)	6 000
2	蒸汽压力/MPa	0.14
3	热烫温度/℃	110 ± 1
4	热烫时间/s	8
5	真空度/(-kPa)	90
6	真空时间/s	4
7	去皮率/%	96.5
8	裂果率/%	1.0
9	总功率/kW	24.76

生产线总功率不包括漂流槽配置的气泵和水泵的功率，也不包括生产线所需真空、气动、冷却水系统所需的功率。

该生产线可在原有基础上，通过增配至3台表皮连续撕脱清除机，并调节全线设备的输送速度及相关工艺参数，以扩大生产能力至最大值20 000kg/h。

当生产线采用3台表皮连续撕脱清除机时，一般把3台机并联配置，并且需要通过分流输送设备与搓皮机出口端连接，以确保从搓皮机出来的番茄平均分流至3台表皮连续撕脱清除机上。

8.6 箱装果蔬机器人搬运码垛生产线

在果蔬采后处理的后道包装工序中，装箱、搬运和码垛都是繁重的工作，但非常重要，因其涉及产品的高效周转、储运，影响工业化生产的效率。

传统的箱装果蔬的搬运码垛方式，以人工为主，叉车等工具辅助，其后逐渐发展到采用一些专用的机械设备，如码垛机等等。更先进的搬运码垛方式是采用配备工业机器人的自动生产线。以下介绍一套机器人搬运码垛生产线，专门针对纸箱包装果蔬而设计，高效高速，可有效提高全线的运行效率。

8.6.1 技术方案

果蔬采用一定规格的纸箱包装，形成箱装产品后，进入码垛工序。码垛处理一般设置在生产线的末端，因此，经码垛后，箱装产品将被输出生产线，进入储运环节。

工业机器人进行码垛时，它需要处理的对象有两个：箱装产品、托板。机器人需要把箱装产品整齐堆叠在托板上，最终形成一个组合体。

生产线的设计需要考虑箱装产品、托板的供送和配合方式。本生产线的设计方案为：箱装产品和托板分别由特定的输送机输送供给，汇集至码垛工位，通过工业机器人操纵的组合式机械手完成两项工作：抓取托板定位、抓取箱体叠放于托板上。

为了实现更高速高效的运作，生产线设计为双通道方式，即一台机器人可面对两条箱体供给线，同时处理和堆叠两个托板。

由此，确定机器人码垛工艺流程如图 8－12 所示。

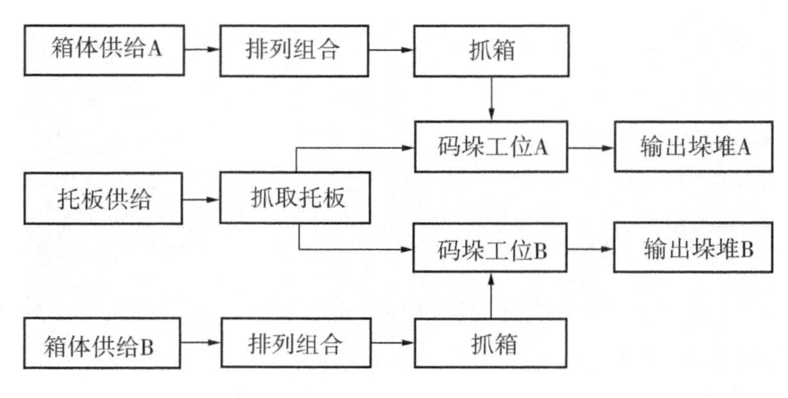

图 8－12　箱装果蔬机器人码垛生产线工艺流程

8.6.2　生产线设计

机器人码垛生产线设计时，首要的事情是选用合适的机器人，配套合适的机械手。机器人型号规格的选用，需根据应用场合考虑其自由度、工作范围、负载能力等参数。而机械手作为直接接触处理对象的执行机构，需要考虑其合理的抓取方式。

本生产线采用一台 5 自由度工业机器人，装配一套组合式机械手，如图 8－13 所示。组合式机械手在机器人操纵下，可分别对箱体和托板进行抓取和搬运。

按图 8－12 的生产线工艺流程进行设备配置，形成如图 8－14 所示的自动生产线。生产线为双通道输送和码垛形式，围绕工业机器人有两条物流输送线：A 线和 B 线，自左向右运行。

由生产线平面图可见，装配机械手的工业机器人安装在底座 2 上，处于生产线中心位置。图中 R 为机器人手腕工作半径(不包含装配在手腕上的机械手)。设计生产线时，所选用的机器人必须确保其有效工作范围，能覆盖待处理的包装箱和托板所处的被抓取和放置的位置。

在机器人的两侧以对称平行布置的形式分别安装进箱机 4、排列机 5、垛堆输出机 8。另外，在图示下方，布置托板输送机 6，与垛堆输出机形成 90°。

进箱机、排列机、托板输送机、垛堆输出机均为自转式辊筒输送机，各设备的结构形式及功能分述如下：

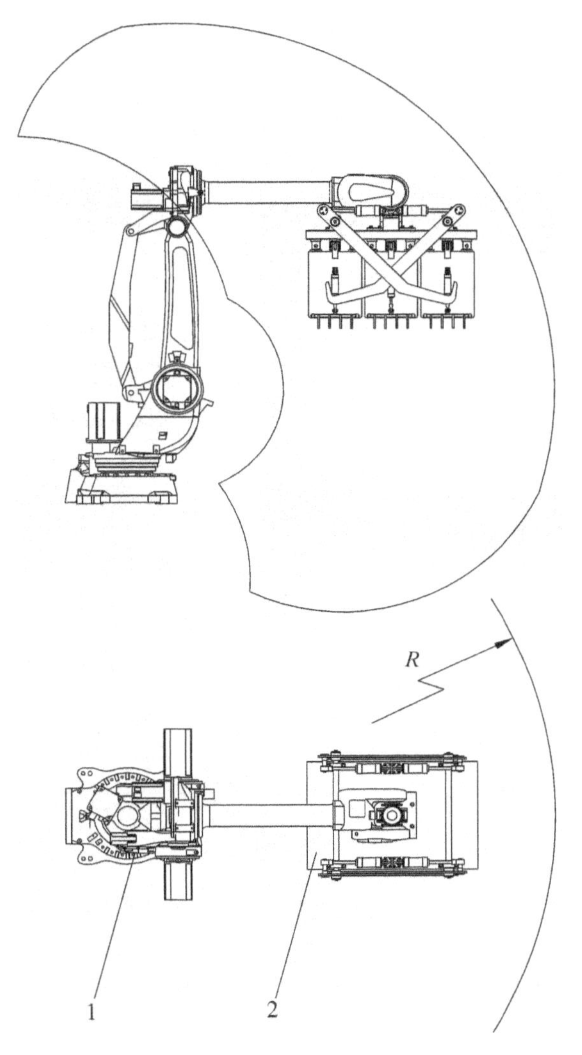

图 8－13 装配组合式机械手的工业机器人

1—工业机器人；2—组合式机械手

1. 进箱机

如图 8－14 所示，进箱机 4 工作时，其辊筒连续不间断地自转，把纸箱包装产品送入排列机 5。

在进箱机 4 的末端，接近排列机 5 入口，有一个过渡位置，设置有一套夹板装置 10，其结构如图 8－15 所示。当送入排列机的箱体达到设定数量时，夹板装置动作，夹板 2 被气缸 1 驱动，把处于过渡位置的箱体夹紧于定板 3 之间，阻止其后的箱体继续往前运行。

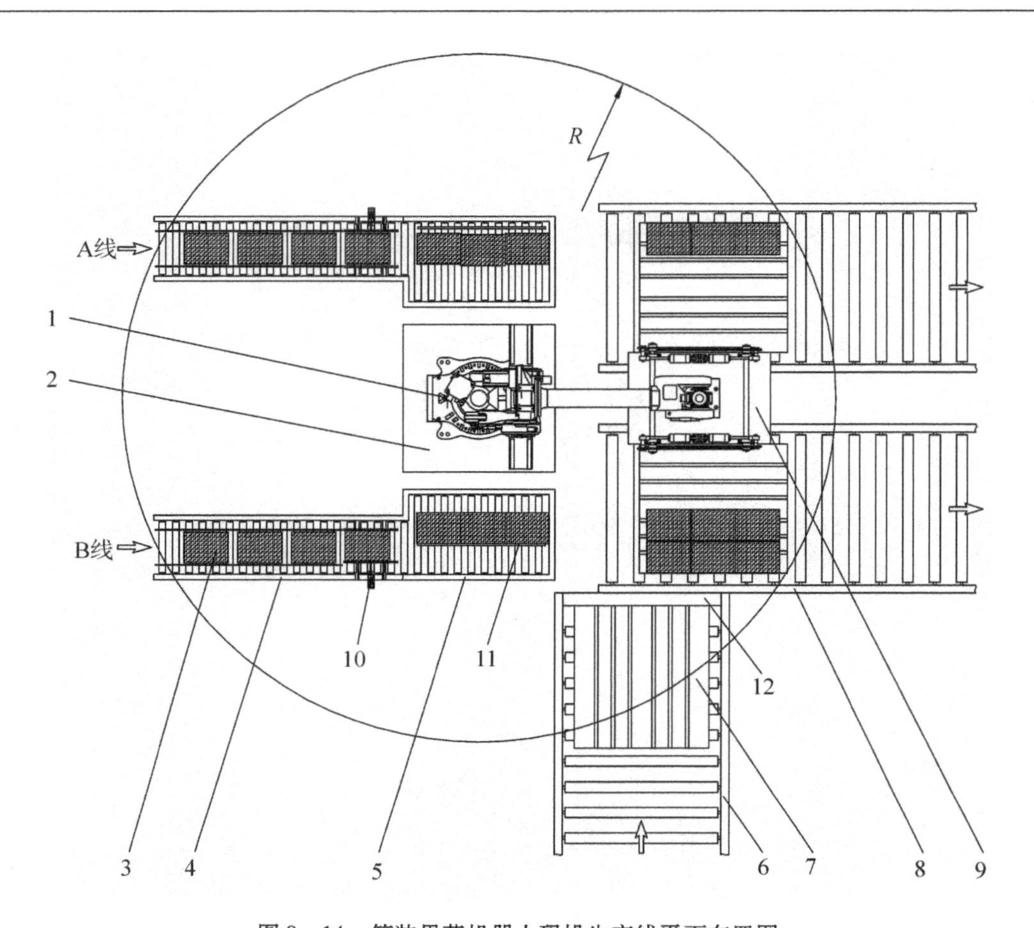

图 8－14　箱装果蔬机器人码垛生产线平面布置图

1—工业机器人；2—底座；3—箱装产品；4—进箱机；5—排列机；6—托板输送机；7—托板；8—垛堆输出机；9—组合式机械手；10—夹板装置；11—推板机构；12—挡板

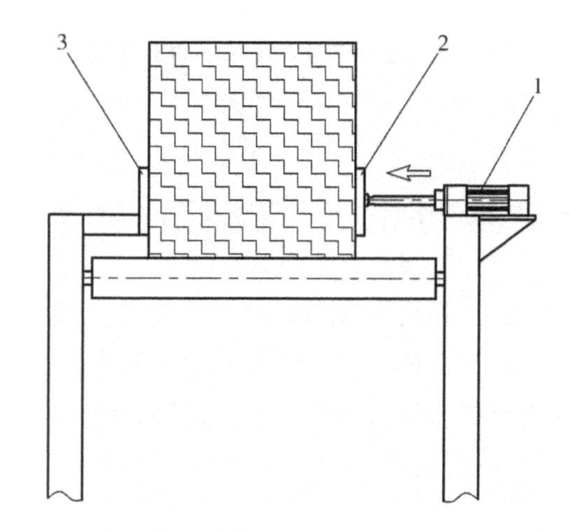

8－15　夹板装置动作示意图(示图省去夹板两侧导杆)

1—气缸；2—夹板；3—定板

2. 排列机

如图 8－14 所示，排列机 5 连接进箱机 4，接受输入的箱体。排列机上装配有一套气动推板机构，可横向(与箱体输送方向垂直)推动整排的箱体，使箱体排列整齐，以便机械手抓取。

推板机构如图 8－16 所示，推板 1 露出辊筒表面，由多支穿越辊筒间隙的连接杆 2 与下部的移动板座 3 联接。移动板座 3 两侧套入导杆 5，中部铰支联接气缸 6 的活塞杆端部。当气缸 6 动作时，驱动移动板座 3 沿导杆 5 滑动，带动推板 1 移动。

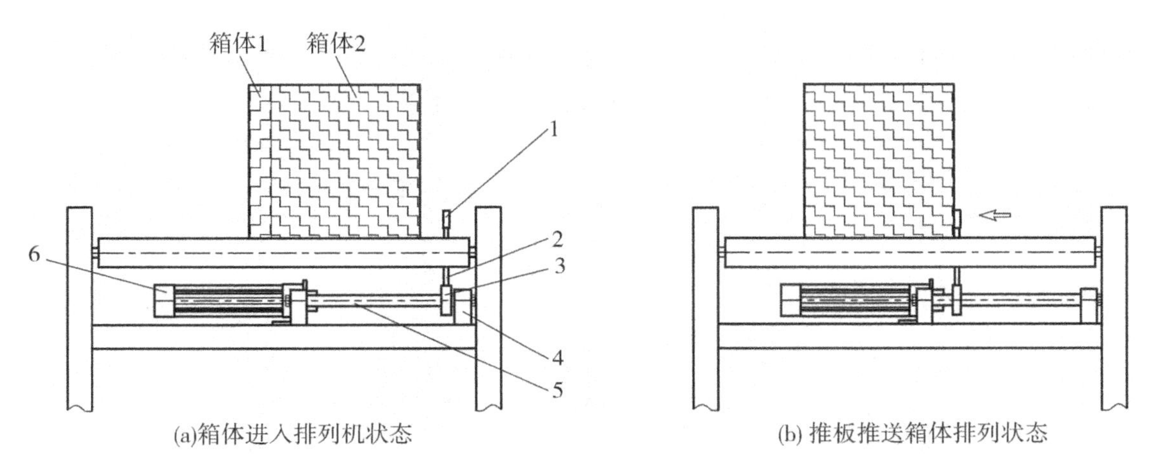

图 8－16　推板机构动作示意图

1—推板；2—连接杆；3—移动板座；4—导杆座；5—导杆；6—气缸

排列机的辊筒间歇转动：输进箱体时转动，达到数量后停止。送入排列机的箱体数量由光电传感器计数，按设定值控制，图示为每次送入 3 箱。

箱体排列过程如下：

(1)箱体依次进入排列机，第一个箱体运行至设备端部被挡板限位，其后的箱体依次到达，直至箱体达到设定数量(3 个)。进入的多个箱体首尾相接，但大多数情况下前后不会对齐，即出现错位现象，如图 8－16a 所示。

(2)光电传感器发出信号，排列机辊筒停转。与此同时，进箱机的夹板装置动作，阻止箱体继续输进排列机。

(3)排列机的推板机构动作，把整排 3 个箱体向中部(靠近机器人处)横推一段距离，使箱体排列整齐，如图 8－16b 所示。其后，等待机械手抓取。

3. 托板输送机

如图 8－14 所示，托板输送机 6 的辊筒间歇转动，每次送进一块托板。在托板输送机端部，托板被挡板 12 限位，静待机械手抓取至码垛工位，即垛堆输出机 8 的起始位置。

4. 垛堆输出机

如图 8－14 所示，在机器人进行码垛工作时，垛堆输出机 8 的辊筒处于静止状态。当箱体被整齐堆叠在托板上并满足层数要求后，码垛工作结束。此时，垛堆输送机的辊筒转动，送出垛堆。

8.6.3 机器人码垛过程

如图8－14所示，生产线运行时，机器人操纵机械手同时对A线和B线进行码垛作业，过程如下：

（1）机械手在托板输送机上抓取托板，放置于A线或B线的码垛工位（即垛堆输出机起始位置），然后等待箱装产品进入取料位置（即排列机中的排列位置）。

（2）箱装产品分别由A线和B线送入，在对应的排列机中形成整齐的组合体。

（3）机械手从A线或B线的排列机上成组抓取箱体，搬运并叠放到对应的托板上。

（4）若A线托板堆叠层数达到设定数量，则被垛堆输送机送出。随后，机械手抓取一块新的托板补充至其码垛工位，重新开始码垛作业。B线亦然。

由此可见，生产线配备一台机器人和一套组合式机械手，既可抓取成组的箱体，又可抓取托板，可同时对两条输送线上的相同规格或不同规格的箱装产品进行码垛作业，极大地提高了生产效率。

8.6.4 生产线主要技术参数和指标

图8－14所示箱装果蔬机器人码垛生产线的主要技术参数和指标如表8－7所示。

表8－7 箱装果蔬机器人码垛生产线主要技术参数和指标

序号	技术参数	参考指标
1	机器人自由度/个	5
2	机器人最大作用范围 R/mm	2500
3	机器人负载能力/kg	180
4	机械手最大抓取质量/kg	50
5	每次抓取箱体最大数量/箱	4
6	机器人运作节拍时间/s	6～9.6
7	输送机总功率/kW	6.75

参考文献

[1] 张聪，梁材，梁健．一种果蔬连续清洗机：中国，ZL200420083250.8[P].2005－08－17.

[2] 张聪．净菜加工关键技术和设备的研究开发[J]．广东包装食品机械，2004(3－4)：2－4.

[3] 张聪，梁健，梁材，等．果蔬清洗的隔滤筛板装置：中国，ZL200710029506.5[P].2008－01－09.

[4] 广东省农业机械研究所．Q/NJS 52－2005，6SJ－500 型蔬菜洁净加工成套设备[S].

[5] 张聪，梁材，梁健，等．保鲜喷雾装置：中国，ZL200720054929.8[P].2008－07－16.

[6] 张聪，梁健，梁材．水果浸药保鲜机：中国，ZL200920236543.8[P].2010－10－06.

[7] 广东省农业机械研究所．Q/NJS74－2009，6BFG－5000 型柑橙保鲜分级成套设备[S].

[8] 张聪，梁健，梁材．一种自动的水果分级设备：中国，ZL200920049609.2[P].2009－11－04.

[9] 张聪．砂糖桔保鲜分级包装技术装备的研究开发[J]．现代农业装备，2011(9)：61－63.

[10] 广东省农业机械研究所．Q/NJS76－2009，6BFJ－2000 型沙糖桔保鲜分级成套设备[S].

[11] 李胜，梁勤安，刘向东，等．6JGG－1000 型可变间隙辊轴式果蔬分级机的研制[J]．新疆农机化，2010(6)：16－17.

[12] 张聪，吴玉发，梁材，等．高速水果分级机：中国，ZL200820048484.7[P].2009－04－08.

[13] 张聪，梁健，梁材．导流板式果蔬分选装置及分选方法：中国，ZL200910192955.0[P].2010－05－26.

[14] 张聪，梁健，梁材．导流板式果蔬分选装置：中国，ZL200920236834.7[P].2010－10－06.

[15] 张聪，罗建生，梁材，等．一种水果智能分级装置：中国，200510035962.1[P]. 2005－12－28.

[16] 张聪，吴玉发，梁材，等．果蔬在线检测分选中的自动执行机构：中国，200710028174.9 [P]. 2007－12－12.

[17] 张俊雄，荀一，李伟，等．基于计算机视觉的柑橘自动化分级[J]．江苏大学学报(自然科学版)，2007(2)：100～103.

[18] 广东省农业机械研究所．Q/NJS 58－2007，6ZBX－2 智能型果蔬保鲜分选成套设备[S].

[19] 张聪，吴首佟，李艳平，等．推进式果蔬恒压蒸烫及真空处理设备与方法：中国，ZL201210300627.X[P].2012－12－05.

[20] 张聪，吴首佟，李艳平，等．推进式果蔬恒压蒸烫及真空处理设备：中国，ZL201220420526.1 [P].2013－03－13.

[21] 张聪，李艳平，刘思波．贮罐式果蔬恒压热烫冷却处理设备与方法：中国，ZL201210301961.7 [P].2012－12－05.

[22] 张聪，李艳平，刘思波．贮罐式果蔬恒压热烫冷却处理设备：中国，ZL201220418752.6 [P]. 2013－02－13.

[23] 张聪，林立雪．番茄表皮恒压蒸汽热烫及真空处理系统的研制[J]．食品与机械，2014(5)：147－150.

[24] 张聪，吴柏毅，蔡叶，等．全自动蔬果搓皮机：中国，ZL201220245036.2[P].2012－12－12.

[25] 张聪，蔡叶，吴柏毅，等．蔬果表皮连续自动撕脱清除的装置：中国，ZL201220245040.9 [P]. 2012－12－12.

[26] 张林泉．荔枝剥壳设备的研制[J]．包装与食品机械，2004(6)：4－6.

[27] 张聪，李艳平，林立雪．用于搬运码垛机器人的真空式机械夹持手：中国，ZL201420420299.1 [P].2015－02－18.

[28] 张聪，黄灿军，何俊明．均布落料式瓜果自动装箱机及装箱方法：中国，201610602311.4 [P]. 2016－07－28.

[29] 张聪，黄灿军，何俊明．均布落料式瓜果自动装箱机：中国，ZL201620802056.3[P].2017-01-04.
[30] 张聪，何俊明，黄灿军．自动移位式装箱机构：中国，ZL201620805503.0[P].2017-01-25.
[31] 张聪，周钦河．组合式码垛机械手：中国，ZL201521110029.1[P].2016-08-10.
[32] 张聪，周钦河．周转箱用的侧提底托式搬运机械手及搬运方法：中国，201511005772.5[P].2016-03-16.
[33] 张聪，周钦河．周转箱用的侧提底托式搬运机械手：中国，ZL201521113310.0[P].2016-07-06.
[34] 张聪．一种缩放式搬运机械手及其夹持方法：中国，ZL201610189054.6[P].2016-05-25.
[35] 张聪．一种缩放式搬运机械手：中国，ZL201620243571.2[P].2016-08-17.
[36] 张聪，黄灿军，何俊明．双通道机器人码垛设备：中国，ZL201620880753.0[P].2016-08-16.